U0279040

普通高等院校数学基础课系列教材

LINEAR ALGEBRA

# 线性代数

主 编◎彭雪梅　黄德枝

華中科技大學出版社
http://press.hust.edu.cn
中国·武汉

## 内容简介

本书是为高等学校理工类和经济管理类专业编写的基础课教材，主要包括行列式、矩阵、线性方程组、矩阵的相似以及二次型等线性代数课程的基本内容. 每章配有基础练习题、历年考研真题和总习题，以适应不同层次学生的需要. 书中除了介绍线性代数的基本理论和方法外，还增加了 MATLAB应用实例，以提高学生应用软件解决实际问题的能力.

**图书在版编目(CIP)数据**

线性代数 / 彭雪梅，黄德枝主编. -- 武汉 ：华中科技大学出版社，2025. 2. -- ISBN 978-7-5772-1593-8

Ⅰ. O151.2

中国国家版本馆 CIP 数据核字第 2025G26J91 号

**线性代数**

Xianxing Daishu

彭雪梅　黄德枝　主编

策划编辑：张　毅
责任编辑：张　毅
封面设计：廖亚萍
责任监印：朱　玢

出版发行：华中科技大学出版社(中国・武汉)　电话：(027)81321913
武汉市东湖新技术开发区华工科技园　邮编：430223

录　　排：武汉市洪山区佳年华文印部
印　　刷：武汉科源印刷设计有限公司
开　　本：787mm×1092mm　1/16
印　　张：12
字　　数：292 千字
版　　次：2025 年 2 月第 1 版第 1 次印刷
定　　价：38.50 元

本书若有印装质量问题，请向出版社营销中心调换
全国免费服务热线：400-6679-118　竭诚为您服务
版权所有　侵权必究

# 前言

线性代数是高等院校理工类、经济管理类专业的一门重要的基础课.这不仅是因为它在自然科学、工程技术、生产实践等领域有着重要的应用,而且从人才素质的全面培养来说,也是必不可少的.

教材是实现人才培养目标的载体,在借鉴国内外同类教材优点的基础上,编者结合多年来丰富的教学经验,并根据现阶段人才培养目标的要求,编写了这本《线性代数》教材.

本书具有以下几个特色:

(1) 叙述严谨,把握基本概念的准确性,以突出数学方法的应用为核心.

(2) 在内容叙述上做了精心安排,起点较低,由浅入深,循序渐进.对基本概念的叙述,力求从身边的实际问题出发,自然地引出,增强学生的感性认识,由具体到抽象,知识过渡自然.对重要概念、定理加以注释或给出反例,从多角度帮助读者正确领会概念和定理的内涵.

(3) 注重应用性,本书加入了 MATLAB 软件应用的例题,培养学生应用软件解决问题的能力.同时相关章节加入了数学建模中的简单线代模型,使学生了解线性代数在实际生活中的应用,培养学生的建模能力和用线性代数知识处理实际问题的能力.

(4) 除配有紧扣内容的习题外,每章还配有考研真题,丰富了教材内容,增加了教材内容的深度,拓宽了教材内容的广度,使教材能够满足不同学生的需求.

本书由武汉东湖学院组织编写,内容共 5 章,其中第 1、2、3、4 章由彭雪梅编写,第 5 章由黄德枝编写,全书由彭雪梅统稿.

本书的编写得到了武汉东湖学院领导与教务处的大力支持与指导.郑列教授仔细审阅了书稿,提出了很多宝贵的意见与建议,在此一并表示衷心的感谢.

由于编者水平有限,书中难免存在错误和疏漏,敬请广大读者批评指正.

编　者

# 目录

# 第1章 行 列 式

## 知识目标

(1) 熟悉行列式的定义,掌握行列式的性质,并能熟练地运用性质计算行列式.掌握行列式按一行(列)展开的定理.

(2) 了解克莱姆法则,掌握利用克莱姆法则求解线性方程组的方法;掌握齐次线性方程组有非零解的必要条件.

## 能力目标

(1) 培养学生的数学思维能力,培养学生用行列式这个工具解决实际问题的能力.

(2) 培养学生的软件应用能力,会用 MATLAB 软件计算行列式的值.

## 素质目标

(1) 通过本章的学习,培养学生在运用数学方法分析问题和解决问题的过程中的严谨的科学精神和探索精神.

(2) 教学中可讲述克莱姆和莱布尼茨对行列式的贡献,让学生从这些科学家身上汲取不畏艰难、努力进取的科学精神.

行列式是线性代数中的重要概念之一,它在数学的许多分支和工程技术中有着广泛的的应用.本章主要介绍 $n$ 阶行列式的概念、性质、计算方法,以及求解 $n$ 元线性方程组的克莱姆法则.

## 1.1 二阶与三阶行列式

行列式的概念起源于用消元法解线性方程组.

对于关于 $x_1,x_2$ 的二元一次线性方程组

$$\begin{cases}a_{11}x_1+a_{12}x_2=b_1,\\ a_{21}x_1+a_{22}x_2=b_2.\end{cases} \tag{1.1}$$

利用消元法,得

$$(a_{11}a_{22}-a_{12}a_{21})x_1=b_1a_{22}-a_{12}b_2,$$
$$(a_{11}a_{22}-a_{12}a_{21})x_2=a_{11}b_2-b_1a_{21}.$$

当 $a_{11}a_{22}-a_{12}a_{21}\neq 0$ 时,方程组(1.1)有唯一解

$$x_1=\frac{b_1a_{22}-a_{12}b_2}{a_{11}a_{22}-a_{12}a_{21}},\quad x_2=\frac{a_{11}b_2-b_1a_{21}}{a_{11}a_{22}-a_{12}a_{21}}. \tag{1.2}$$

为了简明地表示这个解,我们引入二阶行列式的概念.

**定义 1** 记号 $\begin{vmatrix}a_{11} & a_{12}\\ a_{21} & a_{22}\end{vmatrix}$ 表示代数和 $a_{11}a_{22}-a_{12}a_{21}$,称为二阶行列式,即

$$\begin{vmatrix}a_{11} & a_{12}\\ a_{21} & a_{22}\end{vmatrix}=a_{11}a_{22}-a_{12}a_{21},$$

其中横排称为行,竖排称为列. $a_{11},a_{12},a_{21},a_{22}$ 称为行列式的元素. 元素 $a_{ij}$ 的第 1 个下标 $i$ 称为行标,表明该元素位于第 $i$ 行;第 2 个下标 $j$ 称为列标,表明该元素位于第 $j$ 列.

由上述定义可知,二阶行列式是由 4 个数按一定的规律运算所得的代数和. 这个规律表现在行列式的记号中就是对角线法则.

如图 1.1 所示,把 $a_{11}$ 到 $a_{22}$ 的实连线称为主对角线,把 $a_{12}$ 到 $a_{21}$ 的虚连线称为副对角线,于是二阶行列式便等于主对角线上两元素之积减去副对角线上两元素之积.

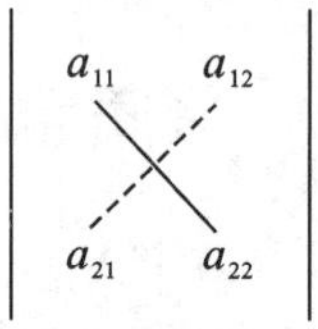


图 1.1

利用二阶行列式,线性方程组(1.1)的解 $x_1,x_2$ 的分子也可以写成二阶行列式,即 $b_1a_{22}-a_{12}b_2=\begin{vmatrix}b_1 & a_{12}\\ b_2 & a_{22}\end{vmatrix}$, $a_{11}b_2-b_1a_{21}=\begin{vmatrix}a_{11} & b_1\\ a_{21} & b_2\end{vmatrix}$.

若记 $D=\begin{vmatrix}a_{11} & a_{12}\\ a_{21} & a_{22}\end{vmatrix}$, $D_1=\begin{vmatrix}b_1 & a_{12}\\ b_2 & a_{22}\end{vmatrix}$, $D_2=\begin{vmatrix}a_{11} & b_1\\ a_{21} & b_2\end{vmatrix}$,则 $x_1=\dfrac{D_1}{D}$, $x_2=\dfrac{D_2}{D}$.

**注** 这里的分母 $D$ 是由方程组(1.1)的系数确定的二阶行列式,称为系数行列式. $D_1$ 是由常数项 $b_1,b_2$ 替换 $D$ 中的第 1 列的元素 $a_{11},a_{21}$ 所得的二阶行列式,$D_2$ 是用常数项 $b_1,b_2$ 替换 $D$ 中的第 2 列的元素 $a_{12},a_{22}$ 所得的二阶行列式,本节后面讨论的三元线性方程组亦有类似的规律性,请读者学习时注意比较.

**例 1** 解线性方程组

$$\begin{cases}2x+3y=9,\\ 3x-2y=-19.\end{cases}$$

**解**　由于

$$D=\begin{vmatrix}2 & 3\\ 3 & -2\end{vmatrix}=2\times(-2)-3\times 3=-13\neq 0,$$

$$D_1=\begin{vmatrix}9 & 3\\ -19 & -2\end{vmatrix}=9\times(-2)-3\times(-19)=39,$$

$$D_2=\begin{vmatrix}2 & 9\\ 3 & -19\end{vmatrix}=2\times(-19)-9\times 3=-65,$$

因此

$$x=\frac{D_1}{D}=\frac{39}{-13}=-3,y=\frac{D_2}{D}=\frac{-65}{-13}=5.$$

类似于二元一次线性方程组的讨论,对于三元一次线性方程组

$$\begin{cases}a_{11}x_1+a_{12}x_2+a_{13}x_3=b_1,\\ a_{21}x_1+a_{22}x_2+a_{23}x_3=b_2,\\ a_{31}x_1+a_{32}x_2+a_{33}x_3=b_3.\end{cases}\tag{1.3}$$

经过加减消元,得到

$$\begin{aligned}&(a_{11}a_{22}a_{33}+a_{12}a_{23}a_{31}+a_{13}a_{21}a_{32}-a_{13}a_{22}a_{31}-a_{11}a_{23}a_{32}-a_{12}a_{21}a_{33})x_1\\&=b_1a_{22}a_{33}+b_2a_{32}a_{13}+b_3a_{12}a_{23}-b_3a_{22}a_{13}-b_2a_{12}a_{33}-b_1a_{32}a_{23}.\end{aligned}$$

这个结果很难记忆,为此引入三阶行列式的定义.

**定义 2**　记号 $\begin{vmatrix}a_{11} & a_{12} & a_{13}\\ a_{21} & a_{22} & a_{23}\\ a_{31} & a_{32} & a_{33}\end{vmatrix}$ 表示代数和

$$a_{11}a_{22}a_{33}+a_{12}a_{23}a_{31}+a_{13}a_{21}a_{32}-a_{13}a_{22}a_{31}-a_{11}a_{23}a_{32}-a_{12}a_{21}a_{33},$$

称为三阶行列式,即

$$\begin{vmatrix}a_{11} & a_{12} & a_{13}\\ a_{21} & a_{22} & a_{23}\\ a_{31} & a_{32} & a_{33}\end{vmatrix}=a_{11}a_{22}a_{33}+a_{12}a_{23}a_{31}+a_{13}a_{21}a_{32}-a_{13}a_{22}a_{31}-a_{11}a_{23}a_{32}-a_{12}a_{21}a_{33}.$$

**注**　由上述定义可见,三阶行列式的展开式中共有 6 项,每项均为不同行、不同列的三个元素的乘积再冠以正负号,其规律遵循图 1.2 所示的对角线法则:图中有三条实线看作是

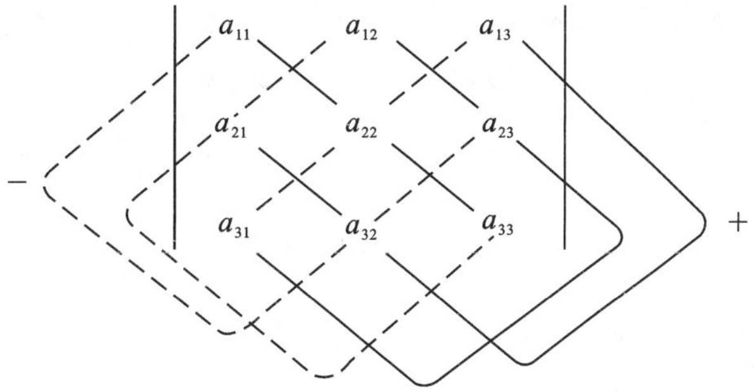


图 1.2

平行于主对角线的连线，三条虚线看作是平行于副对角线的连线；实线上三元素的乘积冠正号，虚线上三元素的乘积冠负号.

**例 2** 计算三阶行列式

$$D=\begin{vmatrix} 1 & 2 & 3 \\ 4 & 0 & 5 \\ -1 & 0 & 6 \end{vmatrix}.$$

**解** 按对角线法则，有

$D=1\times0\times6+2\times5\times(-1)+3\times4\times0-3\times0\times(-1)-1\times5\times0-2\times4\times6=-58.$

**例 3** 求解方程

$$\begin{vmatrix} 1 & 1 & 1 \\ 2 & 3 & x \\ 4 & 9 & x^2 \end{vmatrix}=0.$$

**解** 按三阶行列式的定义，所求的方程为 $x^2-5x+6=0$，故 $x=2$ 或 $x=3$.

有了三阶行列式的概念，对于线性方程组(1.3)，若记

$$D=\begin{vmatrix} a_{11} & a_{12} & a_{13} \\ a_{21} & a_{22} & a_{23} \\ a_{31} & a_{32} & a_{33} \end{vmatrix},\quad D_1=\begin{vmatrix} b_1 & a_{12} & a_{13} \\ b_2 & a_{22} & a_{23} \\ b_3 & a_{32} & a_{33} \end{vmatrix},$$

$$D_2=\begin{vmatrix} a_{11} & b_1 & a_{13} \\ a_{21} & b_2 & a_{23} \\ a_{31} & b_3 & a_{33} \end{vmatrix},\quad D_3=\begin{vmatrix} a_{11} & a_{12} & b_1 \\ a_{21} & a_{22} & b_2 \\ a_{31} & a_{32} & b_3 \end{vmatrix}.$$

如果系数行列式 $D\neq0$，则方程组(1.3)有唯一解，即 $x_1=\dfrac{D_1}{D}, x_2=\dfrac{D_2}{D}, x_3=\dfrac{D_3}{D}$.

**例 4** 解线性方程组

$$\begin{cases} x_1-2x_2+x_3=-2, \\ 2x_1+x_2-3x_3=1, \\ -x_1+x_2-x_3=0. \end{cases}$$

**解** 
$$\begin{aligned} D &= \begin{vmatrix} 1 & -2 & 1 \\ 2 & 1 & -3 \\ -1 & 1 & -1 \end{vmatrix} \\ &=1\times1\times(-1)+(-2)\times(-3)\times(-1)+1\times2\times1 \\ &\quad -1\times1\times(-1)-1\times(-3)\times1-(-2)\times2\times(-1) \\ &=-5\neq0, \end{aligned}$$

$$D_1=\begin{vmatrix} -2 & -2 & 1 \\ 1 & 1 & -3 \\ 0 & 1 & -1 \end{vmatrix}=-5,\quad D_2=\begin{vmatrix} 1 & -2 & 1 \\ 2 & 1 & -3 \\ -1 & 0 & -1 \end{vmatrix}=-10,$$

$$D_3=\begin{vmatrix} 1 & -2 & -2 \\ 2 & 1 & 1 \\ -1 & 1 & 0 \end{vmatrix}=-5,$$

故所求线性方程组的解为 $x_1=\frac{D_1}{D}=1, x_2=\frac{D_2}{D}=2, x_3=\frac{D_3}{D}=1$.

## 习题 1.1

1. 计算二阶行列式：

(1) $\begin{vmatrix} 2 & 1 \\ -1 & 2 \end{vmatrix}$；　(2) $\begin{vmatrix} 1 & 3 \\ 0 & 0 \end{vmatrix}$；　(3) $\begin{vmatrix} 2 & 3 \\ 4 & 6 \end{vmatrix}$；　(4) $\begin{vmatrix} x & y \\ -y & x \end{vmatrix}$.

2. 计算三阶行列式：

(1) $\begin{vmatrix} 1 & 2 & 3 \\ 3 & 1 & 2 \\ 2 & 3 & 1 \end{vmatrix}$；　(2) $\begin{vmatrix} 1 & 0 & -1 \\ 3 & 5 & 0 \\ 0 & 4 & 1 \end{vmatrix}$；　(3) $\begin{vmatrix} 0 & 1 & 1 \\ 1 & 0 & 1 \\ 1 & 1 & 0 \end{vmatrix}$；　(4) $\begin{vmatrix} a & x & x \\ x & b & x \\ x & x & c \end{vmatrix}$.

3. 当 $k$ 取何值时，行列式

$$\begin{vmatrix} k & 3 & 4 \\ -1 & k & 0 \\ 0 & k & 1 \end{vmatrix}=0.$$

4. 用二阶、三阶行列求解下列线性方程组：

(1) $\begin{cases} 2x+3y=9, \\ 3x-2y=-19; \end{cases}$　(2) $\begin{cases} 3x_1+2x_2+x_3=5, \\ 2x_1+3x_2+x_3=1, \\ 2x_1+x_2+3x_3=11. \end{cases}$

## 1.2　$n$ 阶行列式

通过 1.1 节的讨论我们知道，二阶、三阶行列式可以用对角线法则来定义，但是，对于 $n(n>3)$ 阶行列式，如果用对角线法则来定义，它将与二阶、三阶行列式没有统一的运算性质. 因此，对一般的 $n$ 阶行列式要用另外的方法来定义. 在线性代数中，采用简明的递归法来定义.

从二阶、三阶行列式的展开式容易发现，它们遵循着一个共同的规律——可以按照第一行展开，即

$$D=\begin{vmatrix} a_{11} & a_{12} & a_{13} \\ a_{21} & a_{22} & a_{23} \\ a_{31} & a_{32} & a_{33} \end{vmatrix}=a_{11}\begin{vmatrix} a_{22} & a_{23} \\ a_{32} & a_{33} \end{vmatrix}-a_{12}\begin{vmatrix} a_{21} & a_{23} \\ a_{31} & a_{33} \end{vmatrix}+a_{13}\begin{vmatrix} a_{21} & a_{22} \\ a_{31} & a_{32} \end{vmatrix}$$

$$=a_{11}M_{11}-a_{12}M_{12}+a_{13}M_{13}. \tag{1.4}$$

其中

$$M_{11}=\begin{vmatrix} a_{22} & a_{23} \\ a_{32} & a_{33} \end{vmatrix},\quad M_{12}=\begin{vmatrix} a_{21} & a_{23} \\ a_{31} & a_{33} \end{vmatrix},\quad M_{13}=\begin{vmatrix} a_{21} & a_{22} \\ a_{31} & a_{32} \end{vmatrix}.$$

$M_{11}$是原三阶行列式$D$中去掉元素$a_{11}$所处的第1行和第1列的所有元素后剩下的元素按原来的次序排成的低一阶(二阶)行列式,称$M_{11}$为元素$a_{11}$的余子式.同理$M_{12}$和$M_{13}$分别是$a_{12}$和$a_{13}$的余子式.为了进一步使三阶行列式的表达更加规范,令

$$A_{11}=(-1)^{1+1}M_{11},\quad A_{12}=(-1)^{1+2}M_{12},\quad A_{13}=(-1)^{1+3}M_{13},$$

$A_{11},A_{12},A_{13}$分别称为$a_{11},a_{12},a_{13}$的代数余子式.

因此,式(1.4)即为

$$D=a_{11}A_{11}+a_{12}A_{12}+a_{13}A_{13}. \tag{1.5}$$

同样

$$D=\begin{vmatrix} a_{11} & a_{12} \\ a_{21} & a_{22} \end{vmatrix}=a_{11}A_{11}+a_{12}A_{12}, \tag{1.6}$$

其中$A_{11}=(-1)^{1+1}|a_{22}|=a_{22}$,$A_{12}=(-1)^{1+2}|a_{21}|=-a_{21}$.

**注** 定义一阶行列式$|a_{11}|=a_{11}$(不要把一阶行列式$|a_{11}|$与$a_{11}$的绝对值相混淆).

如果把式(1.5)、式(1.6)作为三阶、二阶行列式的定义,那么这种定义的方法是统一的,它们都是用低一阶的行列式定义高一阶的行列式.因此,人们很自然会想到,用这种递归的方法定义一般的$n$阶行列式.这样定义的各阶行列式,将会有统一的运算性质.下面给出$n$阶行列式的递归法定义.

**定义3** 由$n^2$个数组成的$n$阶行列式

$$D=\begin{vmatrix} a_{11} & a_{12} & \cdots & a_{1n} \\ a_{21} & a_{22} & \cdots & a_{2n} \\ \vdots & \vdots & & \vdots \\ a_{n1} & a_{n2} & \cdots & a_{nn} \end{vmatrix} \tag{1.7}$$

是一个算式.当$n=1$时,定义$D=|a_{11}|=a_{11}$;当$n\geqslant 2$时,定义

$$D=a_{11}A_{11}+a_{12}A_{12}+\cdots+a_{1n}A_{1n}=\sum_{j=1}^{n}a_{1j}A_{1j}, \tag{1.8}$$

其中$A_{1j}=(-1)^{1+j}M_{1j}$.$M_{1j}$是$D$中去掉第1行第$j$列的全部元素后剩下元素按原来次序排列成的一个$n-1$阶行列式,即

$$M_{1j}=\begin{vmatrix} a_{21} & \cdots & a_{2,j-1} & a_{2,j+1} & \cdots & a_{2n} \\ a_{31} & \cdots & a_{3,j-1} & a_{3,j+1} & \cdots & a_{3n} \\ \vdots & & \vdots & \vdots & & \vdots \\ a_{n1} & \cdots & a_{n,j-1} & a_{n,j+1} & \cdots & a_{nn} \end{vmatrix},\quad (j=1,2,\cdots,n)$$

并称$M_{1j}$为元素$a_{1j}$的余子式,$A_{1j}$为元素$a_{1j}$的代数余子式.

在式(1.7)中,$a_{11}a_{22},\cdots,a_{nn}$所在的对角线称为行列式的主对角线,另外一条对角线称为行列式的副对角线.

由定义可知,二阶行列式展开后共有2!项,三阶行列式共有3!项,$n$阶行列式展开后共有$n$!项,其中每一项都是不同行不同列的$n$个元素的乘积,在全部$n$!项中,带正号的项和带负号的项各占一半.这些结论在前面的二阶、三阶行列式中已经证明,而对于四阶及以上的行列式,这些结论可以通过定义和数学归纳法证明.

**例 5**　计算下三角行列式

$$D=\begin{vmatrix} a_{11} & 0 & \cdots & 0 \\ a_{21} & a_{22} & \cdots & 0 \\ \vdots & \vdots & & \vdots \\ a_{n1} & a_{n2} & \cdots & a_{nn} \end{vmatrix}.$$

**解**　该行列式第 1 行的元素 $a_{12}=a_{13}=\cdots=a_{1n}=0$，由定义得 $D=a_{11}A_{11}$. $A_{11}$ 是 $n-1$ 阶下三角行列式，则

$$A_{11}=a_{22}\begin{vmatrix} a_{33} & 0 & \cdots & 0 \\ a_{43} & a_{44} & \cdots & 0 \\ \vdots & \vdots & & \vdots \\ a_{n3} & a_{n4} & \cdots & a_{nn} \end{vmatrix}.$$

以此类推，不难求出 $D=a_{11}a_{22}\cdots a_{nn}$，即下三角行列式等于主对角线上各元素的乘积.

**注**　主对角线上(下)方的元素全为 0 的行列式称为下(上)三角行列式，除了主对角线上元素之外，其余元素全为 0 的行列式称为主对角形行列式. 用同样的方法可以求出主对角形行列式

$$\begin{vmatrix} a_{11} & 0 & \cdots & 0 \\ 0 & a_{22} & \cdots & 0 \\ \vdots & \vdots & & \vdots \\ 0 & 0 & \cdots & a_{nn} \end{vmatrix}=a_{11}a_{22}\cdots a_{nn}.$$

**例 6**　证明

$$D=\begin{vmatrix} 0 & 0 & \cdots & 0 & a_{1n} \\ 0 & 0 & \cdots & a_{2,n-1} & a_{2n} \\ \vdots & \vdots & & \vdots & \vdots \\ a_{n1} & a_{n2} & \cdots & a_{n,n-1} & a_{nn} \end{vmatrix}=(-1)^{\frac{n(n-1)}{2}}a_{1n}a_{2,n-1}\cdots a_{n1}.$$

**证明**　行列式第 1 行的元素 $a_{11}=a_{12}=\cdots=a_{1,n-1}=0$. 由定义得

$$D=a_{1n}A_{1n}=(-1)^{1+n}a_{1n}\begin{vmatrix} 0 & \cdots & 0 & a_{2,n-1} \\ 0 & \cdots & a_{3,n-2} & a_{3,n-1} \\ \vdots & & \vdots & \vdots \\ a_{n1} & \cdots & a_{n,n-2} & a_{n,n-1} \end{vmatrix}$$

$$=(-1)^{1+n}a_{1n}(-1)^{1+(n-1)}a_{2,n-1}\begin{vmatrix} 0 & \cdots & 0 & a_{3,n-2} \\ 0 & \cdots & a_{4,n-3} & a_{4,n-2} \\ \vdots & & \vdots & \vdots \\ a_{n1} & \cdots & a_{n,n-3} & a_{n,n-2} \end{vmatrix}$$

$$=\cdots=(-1)^{1+n}(-1)^{1+(n-1)}\cdots(-1)^{1+2}a_{1n}a_{2,n-1}\cdots a_{n1}$$

$$=(-1)^{\frac{(n+4)(n-1)}{2}}a_{1n}a_{2,n-1}\cdots a_{n1}=(-1)^{\frac{n(n-1)}{2}}a_{1n}a_{2,n-1}\cdots a_{n1}.$$

特别地，有

$$\begin{vmatrix} 0 & \cdots & 0 & a_{1n} \\ 0 & \cdots & a_{2,n-1} & 0 \\ \vdots & & \vdots & \vdots \\ a_{n1} & \cdots & 0 & 0 \end{vmatrix} = (-1)^{\frac{n(n-1)}{2}} a_{1n}a_{2,n-1}\cdots a_{n1}.$$

**例 7** 证明

$$D=\begin{vmatrix} a_{11} & a_{12} & 0 & 0 & 0 \\ a_{21} & a_{22} & 0 & 0 & 0 \\ c_{11} & c_{12} & b_{11} & b_{12} & b_{13} \\ c_{21} & c_{22} & b_{21} & b_{22} & b_{23} \\ c_{31} & c_{32} & b_{31} & b_{32} & b_{33} \end{vmatrix} = \begin{vmatrix} a_{11} & a_{12} \\ a_{21} & a_{22} \end{vmatrix} \cdot \begin{vmatrix} b_{11} & b_{12} & b_{13} \\ b_{21} & b_{22} & b_{23} \\ b_{31} & b_{32} & b_{33} \end{vmatrix}.$$

**证明** 由定义得

$$D = a_{11}A_{11} + a_{12}A_{12} = (-1)^{1+1}a_{11}\begin{vmatrix} a_{22} & 0 & 0 & 0 \\ c_{12} & b_{11} & b_{12} & b_{13} \\ c_{22} & b_{21} & b_{22} & b_{23} \\ c_{32} & b_{31} & b_{32} & b_{33} \end{vmatrix} + (-1)^{1+2}a_{12}\begin{vmatrix} a_{21} & 0 & 0 & 0 \\ c_{11} & b_{11} & b_{12} & b_{13} \\ c_{21} & b_{21} & b_{22} & b_{23} \\ c_{31} & b_{31} & b_{32} & b_{33} \end{vmatrix}$$

$$= (a_{11}a_{22} - a_{12}a_{21})\begin{vmatrix} b_{11} & b_{12} & b_{13} \\ b_{21} & b_{22} & b_{23} \\ b_{31} & b_{32} & b_{33} \end{vmatrix} = \begin{vmatrix} a_{11} & a_{12} \\ a_{21} & a_{22} \end{vmatrix} \cdot \begin{vmatrix} b_{11} & b_{12} & b_{13} \\ b_{21} & b_{22} & b_{23} \\ b_{31} & b_{32} & b_{33} \end{vmatrix}.$$

**注** 此结论可推广为

$$\begin{vmatrix} a_{11} & \cdots & a_{1k} & 0 & \cdots & 0 \\ \vdots & & \vdots & \vdots & & \vdots \\ a_{k1} & \cdots & a_{kk} & 0 & \cdots & 0 \\ c_{11} & \cdots & c_{1k} & b_{11} & \cdots & b_{1n} \\ \vdots & & \vdots & \vdots & & \vdots \\ c_{n1} & \cdots & c_{nk} & b_{n1} & \cdots & b_{nn} \end{vmatrix} = \begin{vmatrix} a_{11} & \cdots & a_{1k} \\ \vdots & & \vdots \\ a_{k1} & \cdots & a_{kk} \end{vmatrix} \cdot \begin{vmatrix} b_{11} & \cdots & b_{1n} \\ \vdots & & \vdots \\ b_{n1} & \cdots & b_{nn} \end{vmatrix}. \tag{1.9}$$

由式(1.9)可推出

$$\begin{vmatrix} 0 & \cdots & 0 & a_{11} & \cdots & a_{1k} \\ \vdots & & \vdots & \vdots & & \vdots \\ 0 & \cdots & 0 & a_{k1} & \cdots & a_{kk} \\ b_{11} & \cdots & b_{1n} & c_{11} & \cdots & c_{1k} \\ \vdots & & \vdots & \vdots & & \vdots \\ b_{n1} & \cdots & b_{nn} & c_{n1} & \cdots & c_{nk} \end{vmatrix} = (-1)^{nk}\begin{vmatrix} a_{11} & \cdots & a_{1k} \\ \vdots & & \vdots \\ a_{k1} & \cdots & a_{kk} \end{vmatrix} \cdot \begin{vmatrix} b_{11} & \cdots & b_{1n} \\ \vdots & & \vdots \\ b_{n1} & \cdots & b_{nn} \end{vmatrix}. \tag{1.10}$$

## 习题 1.2

1. 计算下列行列式：

(1) $\begin{vmatrix} 0 & 0 & 0 & 4 \\ 0 & 0 & 4 & 3 \\ 0 & 4 & 3 & 2 \\ 4 & 3 & 2 & 1 \end{vmatrix}$；　(2) $\begin{vmatrix} 1 & 2 & 0 & 0 \\ 3 & 4 & 0 & 0 \\ 0 & 0 & -1 & 3 \\ 0 & 0 & 5 & 1 \end{vmatrix}$；　(3) $\begin{vmatrix} 0 & 0 & 1 & -1 & 2 \\ 0 & 0 & 3 & 0 & 2 \\ 0 & 0 & 2 & 4 & 0 \\ 1 & 2 & 4 & 0 & -1 \\ 3 & 1 & 2 & 5 & 8 \end{vmatrix}$.

2. 已知行列式 $D=\begin{vmatrix} 2 & 2 & 2 \\ 0 & 3 & 1 \\ 0 & 0 & -5 \end{vmatrix}$，求 $M_{11}-M_{12}+M_{13}$.

3. 设 $D=\begin{vmatrix} 1 & 2 & 3 & 4 \\ 2 & 4 & 3 & 1 \\ 4 & 1 & 3 & 2 \\ 1 & 4 & 3 & 2 \end{vmatrix}$，求 $A_{11}+A_{21}+A_{31}+A_{41}$.

4. 设 $D=\begin{vmatrix} 1 & 2 & 3 & 4 & 5 \\ 7 & 7 & 7 & 3 & 3 \\ 3 & 2 & 4 & 5 & 2 \\ 3 & 3 & 3 & 2 & 2 \\ 4 & 6 & 5 & 2 & 3 \end{vmatrix}$，求 $A_{31}+A_{32}+A_{33}$.

## 1.3 行列式的性质

行列式的计算是一个重要问题，但是，按定义来计算 $n$ 阶行列式，当 $n$ 较大时，计算将变得很复杂，计算量也很大. 所以，要解决行列式的计算问题，就必须利用行列式的定义，推导出行列式的一些基本性质，并利用这些性质来简化行列式的计算. 下面来讨论 $n$ 阶行列式 $D$ 的基本性质，这些性质在行列式的计算及应用中都起着重要的作用.

将行列式的行与列依次互换后得到的行列式，称为 $D$ 的转置行列式，记为 $D^{\mathrm{T}}$ 或 $D'$. 本书采用记号 $D^{\mathrm{T}}$.

若 $D=\begin{vmatrix} a_{11} & a_{12} & \cdots & a_{1n} \\ a_{21} & a_{22} & \cdots & a_{2n} \\ \vdots & \vdots & & \vdots \\ a_{n1} & a_{n2} & \cdots & a_{nn} \end{vmatrix}$，则 $D^{\mathrm{T}}=\begin{vmatrix} a_{11} & a_{21} & \cdots & a_{n1} \\ a_{12} & a_{22} & \cdots & a_{n2} \\ \vdots & \vdots & & \vdots \\ a_{1n} & a_{2n} & \cdots & a_{nn} \end{vmatrix}$.

**性质 1**　行列式与它的转置行列式相等，即 $D=D^{\mathrm{T}}$.

**注**　由此性质知，行列式中行与列具有相同的地位，行列式的性质凡是对行成立的，对列也同样成立，反之亦然.

**性质 2**　互换行列式的两行(列)，行列式变号.

性质 1 和性质 2 都可用数学归纳法来证明，但由于其证明的表述较繁，故本书略去，有兴趣的读者可参阅相关书籍.

**推论 1**　如果行列式中有两行(列)的对应元素相同，则此行列式等于零.

**证明**　互换相同的两行(列)，有 $D=-D$，故 $D=0$.

**性质 3** 用数 $k$ 乘行列式的某一行(列),等于用数 $k$ 乘此行列式,即

$$D_1=\begin{vmatrix} a_{11} & a_{12} & \cdots & a_{1n} \\ \vdots & \vdots & & \vdots \\ ka_{i1} & ka_{i2} & \cdots & ka_{in} \\ \vdots & \vdots & & \vdots \\ a_{n1} & a_{n2} & \cdots & a_{nn} \end{vmatrix}=k\begin{vmatrix} a_{11} & a_{12} & \cdots & a_{1n} \\ \vdots & \vdots & & \vdots \\ a_{i1} & a_{i2} & \cdots & a_{in} \\ \vdots & \vdots & & \vdots \\ a_{n1} & a_{n2} & \cdots & a_{nn} \end{vmatrix}.$$

**推论 2** 行列式的某一行(列)中所有元素的公因子可以提到行列式符号的外面.

**推论 3** 行列式中若有两行(列)元素成比例,则此行列式等于零.

**性质 4** 若行列式的某一行(列)的元素都是两数之和,例如设

$$D=\begin{vmatrix} a_{11} & a_{12} & \cdots & a_{1n} \\ \vdots & \vdots & & \vdots \\ b_{i1}+c_{i1} & b_{i2}+c_{i2} & \cdots & b_{in}+c_{in} \\ \vdots & \vdots & & \vdots \\ a_{n1} & a_{n2} & \cdots & a_{nn} \end{vmatrix},$$

则 $D$ 等于下列两个行列式之和,即

$$\begin{vmatrix} a_{11} & a_{12} & \cdots & a_{1n} \\ \vdots & \vdots & & \vdots \\ b_{i1} & b_{i2} & \cdots & b_{in} \\ \vdots & \vdots & & \vdots \\ a_{n1} & a_{n2} & \cdots & a_{nn} \end{vmatrix}+\begin{vmatrix} a_{11} & a_{12} & \cdots & a_{1n} \\ \vdots & \vdots & & \vdots \\ c_{i1} & c_{i2} & \cdots & c_{in} \\ \vdots & \vdots & & \vdots \\ a_{n1} & a_{n2} & \cdots & a_{nn} \end{vmatrix}=D_1+D_2.$$

**注** (1) 上述结果可推广到有限个行列式之和的情形.

(2) 行列式 $D_1,D_2$ 的第 $i$ 行是把 $D$ 的第 $i$ 行拆成两行,其他 $n-1$ 行与 $D$ 的各对应的行完全一样.

(3) 当行列式的某一行(列)的元素为两数之和时,行列式关于该行(列)可分解成两个行列式,若 $n$ 阶行列式的每个元素都可表示成两数之和,则它可分解成 $2^n$ 个行列式.

**性质 5** 将行列式的某一行(列)的所有元素都乘以数 $k$,然后将其加到另一行(列)对应位置的元素上,则行列式的值不变.

例如,以数 $k$ 乘以第 $j$ 列加到第 $i$ 列上,则有

$$D=\begin{vmatrix} a_{11} & \cdots & a_{1i} & \cdots & a_{1j} & \cdots & a_{1n} \\ a_{21} & \cdots & a_{2i} & \cdots & a_{2j} & \cdots & a_{2n} \\ \vdots & & \vdots & & \vdots & & \vdots \\ a_{n1} & \cdots & a_{ni} & \cdots & a_{nj} & \cdots & a_{nn} \end{vmatrix}=\begin{vmatrix} a_{11} & \cdots & a_{1i}+ka_{1j} & \cdots & a_{1j} & \cdots & a_{1n} \\ a_{21} & \cdots & a_{2i}+ka_{2j} & \cdots & a_{2j} & \cdots & a_{2n} \\ \vdots & & \vdots & & \vdots & & \vdots \\ a_{n1} & \cdots & a_{ni}+ka_{nj} & \cdots & a_{nj} & \cdots & a_{nn} \end{vmatrix}$$

$$=D_1\ (i\neq j).$$

**证明** $$D_1\xlongequal{\text{性质 4}}\begin{vmatrix} a_{11} & \cdots & a_{1i} & \cdots & a_{1j} & \cdots & a_{1n} \\ a_{21} & \cdots & a_{2i} & \cdots & a_{2j} & \cdots & a_{2n} \\ \vdots & & \vdots & & \vdots & & \vdots \\ a_{n1} & \cdots & a_{ni} & \cdots & a_{nj} & \cdots & a_{nn} \end{vmatrix}+\begin{vmatrix} a_{11} & \cdots & ka_{1j} & \cdots & a_{1j} & \cdots & a_{1n} \\ a_{21} & \cdots & ka_{2j} & \cdots & a_{2j} & \cdots & a_{2n} \\ \vdots & & \vdots & & \vdots & & \vdots \\ a_{n1} & \cdots & ka_{nj} & \cdots & a_{nj} & \cdots & a_{nn} \end{vmatrix}$$

$$\xlongequal{\text{推论 3}}D+0=D.$$

利用这些性质可简化行列式的计算.今后为了方便,记 $r_i$ 表示第 $i$ 行,$c_j$ 表示第 $j$ 列,$r_i \leftrightarrow r_j(c_i \leftrightarrow c_j)$ 表示交换第 $i$ 行(列)和第 $j$ 行(列)的元素;$r_i \times k(c_i \times k)$ 表示第 $i$ 行(列)的元素乘以数 $k$;$r_i + kr_j(c_i + kc_j)$ 表示第 $j$ 行(列)的元素乘以数 $k$ 加到第 $i$ 行(列).计算行列式常用的一种方法,就是利用 $r_i + kr_j(c_i + kc_j)$ 把行列式化为上三角行列式,从而算得行列式的值.

**例 8**　计算

$$D=\begin{vmatrix} 3 & 1 & -1 & 2 \\ -5 & 1 & 3 & -4 \\ 2 & 0 & 1 & -1 \\ 1 & -5 & 3 & -3 \end{vmatrix}.$$

**解**　$$D \xlongequal{c_1 \leftrightarrow c_2} -\begin{vmatrix} 1 & 3 & -1 & 2 \\ 1 & -5 & 3 & -4 \\ 0 & 2 & 1 & -1 \\ -5 & 1 & 3 & -3 \end{vmatrix} \xlongequal[r_4+5r_1]{r_2-r_1} -\begin{vmatrix} 1 & 3 & -1 & 2 \\ 0 & -8 & 4 & -6 \\ 0 & 2 & 1 & -1 \\ 0 & 16 & -2 & 7 \end{vmatrix}$$

$$\xlongequal{r_2 \leftrightarrow r_3} \begin{vmatrix} 1 & 3 & -1 & 2 \\ 0 & 2 & 1 & -1 \\ 0 & -8 & 4 & -6 \\ 0 & 16 & -2 & 7 \end{vmatrix} \xlongequal[r_4-8r_2]{r_3+4r_2} \begin{vmatrix} 1 & 3 & -1 & 2 \\ 0 & 2 & 1 & -1 \\ 0 & 0 & 8 & -10 \\ 0 & 0 & -10 & 15 \end{vmatrix}$$

$$\xlongequal{r_4+\frac{5}{4}r_3} \begin{vmatrix} 1 & 3 & -1 & 2 \\ 0 & 2 & 1 & -1 \\ 0 & 0 & 8 & -10 \\ 0 & 0 & 0 & \frac{5}{2} \end{vmatrix}$$

$$=1 \times 2 \times 8 \times \frac{5}{2}=40.$$

**例 9**　计算

$$D=\begin{vmatrix} 1+a & 1 & 1 \\ 1 & 1+a & 1 \\ 1 & 1 & 1+a \end{vmatrix}.$$

**解**　这个行列式的特点是各列的 3 个数之和均为 $3+a$.现把第 2 行、第 3 行同时加到第 1 行,提出公因子 $3+a$,然后各行减去第一行,即

$$D \xlongequal{r_1+(r_2+r_3)} \begin{vmatrix} 3+a & 3+a & 3+a \\ 1 & 1+a & 1 \\ 1 & 1 & 1+a \end{vmatrix} = (3+a)\begin{vmatrix} 1 & 1 & 1 \\ 1 & 1+a & 1 \\ 1 & 1 & 1+a \end{vmatrix}$$

$$\xlongequal[r_3-r_1]{r_2-r_1} (3+a)\begin{vmatrix} 1 & 1 & 1 \\ 0 & a & 0 \\ 0 & 0 & a \end{vmatrix} = (3+a)a^2.$$

**注**　仿照上述方法可得到更一般的结果:

$$\begin{vmatrix} a & b & b & \cdots & b \\ b & a & b & \cdots & b \\ \vdots & \vdots & \vdots & & \vdots \\ b & b & b & \cdots & a \end{vmatrix} = [a+(n-1)b](a-b)^{n-1}.$$

**例 10** 计算五阶行列式

$$D_5 = \begin{vmatrix} 2 & -1 & & & \\ 1 & 2 & -1 & & \\ & 1 & 2 & -1 & \\ & & 1 & 2 & -1 \\ & & & 1 & 2 \end{vmatrix}.$$

**解法 1** 把 $D_5$ 化为上三角行列式.

$$D \xlongequal{r_2-\frac{1}{2}r_1} \begin{vmatrix} 2 & -1 & & & \\ & \frac{5}{2} & -1 & & \\ & 1 & 2 & -1 & \\ & & 1 & 2 & -1 \\ & & & 1 & 2 \end{vmatrix} \xlongequal{r_3-\frac{2}{5}r_2} \begin{vmatrix} 2 & -1 & & & \\ & \frac{5}{2} & -1 & & \\ & & \frac{12}{5} & -1 & \\ & & 1 & 2 & -1 \\ & & & 1 & 2 \end{vmatrix}$$

$$\xlongequal{r_4-\frac{5}{12}r_3} \begin{vmatrix} 2 & -1 & & & \\ & \frac{5}{2} & -1 & & \\ & & \frac{12}{5} & -1 & \\ & & & \frac{29}{12} & -1 \\ & & & 1 & 2 \end{vmatrix} \xlongequal{r_5-\frac{12}{29}r_4} \begin{vmatrix} 2 & -1 & & & \\ & \frac{5}{2} & -1 & & \\ & & \frac{12}{5} & -1 & \\ & & & \frac{29}{12} & -1 \\ & & & & \frac{70}{29} \end{vmatrix}$$

$$=2\times\frac{5}{2}\times\frac{12}{5}\times\frac{29}{12}\times\frac{70}{29}=70.$$

**解法 2** 把 $D_5$ 按第 1 行展开,建立递推关系.

$$D_5 = 2D_4 + \begin{vmatrix} 1 & -1 & & \\ & 2 & -1 & \\ & 1 & 2 & -1 \\ & & 1 & 2 \end{vmatrix} = 2D_4 + D_3,$$

继续用此递推关系,得

$$\begin{aligned} D_5 &= 2D_4 + D_3 = 2(2D_3 + D_2) + D_3 = 5D_3 + 2D_2 \\ &= 5(2D_2 + D_1) + 2D_2 = 12D_2 + 5D_1. \end{aligned}$$

而 $$D_2 = \begin{vmatrix} 2 & -1 \\ 1 & 2 \end{vmatrix} = 5, \quad D_1 = |2| = 2,$$

故 $$D_5=12\times5+5\times2=70.$$

**注**　在本题中,$D_4$ 不仅仅是四阶行列式,而且是与 $D_5$ 同类型的四阶行列式.

**例 11**　证明:奇数阶反对称行列式的值为零.

反对称行列式(其特点是元素 $a_{ij}=-a_{ji}(i\neq j),a_{ij}=0(i=j)$),其形式为

$$\begin{vmatrix} 0 & a_{12} & a_{13} & \cdots & a_{1n} \\ -a_{12} & 0 & a_{23} & \cdots & a_{2n} \\ -a_{13} & -a_{23} & 0 & \cdots & a_{3n} \\ \vdots & \vdots & \vdots & & \vdots \\ -a_{1n} & -a_{2n} & -a_{3n} & \cdots & 0 \end{vmatrix}.$$

**证明**　设

$$D=\begin{vmatrix} 0 & a_{12} & a_{13} & \cdots & a_{1n} \\ -a_{12} & 0 & a_{23} & \cdots & a_{2n} \\ -a_{13} & -a_{23} & 0 & \cdots & a_{3n} \\ \vdots & \vdots & \vdots & & \vdots \\ -a_{1n} & -a_{2n} & -a_{3n} & \cdots & 0 \end{vmatrix}.$$

利用性质 1 及性质 3 的推论 2,有

$$D=\begin{vmatrix} 0 & a_{12} & a_{13} & \cdots & a_{1n} \\ -a_{12} & 0 & a_{23} & \cdots & a_{2n} \\ -a_{13} & -a_{23} & 0 & \cdots & a_{3n} \\ \vdots & \vdots & \vdots & & \vdots \\ -a_{1n} & -a_{2n} & -a_{3n} & \cdots & 0 \end{vmatrix}=\begin{vmatrix} 0 & -a_{12} & -a_{13} & \cdots & -a_{1n} \\ a_{12} & 0 & -a_{23} & \cdots & -a_{2n} \\ a_{13} & a_{23} & 0 & \cdots & -a_{3n} \\ \vdots & \vdots & \vdots & & \vdots \\ a_{1n} & a_{2n} & a_{3n} & \cdots & 0 \end{vmatrix}$$

$$=(-1)^n\begin{vmatrix} 0 & a_{12} & a_{13} & \cdots & a_{1n} \\ -a_{12} & 0 & a_{23} & \cdots & a_{2n} \\ -a_{13} & -a_{23} & 0 & \cdots & a_{3n} \\ \vdots & \vdots & \vdots & & \vdots \\ -a_{1n} & -a_{2n} & -a_{3n} & \cdots & 0 \end{vmatrix}=(-1)^nD.$$

当 $n$ 为奇数时,有 $D=-D$,即 $D=0$.

**例 12**　设 $D$ 为三阶行列式,$\boldsymbol{\alpha}_1,\boldsymbol{\alpha}_2,\boldsymbol{\alpha}_3$ 分别是其第 1,2,3 列,若 $D=|\boldsymbol{\alpha}_1,\boldsymbol{\alpha}_2,\boldsymbol{\alpha}_3|=-2$,求 $|\boldsymbol{\alpha}_3,3\boldsymbol{\alpha}_2-\boldsymbol{\alpha}_3,2\boldsymbol{\alpha}_1+5\boldsymbol{\alpha}_2|$.

**解**

$$\begin{aligned}|\boldsymbol{\alpha}_3,3\boldsymbol{\alpha}_2-\boldsymbol{\alpha}_3,2\boldsymbol{\alpha}_1+5\boldsymbol{\alpha}_2|&\xlongequal{c_2+c_1}|\boldsymbol{\alpha}_3,3\boldsymbol{\alpha}_2,2\boldsymbol{\alpha}_1+5\boldsymbol{\alpha}_2|\\&=3|\boldsymbol{\alpha}_3,\boldsymbol{\alpha}_2,2\boldsymbol{\alpha}_1+5\boldsymbol{\alpha}_2|\\&\xlongequal{c_3-5c_2}3|\boldsymbol{\alpha}_3,\boldsymbol{\alpha}_2,2\boldsymbol{\alpha}_1|\\&=-2\times3|\boldsymbol{\alpha}_1,\boldsymbol{\alpha}_2,\boldsymbol{\alpha}_3|=12.\end{aligned}$$

## 习题 1.3

1. 用行列式的性质计算下列行列式:

(1) $\begin{vmatrix} x & y & x+y \\ y & x+y & x \\ x+y & x & y \end{vmatrix}$；　(2) $\begin{vmatrix} 1 & 2 & 3 & 4 \\ 2 & 3 & 4 & 1 \\ 3 & 4 & 1 & 2 \\ 4 & 1 & 2 & 3 \end{vmatrix}$；　(3) $\begin{vmatrix} 1 & 1 & 1 & 1 \\ -1 & 1 & 1 & 1 \\ -1 & -1 & 1 & 1 \\ -1 & -1 & -1 & 1 \end{vmatrix}$.

2. 计算下列行列式的值：

(1) $\begin{vmatrix} -2 & 2 & -4 & 0 \\ 4 & -1 & 3 & 5 \\ 3 & 1 & -2 & -3 \\ 2 & 0 & 5 & 1 \end{vmatrix}$；　(2) $\begin{vmatrix} 3 & 1 & -1 & 2 \\ -5 & 1 & 3 & -4 \\ 2 & 0 & 1 & -1 \\ 1 & -5 & 3 & -3 \end{vmatrix}$.

3. 解下列方程：

$$\begin{vmatrix} 1 & 1 & 2 & 3 \\ 1 & 2-x^2 & 2 & 3 \\ 2 & 3 & 1 & 5 \\ 2 & 3 & 1 & 9-x^2 \end{vmatrix}=0.$$

4. 以下计算是否正确？如果不正确，给出正确计算.

(1) $\begin{vmatrix} 2 & 1 & 4 \\ 1 & 2 & 5 \\ 0 & 1 & 1 \end{vmatrix} \xlongequal{2r_2-r_1} \begin{vmatrix} 2 & 1 & 4 \\ 0 & 3 & 6 \\ 0 & 1 & 1 \end{vmatrix} =2\times3\times1-2\times6\times1=-6$；

(2) $\begin{vmatrix} 1 & 1 & 3 \\ 1 & 2 & 2 \\ 1 & 1 & 1 \end{vmatrix} \xlongequal[r_3-r_1]{\substack{r_1-r_2 \\ r_2-r_3}} \begin{vmatrix} 0 & -1 & 1 \\ 0 & 1 & 1 \\ 0 & 0 & -2 \end{vmatrix} =0$.

5. 设 $D=\begin{vmatrix} a_{11} & a_{12} & a_{13} \\ a_{21} & a_{22} & a_{23} \\ a_{31} & a_{32} & a_{33} \end{vmatrix}=1$，计算 $D_1=\begin{vmatrix} 4a_{11} & 2a_{11}-3a_{12} & a_{13} \\ 4a_{21} & 2a_{21}-3a_{22} & a_{23} \\ 4a_{31} & 2a_{31}-3a_{32} & a_{33} \end{vmatrix}$.

6. 设 $D$ 是一个三阶行列式，$\boldsymbol{\alpha}_1,\boldsymbol{\alpha}_2,\boldsymbol{\alpha}_3$ 分别是其第 1,2,3 列，已知 $D=|\boldsymbol{\alpha}_1,\boldsymbol{\alpha}_2,\boldsymbol{\alpha}_3|=2$，求 $|3\boldsymbol{\alpha}_2+2\boldsymbol{\alpha}_3,\boldsymbol{\alpha}_1,-2\boldsymbol{\alpha}_2|$.

## 1.4 行列式按行（列）展开

高阶行列式的计算比较复杂，因此我们考虑能否将其化为低阶行列式进行计算. 本节我们介绍一种降阶法来简化行列式的计算. 在 1.2 节的 $n$ 阶行列式的定义中，已包含这一思想，相当于按第一行展开. 本节我们考虑按任一行(列)展开的方法. 为此，先引入余子式和代数余子式的概念.

**定义 4**　在 $n$ 阶行列式 $D$ 中，去掉元素 $a_{ij}$ 所在的第 $i$ 行和第 $j$ 列后，余下的 $n-1$ 阶行列式称为 $D$ 中元素 $a_{ij}$ 的余子式，记为 $M_{ij}$，再记 $A_{ij}=(-1)^{i+j}M_{ij}$，称 $A_{ij}$ 为元素 $a_{ij}$ 的代数余子式.

例如，在四阶行列式

$$D=\begin{vmatrix} a_{11} & a_{12} & a_{13} & a_{14} \\ a_{21} & a_{22} & a_{23} & a_{24} \\ a_{31} & a_{32} & a_{33} & a_{34} \\ a_{41} & a_{42} & a_{43} & a_{44} \end{vmatrix}$$

中，元素 $a_{32}$ 的余子式和代数余子式分别为

$$M_{32}=\begin{vmatrix} a_{11} & a_{13} & a_{14} \\ a_{21} & a_{23} & a_{24} \\ a_{41} & a_{43} & a_{44} \end{vmatrix},A_{32}=(-1)^{3+2}M_{32}=-M_{32}.$$

**引理**　一个 $n$ 阶行列式 $D$，若其中第 $i$ 行所有元素除 $a_{ij}$ 外都为零，则该行列式等于 $a_{ij}$ 与它的代数余子式的乘积，即 $D=a_{ij}A_{ij}$.

证明从略.

**定理 1**　行列式等于它的任一行（列）的各元素与其对应的代数余子式乘积之和，即

$$D=a_{i1}A_{i1}+a_{i2}A_{i2}+\cdots+a_{in}A_{in}\quad(i=1,2,3,\cdots,n)$$

或

$$D=a_{1j}A_{1j}+a_{2j}A_{2j}+\cdots+a_{nj}A_{nj}\quad(j=1,2,3,\cdots n).$$

**证明**　$$D=\begin{vmatrix} a_{11} & a_{12} & \cdots & a_{1n} \\ \vdots & \vdots & & \vdots \\ a_{i1}+0+0+\cdots+0 & 0+a_{i2}+0+\cdots+0 & \cdots & 0+0+\cdots+0+a_{in} \\ \vdots & \vdots & & \vdots \\ a_{n1} & a_{n2} & \cdots & a_{nn} \end{vmatrix}$$

$$=\begin{vmatrix} a_{11} & a_{12} & \cdots & a_{1n} \\ \vdots & \vdots & & \vdots \\ a_{i1} & 0 & \cdots & 0 \\ \vdots & \vdots & & \vdots \\ a_{n1} & a_{n2} & \cdots & a_{nn} \end{vmatrix}+\begin{vmatrix} a_{11} & a_{12} & \cdots & a_{1n} \\ \vdots & \vdots & & \vdots \\ 0 & a_{i2} & \cdots & 0 \\ \vdots & \vdots & & \vdots \\ a_{n1} & a_{n2} & \cdots & a_{nn} \end{vmatrix}+\cdots+\begin{vmatrix} a_{11} & a_{12} & \cdots & a_{1n} \\ \vdots & \vdots & & \vdots \\ 0 & 0 & \cdots & a_{in} \\ \vdots & \vdots & & \vdots \\ a_{n1} & a_{n2} & \cdots & a_{nn} \end{vmatrix}.$$

根据引理即得

$$D=a_{i1}A_{i1}+a_{i2}A_{i2}+\cdots+a_{in}A_{in}\quad(i=1,2,\cdots,n).$$

类似地，按列证明可得

$$D=a_{1j}A_{1j}+a_{2j}A_{2j}+\cdots+a_{nj}A_{nj}\quad(j=1,2,\cdots,n).$$

这个定理称为行列式按行（列）展开法则，利用这一法则并结合行列式的性质，可以简化行列式的计算.

**推论**　行列式某一行（列）的元素与另一行（列）的对应元素的代数余子式乘积之和等于零，即

$$a_{i1}A_{j1}+a_{i2}A_{j2}+\cdots+a_{in}A_{jn}=0\quad(i\neq j)$$

或

$$a_{1i}A_{1j}+a_{2i}A_{2j}+\cdots+a_{ni}A_{nj}=0\quad(i\neq j).$$

**证明** 把行列式 $D$ 按第 $j$ 行展开，有

$$a_{j1}A_{j1}+a_{j2}A_{j2}+\cdots+a_{jn}A_{jn}=\begin{vmatrix} a_{11} & \cdots & a_{1n} \\ \vdots & & \vdots \\ a_{i1} & \cdots & a_{in} \\ \vdots & & \vdots \\ a_{j1} & \cdots & a_{jn} \\ \vdots & & \vdots \\ a_{n1} & \cdots & a_{nn} \end{vmatrix},$$

上式中把 $a_{jk}$ 换成 $a_{ik}(k=1,2,\cdots,n)$，可得

$$a_{i1}A_{j1}+a_{i2}A_{j2}+\cdots+a_{in}A_{jn}=\begin{vmatrix} a_{11} & \cdots & a_{1n} \\ \vdots & & \vdots \\ a_{i1} & \cdots & a_{in} \\ \vdots & & \vdots \\ a_{i1} & \cdots & a_{in} \\ \vdots & & \vdots \\ a_{n1} & \cdots & a_{nn} \end{vmatrix}\begin{matrix} \\ \\ \text{第 } i \text{ 行} \\ \\ \text{第 } j \text{ 行}. \\ \\ \\ \end{matrix}$$

当 $i\neq j$ 时，上式右端行列式中有两行的对应元素相同，故行列式等于零，即得

$$a_{i1}A_{j1}+a_{i2}A_{j2}+\cdots+a_{in}A_{jn}=0\quad(i\neq j).$$

上述证法如按列进行，即可得

$$a_{1i}A_{1j}+a_{2i}A_{2j}+\cdots+a_{ni}A_{nj}=0\quad(i\neq j).$$

综上所述，可得有关代数余子式的一个重要性质：

$$\sum_{k=1}^{n}a_{ki}A_{kj}=D\delta_{ij}=\begin{cases}D(i=j),\\0(i\neq j),\end{cases}\quad\text{或}\quad\sum_{k=1}^{n}a_{ik}A_{jk}=D\delta_{ij}=\begin{cases}D(i=j),\\0(i\neq j),\end{cases}$$

其中 $\delta_{ij}=\begin{cases}1(i=j),\\0(i\neq j).\end{cases}$

**例 13** 计算行列式 $D=\begin{vmatrix} 1 & 2 & 3 & 4 \\ 1 & 0 & 1 & 2 \\ 3 & -1 & -1 & 0 \\ 1 & 2 & 0 & -5 \end{vmatrix}$.

**解** 
$$D=\begin{vmatrix} 1 & 2 & 3 & 4 \\ 1 & 0 & 1 & 2 \\ 3 & -1 & -1 & 0 \\ 1 & 2 & 0 & -5 \end{vmatrix}\xlongequal[r_4+2r_3]{r_1+2r_3}\begin{vmatrix} 7 & 0 & 1 & 4 \\ 1 & 0 & 1 & 2 \\ 3 & -1 & -1 & 0 \\ 7 & 0 & -2 & -5 \end{vmatrix}$$

$$\xlongequal{\text{按第 2 列展开}}(-1)\times(-1)^{3+2}\begin{vmatrix} 7 & 1 & 4 \\ 1 & 1 & 2 \\ 7 & -2 & -5 \end{vmatrix}\xlongequal[r_3+2r_2]{r_1-r_2}\begin{vmatrix} 6 & 0 & 2 \\ 1 & 1 & 2 \\ 9 & 0 & -1 \end{vmatrix}$$

$$=1\times(-1)^{2+2}\begin{vmatrix} 6 & 2 \\ 9 & -1 \end{vmatrix}=-6-18=-24.$$

**例 14**　计算 $n$ 阶范德蒙德(Vandermonde)行列式

$$D_n=\begin{vmatrix} 1 & 1 & \cdots & 1 & 1 \\ a_1 & a_2 & \cdots & a_{n-1} & a_n \\ a_1^2 & a_2^2 & \cdots & a_{n-1}^2 & a_n^2 \\ \vdots & \vdots & & \vdots & \vdots \\ a_1^{n-2} & a_2^{n-2} & \cdots & a_{n-1}^{n-2} & a_n^{n-2} \\ a_1^{n-1} & a_2^{n-1} & \cdots & a_{n-1}^{n-1} & a_n^{n-1} \end{vmatrix}\quad (n\geqslant 2).$$

**解**　从 $n-1$ 行开始依次乘 $-a_n$，并加到相邻的后一行上，则

$$D_n=\begin{vmatrix} 1 & 1 & \cdots & 1 & 1 \\ a_1-a_n & a_2-a_n & \cdots & a_{n-1}-a_n & 0 \\ a_1(a_1-a_n) & a_2(a_2-a_n) & \cdots & a_{n-1}(a_{n-1}-a_n) & 0 \\ \vdots & \vdots & & \vdots & \vdots \\ a_1^{n-3}(a_1-a_n) & a_2^{n-3}(a_2-a_n) & \cdots & a_{n-1}^{n-3}(a_{n-1}-a_n) & 0 \\ a_1^{n-2}(a_1-a_n) & a_2^{n-2}(a_2-a_n) & \cdots & a_{n-1}^{n-2}(a_{n-1}-a_n) & 0 \end{vmatrix},$$

再按第 $n$ 列展开，得

$$\begin{aligned} D_n &=(-1)^{n+1}(a_1-a_n)(a_2-a_n)\cdots(a_{n-1}-a_n)D_{n-1} \\ &=(a_n-a_1)(a_n-a_2)\cdots(a_n-a_{n-1})D_{n-1}. \end{aligned}$$

由此递推可得

$$\begin{aligned} D_n &= (a_n-a_1)(a_n-a_2)\cdots(a_n-a_{n-1})(a_{n-1}-a_1)(a_{n-1}-a_2)\cdots(a_{n-1}-a_{n-2}) \\ &\quad\cdots(a_3-a_1)(a_3-a_2)(a_2-a_1) \\ &= \prod_{1\leqslant i<j\leqslant n}(a_j-a_i). \end{aligned}$$

**例 15**　计算 $n$ 阶行列式

$$D_n=\begin{vmatrix} a & -1 & 0 & \cdots & 0 & 0 \\ 0 & a & -1 & \cdots & 0 & 0 \\ 0 & 0 & a & \cdots & 0 & 0 \\ \vdots & \vdots & \vdots & & \vdots & \vdots \\ 0 & 0 & 0 & \cdots & a & -1 \\ 1 & 1 & 1 & \cdots & 1 & 1+a \end{vmatrix}.$$

**解**　行列式按第 1 列展开，得

$$D_n=a\begin{vmatrix} a & -1 & \cdots & 0 & 0 \\ 0 & a & \cdots & 0 & 0 \\ \vdots & \vdots & & \vdots & \vdots \\ 0 & 0 & \cdots & a & -1 \\ 1 & 1 & \cdots & 1 & 1+a \end{vmatrix}+(-1)^{n+1}\begin{vmatrix} -1 & 0 & \cdots & 0 & 0 \\ a & -1 & \cdots & 0 & 0 \\ \vdots & \vdots & & \vdots & \vdots \\ 0 & 0 & \cdots & a & -1 \end{vmatrix}$$

$$=aD_{n-1}+(-1)^{n+1}(-1)^{n-1}=aD_{n-1}+1.$$

利用递推公式，得

$$D_n=aD_{n-1}+1=a(aD_{n-2}+1)+1$$

$$\begin{aligned}&=a^2D_{n-2}+a+1\\&=a^2(aD_{n-3}+1)+a+1\\&=a^3D_{n-3}+a^2+a+1=\cdots\\&=a^{n-2}D_2+a^{n-3}+\cdots+a+1.\end{aligned}$$

由于

$$D_2=\begin{vmatrix}a&-1\\1&1+a\end{vmatrix}=a^2+a+1,$$

所以

$$\begin{aligned}D_n&=a^{n-2}(a^2+a+1)+a^{n-3}+\cdots+a+1\\&=a^n+a^{n-1}+\cdots+a+1=\begin{cases}n+1 & (a=1),\\ \dfrac{1-a^{n+1}}{1-a} & (a\neq 1).\end{cases}\end{aligned}$$

**例 16** 设 $D=\begin{vmatrix}2&-8&3&8\\1&-9&5&1\\-3&0&1&-2\\1&-2&0&6\end{vmatrix}$，$a_{ij}$ 的余子式和代数余子式分别为 $M_{ij}$ 和 $A_{ij}$，求：

(1) $A_{11}+2A_{12}-A_{13}+12A_{14}$；(2) $2M_{13}+M_{23}-M_{33}+M_{43}$.

**解** (1) 把 $D$ 的第一行的四个元素用 $1,2,-1,12$ 替换，得

$$D_1=\begin{vmatrix}1&2&-1&12\\1&-9&5&1\\-3&0&1&-2\\1&-2&0&6\end{vmatrix}=-336,$$

故

$$A_{11}+2A_{12}-A_{13}+12A_{14}=-336.$$

(2) 因为 $A_{ij}=(-1)^{i+j}M_{ij}$，所以 $2M_{13}+M_{23}-M_{33}+M_{43}=2A_{13}-A_{23}-A_{33}-A_{43}$.

把 $D$ 的第三列的四个元素用 $2,-1,-1,-1$ 替换，得

$$D_2=\begin{vmatrix}2&-8&2&8\\1&-9&-1&1\\-3&0&-1&-2\\1&-2&-1&6\end{vmatrix}=-536,$$

故

$$2M_{13}+M_{23}-M_{33}+M_{43}=2A_{13}-A_{23}-A_{33}-A_{43}=-536.$$

## 习题 1.4

1. 求行列式 $\begin{vmatrix}2&5&6\\a&0&b\\4&1&2\end{vmatrix}$ 中元素 $a$ 的代数余子式.

2. 已知三阶行列式 $D=\begin{vmatrix}1&2&3\\4&5&6\\7&8&9\end{vmatrix}$，它的元素 $a_{ij}$ 的代数余子式为 $A_{ij}(i=1,2,3;j=1,2,3)$，求与 $aA_{21}+bA_{22}+cA_{23}$ 对应的三阶行列式.

3. 计算下列行列式：

(1) $\begin{vmatrix}1+x&1&1&1\\1&1-x&1&1\\1&1&1+y&1\\1&1&1&1-y\end{vmatrix}$；　　(2) $\begin{vmatrix}0&a&b&a\\a&0&a&b\\b&a&0&a\\a&b&a&0\end{vmatrix}$；

(3) $\begin{vmatrix}a&b&c\\a^2&b^2&c^2\\b+c&c+a&a+b\end{vmatrix}$；　　(4) $\begin{vmatrix}x&y&0&\cdots&0&0\\0&x&y&\cdots&0&0\\\vdots&\vdots&\vdots&&\vdots&\vdots\\0&0&0&\cdots&x&y\\y&0&0&\cdots&0&x\end{vmatrix}$.

4. 已知 $D=\begin{vmatrix}2&1&3&4\\1&0&2&3\\1&5&2&1\\-1&1&5&2\end{vmatrix}$，求 $A_{13}+A_{23}+2A_{43}$.

5. 设 $x_1,x_2,x_3$ 是方程 $x^3+px+q=0$ 的三个根，求行列式 $\begin{vmatrix}x_1&x_2&x_3\\x_2&x_3&x_1\\x_3&x_1&x_2\end{vmatrix}$ 的值.

## 1.5　克莱姆(Cramer)法则

本节将 1.1 节所讲的利用二阶行列式求解二元线性方程组的方法，推广到利用 $n$ 阶行列式求解 $n$ 元线性方程组中，这个法则就是著名的克莱姆(Cramer)法则.

在引入克莱姆法则之前，先介绍有关 $n$ 元线性方程组的概念. 含有 $n$ 个未知数 $x_1,x_2,\cdots,x_n$ 且有 $n$ 个方程的线性方程组

$$\begin{cases}a_{11}x_1+a_{12}x_2+\cdots+a_{1n}x_n=b_1,\\a_{21}x_1+a_{22}x_2+\cdots+a_{2n}x_n=b_2,\\\qquad\vdots\\a_{n1}x_1+a_{n2}x_2+\cdots+a_{nn}x_n=b_n\end{cases}\tag{1.11}$$

称为 $n$ 元线性方程组. 当其右端的常数项 $b_1,b_2,\cdots,b_n$ 不全为零时，线性方程组(1.11)称为非齐次线性方程组；当 $b_1,b_2,\cdots,b_n$ 全为零时，线性方程组(1.11)称为齐次线性方程组，即

$$\begin{cases} a_{11}x_1+a_{12}x_2+\cdots+a_{1n}x_n=0, \\ a_{21}x_1+a_{22}x_2+\cdots+a_{2n}x_n=0, \\ \qquad\vdots \\ a_{n1}x_1+a_{n2}x_2+\cdots+a_{nn}x_n=0. \end{cases} \tag{1.12}$$

线性方程组(1.11)的系数 $a_{ij}$ 构成的行列式，称为该方程组的系数行列式，记为 $D$，即

$$D=\begin{vmatrix} a_{11} & a_{12} & \cdots & a_{1n} \\ a_{21} & a_{22} & \cdots & a_{2n} \\ \vdots & \vdots & & \vdots \\ a_{n1} & a_{n2} & \cdots & a_{nn} \end{vmatrix}.$$

**定理 2**(克莱姆法则)　若线性方程组(1.11)的系数行列式 $D\neq0$，则线性方程组(1.11)有唯一解，其解为

$$x_j=\frac{D_j}{D}\quad(j=1,2,\cdots,n).$$

其中 $D_j(j=1,2,\cdots,n)$ 是把 $D$ 中第 $j$ 列元素 $a_{1j},a_{2j},\cdots,a_{nj}$ 对应地换成常数项 $b_1,b_2,\cdots,b_n$，而其余各列保持不变所得到的行列式，即

$$D_j=\begin{vmatrix} a_{11} & \cdots & a_{1,j-1} & b_1 & a_{1,j+1} & \cdots & a_{1n} \\ \vdots & & \vdots & \vdots & \vdots & & \vdots \\ a_{n1} & \cdots & a_{n,j-1} & b_n & a_{n,j+1} & \cdots & a_{nn} \end{vmatrix}.$$

证明从略.

**例 17**　解线性方程组

$$\begin{cases} x_1-x_2+x_3-2x_4=2, \\ 2x_1-x_3+4x_4=4, \\ 3x_1+2x_2+x_3=-1, \\ -x_1+2x_2-x_3+2x_4=-4. \end{cases}$$

**解**　计算行列式

$$D=\begin{vmatrix} 1 & -1 & 1 & -2 \\ 2 & 0 & -1 & 4 \\ 3 & 2 & 1 & 0 \\ -1 & 2 & -1 & 2 \end{vmatrix}=-2\neq0,$$

$$D_1=\begin{vmatrix} 2 & -1 & 1 & -2 \\ 4 & 0 & -1 & 4 \\ -1 & 2 & 1 & 0 \\ -4 & 2 & -1 & 2 \end{vmatrix}=-2,\quad D_2=\begin{vmatrix} 1 & 2 & 1 & -2 \\ 2 & 4 & -1 & 4 \\ 3 & -1 & 1 & 0 \\ -1 & -4 & -1 & 2 \end{vmatrix}=4,$$

$$D_3=\begin{vmatrix} 1 & -1 & 2 & -2 \\ 2 & 0 & 4 & 4 \\ 3 & 2 & -1 & 0 \\ -1 & 2 & -4 & 2 \end{vmatrix}=0,\quad D_4=\begin{vmatrix} 1 & -1 & 1 & 2 \\ 2 & 0 & -1 & 4 \\ 3 & 2 & 1 & -1 \\ -1 & 2 & -1 & -4 \end{vmatrix}=-1,$$

所以

$$x_1=\frac{D_1}{D}=1,\quad x_2=\frac{D_2}{D}=-2,\quad x_3=\frac{D_3}{D}=0,\quad x_4=\frac{D_4}{D}=\frac{1}{2}.$$

**定理 3**　如果齐次线性方程组(1.12)的系数行列式 $D\neq 0$,则它仅有零解.

**证明**　因为 $D\neq 0$,根据克莱姆法则,方程组(1.12)有唯一解,$x_j=\frac{D_j}{D}(j=1,2,\cdots,n)$;又由于行列式 $D_j(j=1,2,\cdots,n)$中有一列的元素全部为零,由定义 $D_j=0(j=1,2,\cdots,n)$,所以齐次线性方程组(1.12)仅有零解,即 $x_j=\frac{D_j}{D}=0(j=1,2,\cdots,n)$.

**定理 3′**　如果齐次线性方程组(1.12)有非零解,则它的系数行列式必为零.

**注**　定理 3(或定理 3′)说明系数行列式 $D=0$ 是齐次线性方程组有非零解的必要条件.第 3 章中还将证明这个条件也是充分条件.

**例 18**　问 $\lambda$ 取何值时,齐次线性方程组

$$\begin{cases}(5-\lambda)x_1+2x_2+2x_3=0,\\2x_1+(6-\lambda)x_2=0,\\2x_1+(4-\lambda)x_3=0\end{cases}$$

有非零解?

**解**　由定理 3′可知,若所给的齐次线性方程组有非零解,则其系数行列式 $D=0$,而

$$D=\begin{vmatrix}5-\lambda & 2 & 2\\2 & 6-\lambda & 0\\2 & 0 & 4-\lambda\end{vmatrix}=(5-\lambda)(2-\lambda)(8-\lambda),$$

由 $D=0$ 得,$\lambda=2,\lambda=5$ 或 $\lambda=8$.

**注**　克莱姆法则只能求解方程的个数和未知量的个数相等的线性方程组,否则不能用克莱姆法则求解.

## 习题 1.5

1. 用克莱姆法则解下列线性方程组:

(1) $\begin{cases}2x+5y=1,\\3x+7y=2;\end{cases}$　(2) $\begin{cases}x+y-2z=-3,\\5x-2y+7z=22,\\2x-5y+4z=4;\end{cases}$　(3) $\begin{cases}2x_1+x_2-5x_3+x_4=8,\\x_1-3x_2-6x_4=9,\\2x_2-x_3+2x_4=-5,\\x_1+4x_2-7x_3+6x_4=0.\end{cases}$

2. 判断齐次线性方程组是否仅有零解.

$$\begin{cases}2x_1+2x_2-x_3=0,\\x_1-2x_2+4x_3=0,\\5x_1+8x_2-2x_3=0.\end{cases}$$

3. 问 $\lambda,\mu$ 取何值时齐次线性方程组有非零解?

$$\begin{cases}\lambda x_1+x_2+x_3=0,\\x_1+\mu x_2+x_3=0,\\x_1+2\mu x_2+x_3=0.\end{cases}$$

4. 若齐次线性方程组只有零解，则 $a,b$ 应满足什么条件？

$$\begin{cases}ax_1+x_2+x_3=0,\\x_1+bx_2+x_3=0,\\x_1+3bx_2+x_3=0.\end{cases}$$

## 1.6 用 MATLAB 进行行列式的计算

通过前面的学习，我们会运用公式或者性质计算行列式的值，大部分行列式的计算比较耗时. 运用 MATLAB 进行行列式的计算，在实际应用中可大大节约计算时间.

在 MATLAB 中，det(A)表示求矩阵 $\boldsymbol{A}$ 的行列式.

**例 19** 求 $|\boldsymbol{A}|=\begin{vmatrix}3&2&5&1\\1&0&3&1\\-1&-1&-2&0\\3&2&0&4\end{vmatrix}$.

**解** 创建矩阵(方阵)**A**. 在 MATLAB 命令窗口输入

```
A=[3 2 5 1;1 0 3 1;-1 -1 -2 0;3 2 0 4];
det(A)
```

运行后如图 1.3 所示.

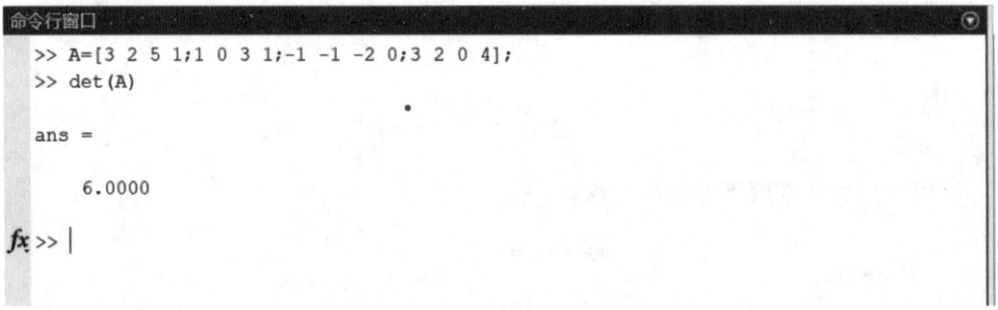
命令行窗口
>> A=[3 2 5 1;1 0 3 1;-1 -1 -2 0;3 2 0 4];
>> det(A)
ans =
6.0000
fx >>

图 1.3

可得 $|\boldsymbol{A}|=6$.

**例 20** 计算 $|\boldsymbol{B}|=\begin{vmatrix}5x&1&2&3\\x&x&1&2\\1&2&x&3\\x&1&2&2x\end{vmatrix}$.

**解** 由于行列式中有未知量 $x$，故必须定义 $x$ 为符号变量.

运行后如图 1.4 所示.

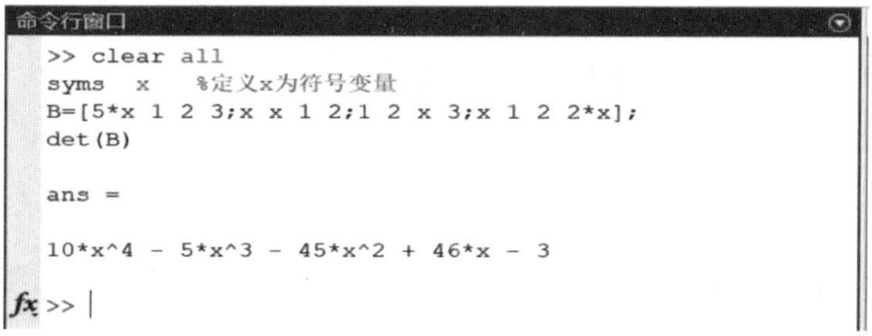
命令行窗口
>> clear all
syms x %定义x为符号变量
B=[5*x 1 2 3;x x 1 2;1 2 x 3;x 1 2 2*x];
det(B)
ans =
10*x^4 - 5*x^3 - 45*x^2 + 46*x - 3
fx >>

图 1.4

可得 $|\boldsymbol{B}|=10x^4-5x^3-45x^2+46x-3$.

**例 21**　计算范德蒙德行列式 $D=\begin{vmatrix}1&1&1&1&1\\1&2&3&4&5\\1&2^2&3^2&4^2&5^2\\1&2^3&3^3&4^3&5^3\\1&2^4&3^4&4^4&5^4\end{vmatrix}$.

**解**　在 MATLAB 命令窗口输入

```
A=[1 1 1 1 1;1 2 3 4 5;1 2^2 3^2 4^2 5^2;1 2^3 3^3 4^3 5^3;
   1 2^4 3^4 4^4 5^4]
det(A)
```

运行后如图 1.5 所示.

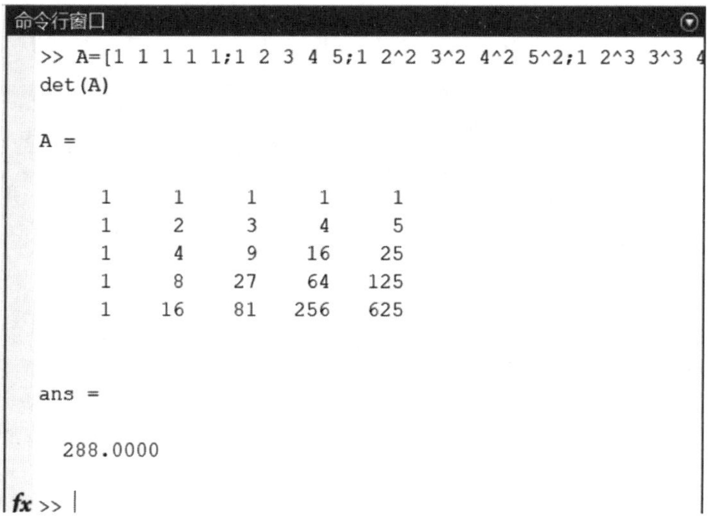
命令行窗口
>> A=[1 1 1 1 1;1 2 3 4 5;1 2^2 3^2 4^2 5^2;1 2^3 3^3 4
det(A)
A =
1 1 1 1 1
1 2 3 4 5
1 4 9 16 25
1 8 27 64 125
1 16 81 256 625
ans =
288.0000
fx >>

图 1.5

可得 $D=288$.

## 历年考研试题选讲 1

**试题 1**(2024 年,数三) 设 $\boldsymbol{A}=\begin{pmatrix} a+1 & b & 3 \\ a & \frac{b}{2} & 1 \\ 1 & 1 & 2 \end{pmatrix}$,$M_{ij}$ 表示 $\boldsymbol{A}$ 的行列式的第 $i$ 行第 $j$ 列元素的余子式.若 $|\boldsymbol{A}|=-\frac{1}{2}$,且 $-M_{21}+M_{22}-M_{23}=0$,则(  ).

A. $a=0$ 或 $a=-\frac{3}{2}$　　B. $a=0$ 或 $a=\frac{3}{2}$

C. $b=1$ 或 $b=-\frac{1}{2}$　　D. $b=-1$ 或 $b=\frac{1}{2}$

**解** 由 $-M_{21}+M_{22}-M_{23}=0$ 可得 $A_{21}+A_{22}+A_{23}=0$,故得

$$\begin{vmatrix} a+1 & b & 3 \\ 1 & 1 & 1 \\ 1 & 1 & 2 \end{vmatrix}=a-b+1=0, \quad \text{即 } b=a+1.$$

所以

$$|\boldsymbol{A}|=\begin{vmatrix} a+1 & a+1 & 3 \\ a & \frac{a+1}{2} & 1 \\ 1 & 1 & 2 \end{vmatrix}=\frac{(1-a)(2a-1)}{2}=-\frac{1}{2}.$$

故 $a=0$ 或 $a=\frac{3}{2}$,选 B.

**试题 2**(2023 年,数二) $\begin{cases} ax_1+x_3=1, \\ x_1+ax_2+x_3=0, \\ x_1+2x_2+ax_3=0, \\ ax_1+bx_2=2 \end{cases}$ 有解,其中 $a,b$ 为常数,若 $\begin{vmatrix} a & 0 & 1 \\ 1 & a & 1 \\ 1 & 2 & a \end{vmatrix}=4$,

则 $\begin{vmatrix} 1 & a & 1 \\ 1 & 2 & a \\ a & b & 0 \end{vmatrix}=$______.

**解** 方程组有解,可知系数矩阵与增广矩阵的秩均为 3,从而有 $|\overline{\boldsymbol{A}}|=0$,即

$$|\overline{\boldsymbol{A}}|=\begin{vmatrix} a & 0 & 1 & 1 \\ 1 & a & 1 & 0 \\ 1 & 2 & a & 0 \\ a & b & 0 & 2 \end{vmatrix}=-\begin{vmatrix} 1 & a & 1 \\ 1 & 2 & a \\ a & b & 0 \end{vmatrix}+2\begin{vmatrix} a & 0 & 1 \\ 1 & a & 1 \\ 1 & 2 & a \end{vmatrix}=0.$$

故

$$\begin{vmatrix} 1 & a & 1 \\ 1 & 2 & a \\ a & b & 0 \end{vmatrix}=8.$$

**试题 3**(2021 年,数二,数三)　多项式 $f(x)=\begin{vmatrix} x & x & 1 & 2x \\ 1 & x & 2 & -1 \\ 2 & 1 & x & 1 \\ 2 & -1 & 1 & x \end{vmatrix}$ 中 $x^3$ 项的系数为______.

**解**　思路一:按第一行将行列式展开,得

$$f(x)=x\begin{vmatrix} x & 2 & -1 \\ 1 & x & 1 \\ -1 & 1 & x \end{vmatrix}-x\begin{vmatrix} 1 & 2 & -1 \\ 2 & x & 1 \\ 2 & 1 & x \end{vmatrix}+\begin{vmatrix} 1 & x & -1 \\ 2 & 1 & 1 \\ 2 & -1 & x \end{vmatrix}-2x\begin{vmatrix} 1 & x & 2 \\ 2 & 1 & x \\ 2 & -1 & 1 \end{vmatrix},$$

所以展开式中包含 $x^3$ 的项有 $-x^3$ 和 $-4x^3$,故 $x^3$ 项的系数为 $-5$.

思路二:对其实施初等变换,得

$$f(x)=\begin{vmatrix} x & x & 1 & 2x \\ 1 & x & 2 & -1 \\ 2 & 1 & x & 1 \\ 2 & -1 & 1 & x \end{vmatrix}\xlongequal{r_1-2r_4}\begin{vmatrix} x-4 & x+2 & -1 & 0 \\ 1 & x & 2 & -1 \\ 2 & 1 & x & 1 \\ 2 & -1 & 1 & x \end{vmatrix}$$

$$\xlongequal{r_1-r_2}\begin{vmatrix} x-5 & 2 & -3 & 1 \\ 1 & x & 2 & -1 \\ 2 & 1 & x & 1 \\ 2 & -1 & 1 & x \end{vmatrix},$$

所以 $x^3$ 项的系数为 $-5$.

**试题 4**(2020 年,数一,数二,数三)　行列式 $\begin{vmatrix} a & 0 & -1 & 1 \\ 0 & a & 1 & -1 \\ -1 & 1 & a & 0 \\ 1 & -1 & 0 & a \end{vmatrix}=$______.

**解**　原式 $=a\begin{vmatrix} 1 & 1 & 1 & 1 \\ 0 & a & 1 & -1 \\ -1 & 1 & a & 0 \\ 1 & -1 & 0 & a \end{vmatrix}\xlongequal[r_3+r_1]{r_4+r_3}a\begin{vmatrix} 1 & 1 & 1 & 1 \\ 0 & a & 1 & -1 \\ 0 & 2 & a+1 & 1 \\ 0 & 0 & a & a \end{vmatrix}=a\begin{vmatrix} a & 1 & -1 \\ 2 & a+1 & 1 \\ 0 & a & a \end{vmatrix}$

$$=a^2\begin{vmatrix} a & 2 & -1 \\ 2 & a & 1 \\ 0 & 0 & 1 \end{vmatrix}=a^4-4a^2.$$

**试题 5**(2019 年,数二)　已知矩阵 $\boldsymbol{A}=\begin{pmatrix} 1 & -1 & 0 & 0 \\ -2 & 1 & -1 & 1 \\ 3 & -2 & 2 & -1 \\ 0 & 0 & 3 & 4 \end{pmatrix}$,$A_{ij}$ 表示 $|\boldsymbol{A}|$ 中 $(i,j)$ 元素的代数余子式,则 $A_{11}-A_{12}=$______.

**解**　由行列式展开定理,得

$$A_{11}-A_{12}=\begin{vmatrix} 1 & -1 & 1 \\ -2 & 2 & -1 \\ 0 & 3 & 4 \end{vmatrix}+\begin{vmatrix} -2 & -1 & 1 \\ 3 & 2 & -1 \\ 0 & 3 & 4 \end{vmatrix}=-4.$$

## 总习题 1

1. 填空题.

(1) 设 $\begin{vmatrix} x & y & z \\ 3 & 0 & 2 \\ 1 & 1 & 1 \end{vmatrix}=-2$,则 $\begin{vmatrix} 4 & 1 & 3 \\ x-1 & y-1 & z-1 \\ 1 & 1 & 1 \end{vmatrix}=$______.

(2) 如果 $\begin{vmatrix} a_1 & b_1 & c_1 \\ a_2 & b_2 & c_2 \\ a_3 & b_3 & c_3 \end{vmatrix}=k$,则 $\begin{vmatrix} a_1+2b_1 & b_1+3c_1 & 2c_1+a_1 \\ a_2+2b_2 & b_2+3c_2 & 2c_2+a_2 \\ a_3+2b_3 & b_3+3c_3 & 2c_3+a_3 \end{vmatrix}=$______.

(3) 设行列式 $D=\begin{vmatrix} 3 & 0 & 4 & 0 \\ 2 & 2 & 2 & 2 \\ 0 & -7 & 0 & 0 \\ 5 & 3 & -2 & 2 \end{vmatrix}$,则第 4 行各元素的余子式之和的值为______.

2. 选择题.

(1) 如果 $D=\begin{vmatrix} a_1 & b_1 & c_1 \\ a_2 & b_2 & c_2 \\ a_3 & b_3 & c_3 \end{vmatrix}=k$,则行列式 $\begin{vmatrix} ka_1 & ka_2 & ka_3 \\ kb_1 & kb_2 & kb_3 \\ kc_1 & kc_2 & kc_3 \end{vmatrix}=$(　　).

A. $k$　　B. $k^2$　　C. $k^3$　　D. $k^4$

(2) 设 $D=|\boldsymbol{\alpha},\boldsymbol{\beta},\boldsymbol{\gamma}|$,$\boldsymbol{\alpha},\boldsymbol{\beta},\boldsymbol{\gamma}$ 分别表示行列式的三个列,则 $D$ 等于(　　).

A. $|\boldsymbol{\gamma},\boldsymbol{\beta},\boldsymbol{\alpha}|$　　B. $|\boldsymbol{\alpha}+\boldsymbol{\beta},\boldsymbol{\beta}+\boldsymbol{\gamma},\boldsymbol{\gamma}+\boldsymbol{\alpha}|$

C. $|-\boldsymbol{\alpha},-\boldsymbol{\beta},-\boldsymbol{\gamma}|$　　D. $|\boldsymbol{\alpha},\boldsymbol{\alpha}+\boldsymbol{\beta},\boldsymbol{\alpha}+\boldsymbol{\beta}+\boldsymbol{\gamma}|$

(3) 四阶行列式 $\begin{vmatrix} 0 & a & b & 0 \\ a & 0 & 0 & b \\ 0 & c & d & 0 \\ c & 0 & 0 & d \end{vmatrix}$ 的值等于(　　).

A. $(ad-bc)^2$　　B. $-(ad-bc)^2$　　C. $a^2d^2-b^2c^2$　　D. $b^2c^2-a^2d^2$

(4) 记行列式 $\begin{vmatrix} x-2 & x-1 & x-2 & x-3 \\ 2x-2 & 2x-1 & 2x-2 & 2x-3 \\ 3x-3 & 3x-2 & 4x-5 & 3x-5 \\ 4x & 4x-3 & 5x-7 & 4x-3 \end{vmatrix}$ 为 $f(x)$,则 $f(x)=0$ 的根的个数为(　　).

A. 1　　B. 2　　C. 3　　D. 4

3. 计算下列行列式.

(1) $\begin{vmatrix} 0 & 0 & 0 & 4 \\ 0 & 0 & 4 & 3 \\ 0 & 4 & 4 & 3 \\ 4 & 4 & 4 & 3 \end{vmatrix}$;　　(2) $\begin{vmatrix} 1823 & 823 & 23 & 3 \\ 1549 & 549 & 49 & 9 \\ 1667 & 667 & 67 & 7 \\ 1986 & 986 & 86 & 6 \end{vmatrix}$;

(3) $\begin{vmatrix} a & 1 & 0 & 0 \\ -1 & b & 1 & 0 \\ 0 & -1 & c & 1 \\ 0 & 0 & -1 & d \end{vmatrix}$；　　(4) $\begin{vmatrix} 1 & 1 & 1 & 1 \\ -1 & 2 & 4 & -5 \\ 1 & 4 & 16 & 25 \\ -1 & 8 & 64 & -125 \end{vmatrix}$.

4. 解下列方程：

(1) $\begin{vmatrix} -x & 1 & 0 \\ 1 & -x & 0 \\ 1 & 2 & 3-x \end{vmatrix}=0$；　　(2) $\begin{vmatrix} x-1 & 1 & 1 & 1 \\ 1 & x-1 & 1 & 1 \\ 1 & 1 & x-1 & 1 \\ 1 & 1 & 1 & x-1 \end{vmatrix}=0$.

5. 若 $\begin{vmatrix} a & b & c \\ 2 & 3 & 4 \\ 1 & 0 & 1 \end{vmatrix}=1$，求 $\begin{vmatrix} a+1 & 1 & 2 \\ b & 0 & 3 \\ c+1 & 1 & 4 \end{vmatrix}$.

6. 设 $D=\begin{vmatrix} 1 & 2 & 5 & 4 \\ -1 & 2 & 3 & -2 \\ 2 & 2 & 2 & 2 \\ 4 & 2 & -2 & 1 \end{vmatrix}$，求：

(1) $A_{13}+A_{23}+A_{33}+A_{43}$；

(2) $M_{41}+M_{42}+M_{43}+M_{44}$.

7. 用克莱姆法则解下列方程组.

(1) $\begin{cases} x_1+x_2+x_3+x_4=5, \\ x_1+2x_2-x_3+4x_4=-2, \\ 2x_1-3x_2-x_3-5x_4=-2, \\ 3x_1+x_2+2x_3+11x_4=0; \end{cases}$　　(2) $\begin{cases} 5x_1+6x_2=1, \\ x_1+5x_2+6x_3=0, \\ x_2+5x_3+6x_4=0, \\ x_3+5x_4=1. \end{cases}$

8. $k$ 为何值时，齐次线性方程组有非零解？

$$\begin{cases} kx_1+x_2+x_3=0, \\ x_1+kx_2-x_3=0, \\ 2x_1+kx_2+kx_3=0. \end{cases}$$

9. 已知齐次线性方程组只有零解，求参数 $t$.

$$\begin{cases} 2x_1-x_2+2x_3=tx_1, \\ 5x_1-3x_2+3x_3=tx_2, \\ x_1+2x_3=-tx_3. \end{cases}$$

10. 已知 $a,b,c$ 不全为 0，证明齐次线性方程组只有零解.

$$\begin{cases} ax_2+bx_3+cx_4=0, \\ ax_1+x_2=0, \\ bx_1+x_3=0, \\ cx_1+x_4=0. \end{cases}$$

## 拓展阅读

### 行列式

行列式出现于线性方程组的求解中，它最早是一种速记的表达式，现在已经是数学中一种非常有用的工具．行列式是由日本数学家关孝和与德国数学家莱布尼茨发明的．1683 年，日本数学家关孝和在其著作《解伏题之法》中第一次提出了行列式的概念与展开算法．同时代的莱布尼茨是欧洲第一个提出行列式概念的人．他在 1693 年 4 月写给洛必达的一封信中使用了行列式，并给出了方程组的系数行列式为零的条件．

1750 年，瑞士数学家克莱姆在其著作《代数曲线的分析引论》中，对行列式的定义和展开法则进行了比较完整、明确的阐述，并给出了现在我们所称的解线性方程组的克莱姆法则．稍后，法国数学家贝祖将确定行列式每一项符号的方法进行了系统化，利用系数行列式概念指出了如何判断一个包含 $n$ 个未知量的 $n$ 次齐次线性方程组有非零解的方法，就是系数行列式等于零是方程组有非零解的条件．

总之，在很长一段时间内，行列式只是作为解线性方程组的一种工具使用，并没有人意识到它可以独立于线性方程组，单独形成一门理论加以研究．

在行列式的发展史上，第一个对行列式理论做出连贯的逻辑阐述，即把行列式理论与线性方程组求解相分离的人，是法国数学家范德蒙德．范德蒙德自幼在父亲的指导下学习音乐，但对数学有浓厚的兴趣，后来终于成为法兰西科学院院士．他给出了用二阶子式和它们的余子式来展开行列式的法则．1772 年，拉普拉斯在一篇论文中证明了范德蒙德所提出的一些法则，推广了他的展开行列式的方法．

继范德蒙德之后，在行列式的理论方面，又一位做出突出贡献的就是法国数学家柯西．1815 年，柯西在一篇论文中给出了行列式的第一个系统的、几乎是近代的处理．其中主要结果之一是行列式的乘法定理．另外，他第一个把行列式的元素排成方阵，采用双足标记法；引进了行列式特征方程的术语；给出了相似行列式的概念；改进了拉普拉斯的行列式展开定理，并给出了证明等．

继柯西之后，在行列式理论方面最多产的人就是德国数学家雅可比，他引进了函数行列式，即“雅可比行列式”，指出函数行列式在多重积分的变量替换中的作用，给出了函数行列式的导数公式．

如今，由于计算机和计算软件的发展，在常见的高阶行列式计算中，行列式的数值意义已经不大．但是，行列式公式依然可以给出构成行列式的数表的重要信息．在线性代数的某些应用中，行列式的知识依然很有用．特别是在本课程中，行列式是研究后面线性方程组、矩阵及向量的线性相关性的一种重要工具．

# 第2章 矩　　阵

## 知识目标

(1) 了解矩阵的概念，掌握矩阵各种运算及其运算规律.

(2) 掌握逆矩阵的概念与性质，掌握逆矩阵存在的条件，掌握用伴随矩阵求逆矩阵的计算方法.

(3) 熟悉矩阵的初等变换，掌握利用初等变换求逆矩阵的方法；熟悉矩阵秩的概念，掌握用初等变换求矩阵秩的方法.

## 能力目标

(1) 培养学生的数学思维能力，培养学生把实际问题转化为矩阵形式并用矩阵这个工具进行解决的能力.

(2) 培养学生将实际问题抽象为矩阵模型的能力，培养学生用矩阵解决线性规划、图像处理、网络分析等问题的能力.

(3) 培养学生的软件应用能力，会用 MATLAB 软件进行矩阵的各种运算，提高计算效率.

## 素质目标

(1) 教学中相关知识点可布置相关任务并采取小组分工合作的方式完成，培养学生团队意识和沟通能力.

(2) 教学中鼓励学生探索矩阵在不同领域的新应用，激发学生的创新思维，培养学生的创新精神.

矩阵是线性代数中的一个重要概念，它贯穿于线性代数的各部分内容. 在数学科学、自然科学、工程技术领域与生产实践中，有许多问题都可以归结为矩阵的运算，进而用矩阵的理论来处理这些问题. 本章主要介绍矩阵的基本概念、基本运算和基本性质.

## 2.1 矩阵的概念

在给出矩阵的定义之前,先看几个简单的关于矩阵的例子.

**例 1** 设有线性方程组

$$\begin{cases}x_1+5x_2-x_3-x_4=-1,\\x_1-2x_2+x_3+3x_4=3,\\3x_1+8x_2-x_3+x_4=1,\\x_1-9x_2+3x_3+7x_4=7.\end{cases}$$

这个线性方程组的未知量系数及常数项按方程组中的顺序组成一个 4 行 5 列的矩形阵列,即

$$\begin{pmatrix}1&5&-1&-1&-1\\1&-2&1&3&3\\3&8&-1&1&1\\1&-9&3&7&7\end{pmatrix}.$$

这个阵列决定着给定方程组是否有解,以及如果有解,解是什么等问题.因此,很有必要对这个阵列进行研究.

**例 2** 某一地区生产煤,有 $s$ 个生产地 $A_1,A_2,\cdots,A_s$ 和 $n$ 个销售地 $B_1,B_2,\cdots,B_n$,那么调运方案可用

$$\begin{pmatrix}a_{11}&a_{12}&\cdots&a_{1n}\\a_{21}&a_{22}&\cdots&a_{2n}\\\vdots&\vdots&&\vdots\\a_{s1}&a_{s2}&\cdots&a_{sn}\end{pmatrix}$$

的形式表示.其中 $a_{ij}$ 为由生产地 $A_i$ 运到销售地 $B_j$ 的数量,这个 $s$ 行 $n$ 列的矩形阵列具体描述了生产地和销售地之间的供销情况.

**例 3** 4 个城市之间的航线如图 2.1 所示,若令

$$a_{ij}=\begin{cases}1, & \text{从城市 } i \text{ 到城市 } j \text{ 有一条单向航线},\\0, & \text{从城市 } i \text{ 到城市 } j \text{ 没有航线},(i,j=1,2,3,4)\end{cases}$$

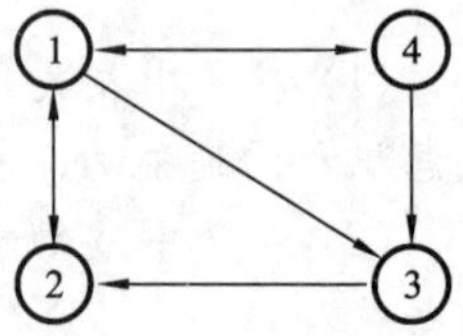

图 2.1

则图 2.1 可用

$$\begin{pmatrix}0&1&1&1\\1&0&0&0\\0&1&0&0\\1&0&1&0\end{pmatrix}$$

来表示.

从例 1 至例 3 可以看出,这些问题都可以用一个矩形阵列表示,这种矩形阵列就称为矩阵.下面给出矩阵的定义.

**定义 1** 由 $m\times n$ 个数 $a_{ij}$ $(i=1,2,\cdots,m;j=1,2,\cdots,n)$ 排成一个 $m$ 行 $n$ 列的矩形表，称为一个 $m$ 行 $n$ 列矩阵，简称 $m\times n$ 矩阵，记作

$$\begin{pmatrix} a_{11} & a_{12} & \cdots & a_{1n} \\ a_{21} & a_{22} & \cdots & a_{2n} \\ \vdots & \vdots & & \vdots \\ a_{m1} & a_{m2} & \cdots & a_{mn} \end{pmatrix}. \tag{2.1}$$

其中，$a_{ij}$ 称为矩阵第 $i$ 行第 $j$ 列的元素.

一般情况下，用大写黑体字母 $\boldsymbol{A},\boldsymbol{B},\boldsymbol{C},\cdots$ 表示矩阵. 为了标明矩阵的行数 $m$ 和列数 $n$，可用 $A_{m\times n}$ 表示，或记作 $(a_{ij})_{m\times n}$.

元素是实数的矩阵称为实矩阵，元素是复数的矩阵称为复矩阵. 本书中的矩阵，除了特别说明外，都指实矩阵.

所有元素均为零的矩阵称为零矩阵，记作 $\boldsymbol{O}$.

行数和列数都等于 $n$ 的矩阵，称为 $n$ 阶矩阵或 $n$ 阶方阵，记作 $\boldsymbol{A}$ 或 $\boldsymbol{A}_n$.

**注** $n$ 阶矩阵仅仅是由 $n^2$ 个元素排成的一个正方表，而与 $n$ 阶行列式不同. 一个由 $n$ 阶矩阵 $\boldsymbol{A}$ 的元素按原来的排列形式构成的 $n$ 阶行列式，称为矩阵 $\boldsymbol{A}$ 的行列式，记作 $|\boldsymbol{A}|$.

只有一行的矩阵 $\boldsymbol{A}=(a_1 \quad a_2 \quad \cdots \quad a_n)$ 称为行矩阵，又称行向量. 为避免元素间的混淆，行矩阵也可记作 $\boldsymbol{A}=(a_1, \quad a_2, \quad \cdots, \quad a_n)$.

只有一列的矩阵 $\boldsymbol{B}=\begin{pmatrix} b_1 \\ b_2 \\ \vdots \\ b_m \end{pmatrix}$ 称为列矩阵，又称列向量.

**定义 2** $\boldsymbol{A}=(a_{ij})_{m\times n}$，$\boldsymbol{B}=(b_{ij})_{m\times n}$，则称 $\boldsymbol{A},\boldsymbol{B}$ 为同型矩阵；若满足 $a_{ij}=b_{ij}$ $(i=1,2,\cdots,m;j=1,2,\cdots,n)$（同型矩阵 $\boldsymbol{A}$ 与 $\boldsymbol{B}$ 所有对应的元素均相等），则称矩阵 $\boldsymbol{A}$ 和 $\boldsymbol{B}$ 相等，记作 $\boldsymbol{A}=\boldsymbol{B}$.

例如，$\boldsymbol{A}=\begin{pmatrix} -1 & 2 & 3 \\ -2 & 4 & 7 \end{pmatrix}$，$\boldsymbol{B}=\begin{pmatrix} a & b & c \\ d & e & f \end{pmatrix}$，则 $\boldsymbol{A}$ 与 $\boldsymbol{B}$ 为同型矩阵，均为 $2\times 3$ 矩阵，若 $a=-1,b=2,c=3,d=-2,e=4,f=7$，则 $\boldsymbol{A}=\boldsymbol{B}$.

## 习题 2.1

1. 两人玩“石头—剪刀—布”的游戏，每个人的出法只能在（石头，剪刀，布）中选择一种. 当他们各选定一种出法时，就确定了各自的输赢. 若规定胜者得 1 分，败者得 $-1$ 分，平手都不得分. 试用矩阵表示他们的可能输赢情况.

2. 某边防团有三个边防哨所，团里决定建立一个有线通信网，通过勘察测算，获得一组有关建设费用的预算数据，如图2.2所示，其中 4 个点分别表示团部 $O$ 与三个哨所 $A,B,C$，两点连

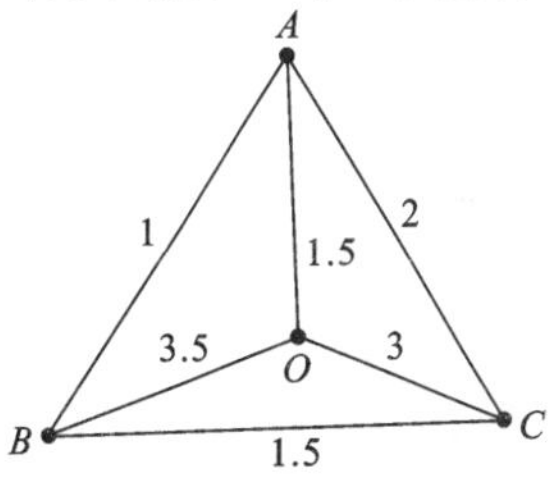

图 2.2

线旁的数字表示两地间架设线路所需的费用(单位:万元).试用矩阵的形式表示出有关建设费用的预算数据.

## 2.2 矩阵的运算

### 2.2.1 矩阵的加法

**定义 3** 设 $\boldsymbol{A}=(a_{ij})_{m\times n}$,$\boldsymbol{B}=(b_{ij})_{m\times n}$,则矩阵 $\boldsymbol{C}=(c_{ij})_{m\times n}=(a_{ij}+b_{ij})_{m\times n}$ 称为矩阵 $\boldsymbol{A}$ 与 $\boldsymbol{B}$ 的和,记作 $\boldsymbol{C}=\boldsymbol{A}+\boldsymbol{B}$.

**注** 两个矩阵只有是同型矩阵时,才能够相加;加法法则是对应位置的元素相加.

例如

$$\boldsymbol{A}=\begin{pmatrix}1 & -2 & 0\\ 3 & 4 & -5\end{pmatrix},\quad \boldsymbol{B}=\begin{pmatrix}3 & 4 & 0\\ 2 & -1 & 2\end{pmatrix},$$

$$\boldsymbol{A}+\boldsymbol{B}=\begin{pmatrix}1+3 & -2+4 & 0+0\\ 3+2 & 4+(-1) & -5+2\end{pmatrix}=\begin{pmatrix}4 & 2 & 0\\ 5 & 3 & -3\end{pmatrix}.$$

由于数的加法具有交换律和结合律,因此矩阵的加法满足下列运算规律.

设 $\boldsymbol{A},\boldsymbol{B},\boldsymbol{C},\boldsymbol{O}$ 均为同型矩阵,则:

(1) $\boldsymbol{A}+\boldsymbol{B}=\boldsymbol{B}+\boldsymbol{A}$ (交换律);

(2) $\boldsymbol{A}+(\boldsymbol{B}+\boldsymbol{C})=(\boldsymbol{A}+\boldsymbol{B})+\boldsymbol{C}$ (结合律);

(3) $\boldsymbol{A}+\boldsymbol{O}=\boldsymbol{O}+\boldsymbol{A}=\boldsymbol{A}$;

(4) $\boldsymbol{A}+(-\boldsymbol{A})=\boldsymbol{O}$.

其中,$\boldsymbol{A}=\begin{bmatrix}a_{11} & \cdots & a_{1n}\\ \vdots & & \vdots\\ a_{m1} & \cdots & a_{mn}\end{bmatrix}$,定义 $-\boldsymbol{A}=\begin{bmatrix}-a_{11} & \cdots & -a_{1n}\\ \vdots & & \vdots\\ -a_{m1} & \cdots & -a_{mn}\end{bmatrix}$,并称为 $\boldsymbol{A}$ 的负矩阵.这样,矩阵的减法定义为 $\boldsymbol{A}-\boldsymbol{B}=\boldsymbol{A}+(-\boldsymbol{B})$.

### 2.2.2 数与矩阵相乘

**定义 4** 设 $\boldsymbol{A}=(a_{ij})_{m\times n}$,$k$ 是一个常数,则矩阵 $(ka_{ij})_{m\times n}$ 称为数 $k$ 与矩阵 $\boldsymbol{A}$ 的数乘,记作 $k\boldsymbol{A}$.

**注** 数 $k$ 乘以矩阵 $\boldsymbol{A}$,就是把 $\boldsymbol{A}$ 的每个元素都乘以数 $k$.

例如

$$\boldsymbol{A}=\begin{pmatrix}3 & 2 & -1\\ 0 & 1 & 4\end{pmatrix},\quad 2\boldsymbol{A}=\begin{pmatrix}6 & 4 & -2\\ 0 & 2 & 8\end{pmatrix}.$$

数与矩阵的乘法满足下列运算规律.

设 $\boldsymbol{A},\boldsymbol{B},\boldsymbol{O}$ 为同型矩阵，$k,l$ 为两个常数，则：

(1) $1\boldsymbol{A}=\boldsymbol{A}, 0\boldsymbol{A}=\boldsymbol{O}$;

(2) $k(l\boldsymbol{A})=l(k\boldsymbol{A})=(kl)\boldsymbol{A}$;

(3) $k(\boldsymbol{A}+\boldsymbol{B})=k\boldsymbol{A}+k\boldsymbol{B}$;

(4) $(k+l)\boldsymbol{A}=k\boldsymbol{A}+l\boldsymbol{A}$.

**例 4** 已知 $\boldsymbol{A}=\begin{pmatrix}-1&2&3&1\\0&3&-2&1\\4&0&3&2\end{pmatrix}$，$\boldsymbol{B}=\begin{pmatrix}4&3&2&-1\\5&-3&0&1\\1&2&-5&0\end{pmatrix}$，求 $3\boldsymbol{A}-2\boldsymbol{B}$.

**解**
$$3\boldsymbol{A}-2\boldsymbol{B}=3\begin{pmatrix}-1&2&3&1\\0&3&-2&1\\4&0&3&2\end{pmatrix}-2\begin{pmatrix}4&3&2&-1\\5&-3&0&1\\1&2&-5&0\end{pmatrix}$$
$$=\begin{pmatrix}-3-8&6-6&9-4&3+2\\0-10&9+6&-6-0&3-2\\12-2&0-4&9+10&6-0\end{pmatrix}$$
$$=\begin{pmatrix}-11&0&5&5\\-10&15&-6&1\\10&-4&19&6\end{pmatrix}.$$

**例 5** 已知 $\boldsymbol{A}=\begin{pmatrix}3&-1&2&0\\1&5&7&9\\2&4&6&8\end{pmatrix}$，$\boldsymbol{B}=\begin{pmatrix}7&5&-2&4\\5&1&9&7\\3&2&-1&6\end{pmatrix}$，且 $\boldsymbol{A}+2\boldsymbol{X}=\boldsymbol{B}$，求 $\boldsymbol{X}$.

**解**
$$\boldsymbol{X}=\frac{1}{2}(\boldsymbol{B}-\boldsymbol{A})=\frac{1}{2}\begin{pmatrix}4&6&-4&4\\4&-4&2&-2\\1&-2&-7&-2\end{pmatrix}$$
$$=\begin{pmatrix}2&3&-2&2\\2&-2&1&-1\\\frac{1}{2}&-1&-\frac{7}{2}&-1\end{pmatrix}.$$

### 2.2.3 矩阵的乘法

**定义 5** 设矩阵 $\boldsymbol{A}=(a_{ij})_{m\times s}$，$\boldsymbol{B}=(b_{ij})_{s\times n}$，规定 $\boldsymbol{A}$ 与 $\boldsymbol{B}$ 的乘积为矩阵 $\boldsymbol{C}=(c_{ij})_{m\times n}$，记作 $\boldsymbol{C}=\boldsymbol{AB}$. 其中 $\boldsymbol{C}_{ij}=a_{i1}b_{1j}+a_{i2}b_{2j}+\cdots+a_{is}b_{sj}=\sum_{k=1}^{s}a_{ik}b_{kj}\ (i=1,2,\cdots,m;j=1,2,\cdots,n)$，即 $\boldsymbol{AB}$ 的第 $i$ 行第 $j$ 列的元素为 $\boldsymbol{A}$ 的第 $i$ 行各元素分别与 $\boldsymbol{B}$ 的第 $j$ 列对应元素乘积之和.

关于矩阵乘法的定义，必须注意以下两点：

(1) 因为乘积矩阵 $\boldsymbol{AB}$ 的元素 $c_{ij}$ 规定为左边矩阵 $\boldsymbol{A}$ 的第 $i$ 行各元素与右边矩阵 $\boldsymbol{B}$ 的第 $j$ 列对应元素的乘积之和，所以只有当左边矩阵 $\boldsymbol{A}$ 的列数等于右边矩阵 $\boldsymbol{B}$ 的行数时，它们才可以相乘，否则不能相乘.

(2) 乘积矩阵 $\boldsymbol{AB}$ 的行数等于左边矩阵 $\boldsymbol{A}$ 的行数，列数等于右边矩阵 $\boldsymbol{B}$ 的列数. 矩阵

$A_{m\times s}$ 与 $B_{s\times n}$ 相乘，可用图 2.3 来表示，当内部的两个数字相同时，$AB$ 就有意义，此时外边的两个数字就分别给出了乘积矩阵 $AB$ 的行数和列数.

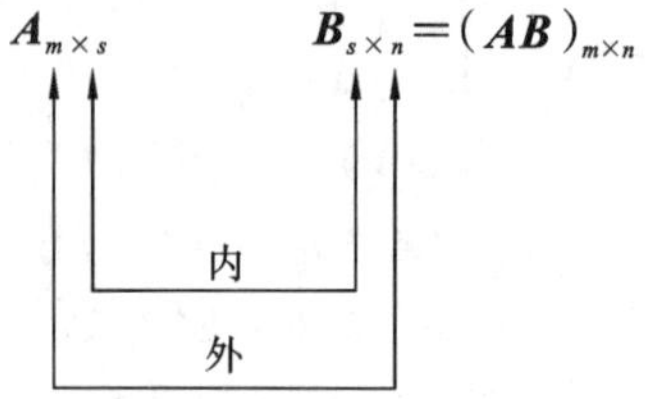

图 2.3

**例 6** 设矩阵 $A=\begin{pmatrix}1&2\\3&4\\-1&0\\7&-1\end{pmatrix}$，$B=\begin{pmatrix}1&2&0\\-1&3&4\end{pmatrix}$，求 $AB$.

**解** 因为 $A$ 是一个 $4\times2$ 矩阵，$B$ 是一个 $2\times3$ 矩阵，所以 $A$ 与 $B$ 可以相乘，且 $AB$ 是一个 $4\times3$ 矩阵. 由定义可得

$$\begin{aligned}AB&=\begin{pmatrix}1&2\\3&4\\-1&0\\7&-1\end{pmatrix}\begin{pmatrix}1&2&0\\-1&3&4\end{pmatrix}\\&=\begin{pmatrix}1\times1+2\times(-1)&1\times2+2\times3&1\times0+2\times4\\3\times1+4\times(-1)&3\times2+4\times3&3\times0+4\times4\\-1\times1+0\times(-1)&-1\times2+0\times3&-1\times0+0\times4\\7\times1+(-1)\times(-1)&7\times2+(-1)\times3&7\times0+(-1)\times4\end{pmatrix}\\&=\begin{pmatrix}-1&8&8\\-1&18&16\\-1&-2&0\\8&11&-4\end{pmatrix}.\end{aligned}$$

**注** 例 6 中，$B$ 与 $A$ 不能相乘，因为 $B$ 的列数不等于 $A$ 的行数.

**例 7** 已知 $A=(a_1,a_2,a_3)$，$B=\begin{pmatrix}b_1\\b_2\\b_3\end{pmatrix}$，求 $AB$，$BA$.

**解**
$$AB=(a_1,a_2,a_3)\begin{pmatrix}b_1\\b_2\\b_3\end{pmatrix}=a_1b_1+a_2b_2+a_3b_3,$$

$$BA=\begin{pmatrix}b_1\\b_2\\b_3\end{pmatrix}(a_1,a_2,a_3)=\begin{pmatrix}b_1a_1&b_1a_2&b_1a_3\\b_2a_1&b_2a_2&b_2a_3\\b_3a_1&b_3a_2&b_3a_3\end{pmatrix}.$$

**例 8** 已知 $A=\begin{pmatrix}2&2\\-2&-2\end{pmatrix}$，$B=\begin{pmatrix}1&0\\-1&0\end{pmatrix}$，求 $AB$，$BA$.

**解**
$$AB=\begin{pmatrix}2&2\\-2&-2\end{pmatrix}\begin{pmatrix}1&0\\-1&0\end{pmatrix}=\begin{pmatrix}0&0\\0&0\end{pmatrix}=O_{2\times2}.$$

$$BA=\begin{pmatrix}1&0\\-1&0\end{pmatrix}\begin{pmatrix}2&2\\-2&-2\end{pmatrix}=\begin{pmatrix}2&2\\-2&-2\end{pmatrix}.$$

从以上几例可以看出,矩阵的乘法不满足交换律.就是说:当 $\boldsymbol{A}$ 与 $\boldsymbol{B}$ 可以相乘时,$\boldsymbol{B}$ 与 $\boldsymbol{A}$ 不一定能够相乘,即使 $\boldsymbol{AB}$ 与 $\boldsymbol{BA}$ 都有意义,$\boldsymbol{AB}$ 与 $\boldsymbol{BA}$ 也不一定相等.所以,在矩阵乘法运算中,不可随意颠倒相乘的两个矩阵的次序.为了区分相乘矩阵的次序,也常把乘积 $\boldsymbol{AB}$ 说成是“用 $\boldsymbol{A}$ 左乘 $\boldsymbol{B}$”或“用 $\boldsymbol{B}$ 右乘 $\boldsymbol{A}$”.“左乘”与“右乘”一般是不同的,这一点与数的乘法运算不同,读者应特别注意.

矩阵乘法不满足交换律,但并不是说,对所有的矩阵 $\boldsymbol{A}$ 与 $\boldsymbol{B}$ 都有 $\boldsymbol{AB}\neq\boldsymbol{BA}$.

例如

$$\boldsymbol{A}=\begin{pmatrix}1&1\\0&1\end{pmatrix},\quad \boldsymbol{B}=\begin{pmatrix}1&2\\0&1\end{pmatrix},$$

$$\boldsymbol{AB}=\begin{pmatrix}1&1\\0&1\end{pmatrix}\begin{pmatrix}1&2\\0&1\end{pmatrix}=\begin{pmatrix}1&3\\0&1\end{pmatrix},$$

$$\boldsymbol{BA}=\begin{pmatrix}1&2\\0&1\end{pmatrix}\begin{pmatrix}1&1\\0&1\end{pmatrix}=\begin{pmatrix}1&3\\0&1\end{pmatrix}.$$

故在本例中有 $\boldsymbol{AB}=\boldsymbol{BA}$.

总之,作为一般规律,矩阵乘法的交换律是不成立的.对于两个 $n$ 阶方阵 $\boldsymbol{A}$ 与 $\boldsymbol{B}$,如果 $\boldsymbol{AB}=\boldsymbol{BA}$,则称 $\boldsymbol{A}$ 与 $\boldsymbol{B}$ 是可交换的.上面例子中的 $\boldsymbol{A}$ 与 $\boldsymbol{B}$ 就是可交换的.

从例8还可以看出,矩阵 $\boldsymbol{A}\neq\boldsymbol{O},\boldsymbol{B}\neq\boldsymbol{O}$,但却有 $\boldsymbol{AB}=\boldsymbol{O}$.这表明在矩阵乘法中,当 $\boldsymbol{AB}=\boldsymbol{O}$ 时,不一定有 $\boldsymbol{A}=\boldsymbol{O}$ 或 $\boldsymbol{B}=\boldsymbol{O}$ 成立.因此,若 $\boldsymbol{A}\neq\boldsymbol{O}$,由 $\boldsymbol{AX}=\boldsymbol{AY}$ 不一定能推出 $\boldsymbol{X}=\boldsymbol{Y}$,这是因为虽然 $\boldsymbol{AX}-\boldsymbol{AY}=\boldsymbol{A}(\boldsymbol{X}-\boldsymbol{Y})=\boldsymbol{O}$,不一定有 $\boldsymbol{X}-\boldsymbol{Y}=\boldsymbol{O}$,即矩阵乘法也不满足消去律.

矩阵的乘法满足下列运算规律.

设 $\boldsymbol{A},\boldsymbol{B},\boldsymbol{C},\boldsymbol{O}$ 在下列运算中可进行,则:

(1) $\boldsymbol{OA}=\boldsymbol{O},\boldsymbol{AO}=\boldsymbol{O}$;

(2) $k(\boldsymbol{AB})=(k\boldsymbol{A})\boldsymbol{B}=\boldsymbol{A}(k\boldsymbol{B})$ (关于数乘的结合律);

(3) $\boldsymbol{A}(\boldsymbol{BC})=(\boldsymbol{AB})\boldsymbol{C}$ (乘法结合律);

(4) $\boldsymbol{A}(\boldsymbol{B}+\boldsymbol{C})=\boldsymbol{AB}+\boldsymbol{AC}$ (左分配律);

(5) $(\boldsymbol{A}+\boldsymbol{B})\boldsymbol{C}=\boldsymbol{AC}+\boldsymbol{BC}$ (右分配律).

在介绍了矩阵的乘法运算之后,再回头来看线性方程组与矩阵及矩阵乘法的联系.

对于线性方程组

$$\begin{cases}a_{11}x_1+a_{12}x_2+\cdots+a_{1n}x_n=b_1,\\a_{21}x_1+a_{22}x_2+\cdots+a_{2n}x_n=b_2,\\\qquad\qquad\vdots\\a_{m1}x_1+a_{m2}x_2+\cdots+a_{mn}x_n=b_m,\end{cases}\tag{2.2}$$

若记

$$\boldsymbol{A}=\begin{pmatrix}a_{11}&a_{12}&\cdots&a_{1n}\\a_{21}&a_{22}&\cdots&a_{2n}\\\vdots&\vdots&&\vdots\\a_{m1}&a_{m2}&\cdots&a_{mn}\end{pmatrix},\quad \boldsymbol{x}=\begin{pmatrix}x_1\\x_2\\\vdots\\x_n\end{pmatrix},\quad \boldsymbol{b}=\begin{pmatrix}b_1\\b_2\\\vdots\\b_m\end{pmatrix},$$

则利用矩阵乘法,线性方程组(2.2)可表示成矩阵形式:

$$Ax=b. \tag{2.3}$$

其中，$A$ 称为线性方程(2.2)的系数矩阵，方程组(2.3)称为矩阵方程. 特别地，齐次线性方程组可以表示成

$$Ax=0.$$

**注** 对行(列)矩阵，为与后面章节的符号一致，常采用行(列)向量的记法，采用小写黑体字母 $a,b,x,y$ 等表示.

将线性方程组写成矩阵的形式，不仅书写方便，而且还可以把线性方程组的理论与矩阵理论联系起来，这给线性方程组的讨论带来很大的便利.

**例 9** 解矩阵方程

$$X\begin{pmatrix}2&3\\4&5\end{pmatrix}=\begin{pmatrix}-2&1\\0&4\\2&0\end{pmatrix}.$$

**解** 根据矩阵乘法法则，可判断出矩阵的行数为 3，列数为 2，因此可设

$$X=\begin{pmatrix}x_{11}&x_{12}\\x_{21}&x_{22}\\x_{31}&x_{32}\end{pmatrix},$$

则有

$$\begin{pmatrix}x_{11}&x_{12}\\x_{21}&x_{22}\\x_{31}&x_{32}\end{pmatrix}\begin{pmatrix}2&3\\4&5\end{pmatrix}=\begin{pmatrix}-2&1\\0&4\\2&0\end{pmatrix},$$

即

$$\begin{pmatrix}2x_{11}+4x_{12}&3x_{11}+5x_{12}\\2x_{21}+4x_{22}&3x_{21}+5x_{22}\\2x_{31}+4x_{32}&3x_{31}+5x_{32}\end{pmatrix}=\begin{pmatrix}-2&1\\0&4\\2&0\end{pmatrix}.$$

根据矩阵相等，解方程组得

$$x_{11}=7,\quad x_{12}=-4,\quad x_{21}=8,\quad x_{22}=-4,\quad x_{31}=-5,\quad x_{32}=3.$$

故

$$X=\begin{pmatrix}7&-4\\8&-4\\-5&3\end{pmatrix}.$$

### 2.2.4 矩阵的转置

**定义 6** 把矩阵 $A$ 的行依次换成同序数的列得到的新矩阵，称为 $A$ 的转置矩阵，记作 $A^{\mathrm{T}}$ 或 $A'$. 本书中采用记号 $A^{\mathrm{T}}$.

若 $A=\begin{pmatrix}a_{11}&a_{12}&\cdots&a_{1n}\\a_{21}&a_{22}&\cdots&a_{2n}\\\vdots&\vdots&&\vdots\\a_{m1}&a_{m2}&\cdots&a_{mn}\end{pmatrix}$，则 $A^{\mathrm{T}}=\begin{pmatrix}a_{11}&a_{21}&\cdots&a_{m1}\\a_{12}&a_{22}&\cdots&a_{m2}\\\vdots&\vdots&&\vdots\\a_{1n}&a_{2n}&\cdots&a_{mn}\end{pmatrix}$.

例如

$$\begin{pmatrix}1&2&3\\-2&1&5\end{pmatrix}^{\mathrm{T}}=\begin{pmatrix}1&-2\\2&1\\3&5\end{pmatrix}.$$

矩阵的转置有如下运算规律(假设运算都是可行的)：

(1) $(\boldsymbol{A}^{\mathrm{T}})^{\mathrm{T}}=\boldsymbol{A}$；

(2) $(\boldsymbol{A}+\boldsymbol{B})^{\mathrm{T}}=\boldsymbol{A}^{\mathrm{T}}+\boldsymbol{B}^{\mathrm{T}}$；

(3) $(k\boldsymbol{A})^{\mathrm{T}}=k\boldsymbol{A}^{\mathrm{T}}$；

(4) $(\boldsymbol{A}\boldsymbol{B})^{\mathrm{T}}=\boldsymbol{B}^{\mathrm{T}}\boldsymbol{A}^{\mathrm{T}}$.

**证明**　(1)(2)(3)显然成立,现证(4)成立.

设 $\boldsymbol{A}=(a_{ij})_{m\times s}$,$\boldsymbol{B}=(b_{ij})_{s\times n}$,$(\boldsymbol{A}\boldsymbol{B})^{\mathrm{T}}$ 与 $\boldsymbol{B}^{\mathrm{T}}\boldsymbol{A}^{\mathrm{T}}$ 均为 $n\times m$ 矩阵. 矩阵 $(\boldsymbol{A}\boldsymbol{B})^{\mathrm{T}}$ 第 $j$ 行第 $i$ 列的元素是 $\boldsymbol{A}\boldsymbol{B}$ 第 $i$ 行第 $j$ 列的元素 $\sum\limits_{k=1}^{s}a_{ik}b_{kj}=a_{i1}b_{1j}+a_{i2}b_{2j}+\cdots+a_{is}b_{sj}$，而矩阵 $\boldsymbol{B}^{\mathrm{T}}\boldsymbol{A}^{\mathrm{T}}$ 第 $j$ 行第 $i$ 列的元素应为矩阵 $\boldsymbol{B}^{\mathrm{T}}$ 第 $j$ 行的元素与 $\boldsymbol{A}^{\mathrm{T}}$ 第 $i$ 列对应元素乘积的和,即矩阵 $\boldsymbol{B}$ 第 $j$ 列的元素与矩阵 $\boldsymbol{A}$ 第 $i$ 行对应元素乘积的和 $\sum\limits_{k=1}^{s}a_{kj}b_{ik}=a_{1j}b_{i1}+a_{2j}b_{i2}+\cdots+a_{sj}b_{is}$，所以 $(\boldsymbol{A}\boldsymbol{B})^{\mathrm{T}}=\boldsymbol{B}^{\mathrm{T}}\boldsymbol{A}^{\mathrm{T}}$.

**注**　运算规律(4)可推广为 $(\boldsymbol{A}_1\boldsymbol{A}_2\cdots\boldsymbol{A}_m)^{\mathrm{T}}=\boldsymbol{A}_m^{\mathrm{T}}\cdots\boldsymbol{A}_2^{\mathrm{T}}\boldsymbol{A}_1^{\mathrm{T}}$.

**例 10**　已知

$$\boldsymbol{A}=\begin{pmatrix}2&0&-1\\1&3&2\end{pmatrix},\quad \boldsymbol{B}=\begin{pmatrix}1&7&-1\\4&2&3\\2&0&1\end{pmatrix},$$

求 $(\boldsymbol{A}\boldsymbol{B})^{\mathrm{T}}$.

**解法 1**　因为

$$\boldsymbol{A}\boldsymbol{B}=\begin{pmatrix}2&0&-1\\1&3&2\end{pmatrix}\begin{pmatrix}1&7&-1\\4&2&3\\2&0&1\end{pmatrix}=\begin{pmatrix}0&14&-3\\17&13&10\end{pmatrix},$$

所以

$$(\boldsymbol{A}\boldsymbol{B})^{\mathrm{T}}=\begin{pmatrix}0&17\\14&13\\-3&10\end{pmatrix}.$$

**解法 2**　$$(\boldsymbol{A}\boldsymbol{B})^{\mathrm{T}}=\boldsymbol{B}^{\mathrm{T}}\boldsymbol{A}^{\mathrm{T}}=\begin{pmatrix}1&4&2\\7&2&0\\-1&3&1\end{pmatrix}\begin{pmatrix}2&1\\0&3\\-1&2\end{pmatrix}=\begin{pmatrix}0&17\\14&13\\-3&10\end{pmatrix}.$$

### 2.2.5　方阵的幂

**定义 7**　设方阵 $\boldsymbol{A}=(a_{ij})_{n\times n}$,规定 $\boldsymbol{A}^k=\underbrace{\boldsymbol{A}\boldsymbol{A}\cdots\boldsymbol{A}}_{k}$($k$ 为自然数),$\boldsymbol{A}^k$ 称为 $\boldsymbol{A}$ 的 $k$ 次幂.

方阵的幂具有以下运算规律：

(1) $\boldsymbol{A}^m\cdot\boldsymbol{A}^n=\boldsymbol{A}^{m+n}$　($m,n$ 为自然数)；

(2) $(\boldsymbol{A}^m)^n=\boldsymbol{A}^{mn}$.

**注**　一般地,$(\boldsymbol{A}\boldsymbol{B})^m\neq\boldsymbol{A}^m\boldsymbol{B}^m$　($m$ 为自然数).

**例 11** 设 $\boldsymbol{A}=\begin{pmatrix}\lambda & 1 & 0\\0 & \lambda & 1\\0 & 0 & \lambda\end{pmatrix}$,求 $\boldsymbol{A}^3$.

**解**
$$\boldsymbol{A}^2=\begin{pmatrix}\lambda & 1 & 0\\0 & \lambda & 1\\0 & 0 & \lambda\end{pmatrix}\begin{pmatrix}\lambda & 1 & 0\\0 & \lambda & 1\\0 & 0 & \lambda\end{pmatrix}=\begin{pmatrix}\lambda^2 & 2\lambda & 1\\0 & \lambda^2 & 2\lambda\\0 & 0 & \lambda^2\end{pmatrix},$$
$$\boldsymbol{A}^3=\boldsymbol{A}^2\boldsymbol{A}=\begin{pmatrix}\lambda^2 & 2\lambda & 1\\0 & \lambda^2 & 2\lambda\\0 & 0 & \lambda^2\end{pmatrix}\begin{pmatrix}\lambda & 1 & 0\\0 & \lambda & 1\\0 & 0 & \lambda\end{pmatrix}=\begin{pmatrix}\lambda^3 & 3\lambda^2 & 3\lambda\\0 & \lambda^3 & 3\lambda^2\\0 & 0 & \lambda^3\end{pmatrix}.$$

设 $f(x)=a_mx^m+a_{m-1}x^{m-1}+\cdots+a_1x+a_0$ 是多项式,系数 $a_0,a_1,\cdots,a_m$ 均为常数,$\boldsymbol{A}$ 是 $n$ 阶方阵,则
$$f(\boldsymbol{A})=a_m\boldsymbol{A}^m+a_{m-1}\boldsymbol{A}^{m-1}+\cdots+a_1\boldsymbol{A}+a_0\boldsymbol{I}$$
仍然为 $n$ 阶方阵,称 $f(\boldsymbol{A})$为矩阵 $\boldsymbol{A}$ 的 $m$ 次多项式.

**例 12** 设 $f(x)=x^2-2x+3$,$\boldsymbol{A}=\begin{pmatrix}-1 & 0\\4 & 3\end{pmatrix}$,求 $f(\boldsymbol{A})$.

**解**
$$\begin{aligned}f(\boldsymbol{A})&=\boldsymbol{A}^2-2\boldsymbol{A}+3\boldsymbol{I}\\&=\begin{pmatrix}-1 & 0\\4 & 3\end{pmatrix}^2-2\begin{pmatrix}-1 & 0\\4 & 3\end{pmatrix}+3\begin{pmatrix}1 & 0\\0 & 1\end{pmatrix}\\&=\begin{pmatrix}6 & 0\\0 & 6\end{pmatrix}.\end{aligned}$$

### 2.2.6 方阵的行列式

**定义 8** 由 $n$ 阶方阵 $\boldsymbol{A}$ 的各元素所构成的行列式(各元素的位置不变),称为方阵 $\boldsymbol{A}$ 的行列式,记作 $|\boldsymbol{A}|$ 或 $\det\boldsymbol{A}$.

例如,方阵 $\boldsymbol{A}=\begin{pmatrix}3 & 4 & 1\\2 & 0 & 0\\-1 & 1 & 1\end{pmatrix}$ 的行列式为
$$|\boldsymbol{A}|=\begin{vmatrix}3 & 4 & 1\\2 & 0 & 0\\-1 & 1 & 1\end{vmatrix}=2\times(-1)^{2+1}\begin{vmatrix}4 & 1\\1 & 1\end{vmatrix}=-6.$$

方阵 $\boldsymbol{A}$ 的行列式 $|\boldsymbol{A}|$ 满足以下运算性质(设 $\boldsymbol{A},\boldsymbol{B}$ 为 $n$ 阶方阵,$k$ 为常数):

(1) $|\boldsymbol{A}^{\mathrm{T}}|=|\boldsymbol{A}|$ (行列式的性质 1);

(2) $|k\boldsymbol{A}|=k^n|\boldsymbol{A}|$;

(3) $|\boldsymbol{AB}|=|\boldsymbol{A}||\boldsymbol{B}|$.

**证明** 性质(1)(2)利用行列式的性质即得.下面仅以二阶方阵为例验证性质(3).

设
$$\boldsymbol{A}=\begin{pmatrix}a_{11} & a_{12}\\a_{21} & a_{22}\end{pmatrix},\quad \boldsymbol{B}=\begin{pmatrix}b_{11} & b_{12}\\b_{21} & b_{22}\end{pmatrix},$$

$$AB=\begin{pmatrix} a_{11}b_{11}+a_{12}b_{21} & a_{11}b_{12}+a_{12}b_{22} \\ a_{21}b_{11}+a_{22}b_{21} & a_{21}b_{12}+a_{22}b_{22} \end{pmatrix},$$

$$\begin{aligned} |AB| &= (a_{11}b_{11}+a_{12}b_{21})(a_{21}b_{12}+a_{22}b_{22})-(a_{11}b_{12}+a_{12}b_{22})(a_{21}b_{11}+a_{22}b_{21}) \\ &= a_{11}b_{11}a_{22}b_{22}+a_{12}b_{21}a_{21}b_{12}-a_{11}b_{12}a_{22}b_{21}-a_{12}b_{22}a_{21}b_{11} \\ &= a_{11}a_{22}(b_{11}b_{22}-b_{12}b_{21})-a_{12}a_{21}(b_{11}b_{22}-b_{21}b_{12}) \\ &= (a_{11}a_{22}-a_{12}a_{21})(b_{11}b_{22}-b_{12}b_{21}) \\ &= |A||B|. \end{aligned}$$

**注**　对 $n$ 阶方阵 $A,B$，虽然在一般情况下 $AB\neq BA$，但 $|AB|=|A||B|=|B||A|=|BA|$.

性质(3)可以推广为：若 $A_1, A_2, \cdots, A_n$ 均为 $n$ 阶方阵，则 $|A_1A_2\cdots A_n|=|A_1||A_2|\cdots|A_n|$.

### 2.2.7　几种特殊的 $n$ 阶矩阵

#### 1. 单位矩阵

**定义 9**　主对角线上的元素全为 1，其余元素全为 0 的 $n$ 阶矩阵

$$\begin{pmatrix} 1 & & & \\ & 1 & & \\ & & \ddots & \\ & & & 1 \end{pmatrix}=I_n$$

称为 $n$ 阶单位矩阵，记作 $I_n$ 或 $E_n$，简记为 $I$ 或 $E$，本书采用记号 $I$.

单位矩阵在矩阵乘法中的作用相当于数 1 在自然数的乘法中的作用，即

$$I_mA_{m\times n}=A_{m\times n},\quad A_{m\times n}I_n=A_{m\times n},\quad A_{n\times n}I_n=I_nA_{n\times n}=A_{n\times n}.$$

对于 $n$ 阶矩阵 $A$，规定 $A^0=I$.

#### 2. 数量矩阵

**定义 10**　主对角线上的元素全为常数 $k$，其余元素全为 0 的 $n$ 阶矩阵

$$\begin{pmatrix} k & & & \\ & k & & \\ & & \ddots & \\ & & & k \end{pmatrix}=kI_n$$

称为 $n$ 阶数量矩阵，记作 $kI_n$，简记为 $kI$.

数量矩阵具有下列性质：

(1) 同阶数量矩阵的和、差、积仍为数量矩阵；

(2) $(kI_m)A_{m\times n}=kA_{m\times n}$，$A_{m\times n}(kI_n)=kA_{m\times n}$，$(kI_n)A_{n\times n}=A_{n\times n}(kI_n)=kA_n$.

#### 3. 对角矩阵

**定义 11**　除主对角线上的元素外，其余元素全为 0 的 $n$ 阶矩阵

$$\begin{pmatrix} a_{11} & & & \\ & a_{22} & & \\ & & \ddots & \\ & & & a_{nn} \end{pmatrix}$$

称为 $n$ 阶对角矩阵.

同阶对角矩阵的和、差、积仍是对角矩阵，其结果为两对角矩阵相应对角元素的和、差、积.

例如

$$\begin{pmatrix} a_{11} & & & \\ & a_{22} & & \\ & & \ddots & \\ & & & a_{nn} \end{pmatrix} \pm \begin{pmatrix} b_{11} & & & \\ & b_{22} & & \\ & & \ddots & \\ & & & b_{nn} \end{pmatrix} = \begin{pmatrix} a_{11}\pm b_{11} & & & \\ & a_{22}\pm b_{22} & & \\ & & \ddots & \\ & & & a_{nn}\pm b_{nn} \end{pmatrix}$$

$$\begin{pmatrix} a_{11} & & & \\ & a_{22} & & \\ & & \ddots & \\ & & & a_{nn} \end{pmatrix} \begin{pmatrix} b_{11} & & & \\ & b_{22} & & \\ & & \ddots & \\ & & & b_{nn} \end{pmatrix} = \begin{pmatrix} a_{11}b_{11} & & & \\ & a_{22}b_{22} & & \\ & & \ddots & \\ & & & a_{nn}b_{nn} \end{pmatrix}.$$

4. 上(下)三角矩阵

**定义 12** 主对角线以下的元素全为 0 的 $n$ 阶矩阵 $\begin{pmatrix} a_{11} & a_{12} & \cdots & a_{1n} \\ & a_{22} & \cdots & a_{2n} \\ & & \ddots & \vdots \\ & & & a_{nn} \end{pmatrix}$ 称为 $n$ 阶上三角矩阵；主对角线以上的元素全为 0 的 $n$ 阶矩阵 $\begin{pmatrix} a_{11} & & & \\ a_{21} & a_{22} & & \\ \vdots & \vdots & \ddots & \\ a_{n1} & a_{n2} & \cdots & a_{nn} \end{pmatrix}$ 称为 $n$ 阶下三角矩阵.

同阶上(下)三角矩阵的和、差、积仍是上(下)三角矩阵.

5. 对称矩阵和反对称矩阵

**定义 13** 满足 $\boldsymbol{A}^{\mathrm{T}}=\boldsymbol{A}$ 的 $n$ 阶矩阵 $\boldsymbol{A}$ 称为 $n$ 阶对称矩阵，满足 $\boldsymbol{A}^{\mathrm{T}}=-\boldsymbol{A}$ 的 $n$ 阶矩阵 $\boldsymbol{A}$ 称为 $n$ 阶反对称矩阵.

例如

$$\boldsymbol{A}=\begin{pmatrix} 1 & -1 & 4 \\ -1 & 2 & 0 \\ 4 & 0 & 3 \end{pmatrix}, \quad \boldsymbol{B}=\begin{pmatrix} 0 & 1 & 2 \\ -1 & 0 & -3 \\ -2 & 3 & 0 \end{pmatrix},$$

$\boldsymbol{A}$ 为三阶对称矩阵，$\boldsymbol{B}$ 为三阶反对称矩阵.

对称矩阵具有如下性质：

(1) $\boldsymbol{A}=(a_{ij})_{n\times n}$是对称矩阵$\Leftrightarrow a_{ij}=a_{ji}\,(i,j=1,2,\cdots,n)$.

(2) 若 $\boldsymbol{A}$ 与 $\boldsymbol{B}$ 是同阶对称矩阵，则 $\boldsymbol{A}-\boldsymbol{B}$，$k\boldsymbol{A}$ 也是对称矩阵，但 $\boldsymbol{AB}$ 不一定是对称矩阵.

反对称矩阵具有如下性质：

(1) $\boldsymbol{A}=(a_{ij})_{n\times n}$是反对称矩阵$\Leftrightarrow a_{ii}=0\,(i=1,2,\cdots,n)$；且 $a_{ij}=-a_{ji}\,(i\neq j;i,j=1,2,\cdots,n)$.

(2) 若 $\boldsymbol{A}$ 与 $\boldsymbol{B}$ 是同阶反对称矩阵，则 $\boldsymbol{A}-\boldsymbol{B}$，$k\boldsymbol{A}$ 也是反对称矩阵，但 $\boldsymbol{AB}$ 不一定是反对称矩阵.

以上性质利用定义不难证明，读者可自行练习.

**例 13**　试证：若 $\boldsymbol{A}$ 是 $n$ 阶矩阵，则 $\boldsymbol{A}+\boldsymbol{A}^{\mathrm{T}}$ 是对称矩阵，$\boldsymbol{A}-\boldsymbol{A}^{\mathrm{T}}$ 是反对称矩阵.

**证明**　因 $(\boldsymbol{A}+\boldsymbol{A}^{\mathrm{T}})^{\mathrm{T}}=\boldsymbol{A}^{\mathrm{T}}+(\boldsymbol{A}^{\mathrm{T}})^{\mathrm{T}}=\boldsymbol{A}^{\mathrm{T}}+\boldsymbol{A}=\boldsymbol{A}+\boldsymbol{A}^{\mathrm{T}}$，由定义可知 $\boldsymbol{A}+\boldsymbol{A}^{\mathrm{T}}$ 为对称矩阵. 又 $(\boldsymbol{A}-\boldsymbol{A}^{\mathrm{T}})^{\mathrm{T}}=\boldsymbol{A}^{\mathrm{T}}-(\boldsymbol{A}^{\mathrm{T}})^{\mathrm{T}}=\boldsymbol{A}^{\mathrm{T}}-\boldsymbol{A}=-(\boldsymbol{A}-\boldsymbol{A}^{\mathrm{T}})$，由定义可知 $\boldsymbol{A}-\boldsymbol{A}^{\mathrm{T}}$ 是反对称矩阵.

由于 $\boldsymbol{A}=\dfrac{1}{2}(\boldsymbol{A}+\boldsymbol{A}^{\mathrm{T}})+\dfrac{1}{2}(\boldsymbol{A}-\boldsymbol{A}^{\mathrm{T}})$，从例 13 的结论可知，任一个 $n$ 阶矩阵 $\boldsymbol{A}$ 可写成一个对称矩阵与一个反对称矩阵之和.

## 习题 2.2

1. 计算：

(1) $\begin{pmatrix}1&6&4\\-4&2&8\end{pmatrix}+\begin{pmatrix}-2&0&1\\-2&-1&12\end{pmatrix}$；

(2) $\begin{pmatrix}1&2\\0&1\end{pmatrix}-\begin{pmatrix}2&-2\\0&3\end{pmatrix}$.

2. 设 $\boldsymbol{A}=\begin{pmatrix}1&2&1&2\\2&1&2&1\\1&2&3&4\end{pmatrix}$，$\boldsymbol{B}=\begin{pmatrix}4&3&2&1\\-2&1&-2&1\\0&-1&0&-1\end{pmatrix}$，计算：

(1) $3\boldsymbol{A}-\boldsymbol{B}$；　(2) $2\boldsymbol{A}+3\boldsymbol{B}$；　(3) 若 $\boldsymbol{X}$ 满足 $\boldsymbol{A}+\boldsymbol{X}=\boldsymbol{B}$，求 $\boldsymbol{X}$.

3. 计算：

(1) $\begin{pmatrix}4&3&1\\1&-2&3\\5&7&0\end{pmatrix}\begin{pmatrix}7\\2\\1\end{pmatrix}$；　(2) $\begin{pmatrix}1&2&3\\2&4&6\\3&6&9\end{pmatrix}\begin{pmatrix}-1&-2&-4\\-1&-2&-4\\1&2&4\end{pmatrix}$；

(3) $(1\ \ 2\ \ 3)\begin{pmatrix}3\\2\\1\end{pmatrix}$；　(4) $\begin{pmatrix}3\\2\\1\end{pmatrix}(1\ \ 2\ \ 3)$；

(5) $\begin{pmatrix}1&2&3\\-2&1&2\end{pmatrix}\begin{pmatrix}1&2&0\\0&1&1\\3&0&-1\end{pmatrix}$；

(6) $(x_1 \quad x_2 \quad x_3)\begin{pmatrix} a_{11} & a_{12} & a_{13} \\ a_{12} & a_{22} & a_{23} \\ a_{13} & a_{23} & a_{33} \end{pmatrix}\begin{pmatrix} x_1 \\ x_2 \\ x_3 \end{pmatrix}$.

4. 设 $\boldsymbol{A}=\begin{pmatrix} 1 & 1 & 1 \\ -1 & 1 & 1 \\ 1 & -1 & 1 \end{pmatrix}$, $\boldsymbol{B}=\begin{pmatrix} 1 & 2 & 1 \\ 1 & 3 & -1 \\ 2 & 1 & 4 \end{pmatrix}$,求:

(1) $\boldsymbol{AB}-2\boldsymbol{A}$; (2) $\boldsymbol{AB}-\boldsymbol{BA}$; (3) $(\boldsymbol{A}+\boldsymbol{B})(\boldsymbol{A}-\boldsymbol{B})=\boldsymbol{A}^2-\boldsymbol{B}^2$ 是否成立?

5. 解下列矩阵方程:

(1) $\begin{pmatrix} 2 & 5 \\ 1 & 3 \end{pmatrix}\boldsymbol{X}=\begin{pmatrix} 4 & -6 \\ 2 & 1 \end{pmatrix}$; (2) $\begin{pmatrix} 1 & 1 & -1 \\ -2 & 1 & 1 \\ 1 & 1 & 1 \end{pmatrix}\boldsymbol{X}=\begin{pmatrix} 2 \\ 3 \\ 6 \end{pmatrix}$.

6. 举反例说明下列命题是错误的:

(1) 若 $\boldsymbol{A}^2=\boldsymbol{O}$,则 $\boldsymbol{A}=\boldsymbol{O}$;

(2) 若 $\boldsymbol{A}^2=\boldsymbol{A}$,则 $\boldsymbol{A}=\boldsymbol{O}$ 或 $\boldsymbol{A}=\boldsymbol{I}$;

(3) 若 $\boldsymbol{AX}=\boldsymbol{AY}$,且 $\boldsymbol{A}\neq\boldsymbol{O}$,则 $\boldsymbol{X}=\boldsymbol{Y}$.

7. 设 $\boldsymbol{A}=\begin{pmatrix} 1 & 1 & 1 \\ 2 & -1 & 0 \\ 1 & 0 & 3 \end{pmatrix}$, $\boldsymbol{B}=\begin{pmatrix} 1 & 0 & 0 \\ 2 & 1 & 0 \\ 0 & 2 & 2 \end{pmatrix}$,求:

(1) $|\boldsymbol{AB}|$;(2) $|-3\boldsymbol{B}|$.

8. 设 $\boldsymbol{A},\boldsymbol{B}$ 均为五阶方阵,$|\boldsymbol{A}|=7$,$|\boldsymbol{B}|=10$,计算:

(1) $|\boldsymbol{AB}|$; (2) $|2\boldsymbol{A}|$; (3) $|\boldsymbol{A}^{\mathrm{T}}\boldsymbol{B}|$; (4) $|-2\boldsymbol{AB}|$.

9. 设矩阵 $\boldsymbol{A}$ 为三阶方阵,若 $|\boldsymbol{A}|=m$,求 $|-m\boldsymbol{A}|$.

10. 设 $\boldsymbol{A}$ 为 $n$ 阶方阵,$n$ 为奇数,且 $\boldsymbol{AA}^{\mathrm{T}}=\boldsymbol{I}$,$|\boldsymbol{A}|=1$,求 $|\boldsymbol{A}-\boldsymbol{I}|$.

## 2.3 逆矩阵

从上一节矩阵的运算可以看到,矩阵与数一样有加、减、乘等运算,数还有除法作为乘法的逆运算,那么矩阵乘法有没有逆运算呢?这是本节所要讨论的问题.

### 2.3.1 逆矩阵的概念和性质

在数的运算中,对于数 $a(a\neq0)$,总存在唯一的一个数 $a^{-1}$,使得 $a\cdot a^{-1}=a^{-1}\cdot a=1$.数的逆在解方程中起着重要的作用,例如,解一元线性方程 $ax=b$,当 $a\neq0$ 时,其解为 $x=a^{-1}b$.

对于一个矩阵 $\boldsymbol{A}$,是否也存在类似的运算问题?在回答这个问题之前先引入可逆矩阵与逆矩阵的概念.

**定义 14**　设 $\boldsymbol{A}$ 是 $n$ 阶矩阵，如果存在 $n$ 阶矩阵 $\boldsymbol{B}$，使得

$$\boldsymbol{AB}=\boldsymbol{BA}=\boldsymbol{I}, \tag{2.4}$$

则称 $\boldsymbol{A}$ 是可逆矩阵，$\boldsymbol{B}$ 是 $\boldsymbol{A}$ 的逆矩阵，记作 $\boldsymbol{A}^{-1}=\boldsymbol{B}$.

**注**　在式(2.4)中，$\boldsymbol{A}$ 与 $\boldsymbol{B}$ 是对称的，故 $\boldsymbol{B}$ 也可逆，且 $\boldsymbol{B}^{-1}=\boldsymbol{A}$，即 $\boldsymbol{A},\boldsymbol{B}$ 互为逆矩阵.

例如

$$\boldsymbol{A}=\begin{pmatrix}1 & -1\\ 1 & 1\end{pmatrix},\quad \boldsymbol{B}=\begin{pmatrix}\frac{1}{2} & \frac{1}{2}\\ -\frac{1}{2} & \frac{1}{2}\end{pmatrix},$$

有 $\boldsymbol{AB}=\boldsymbol{BA}=\boldsymbol{I}$，故 $\boldsymbol{B}$ 是 $\boldsymbol{A}$ 的逆矩阵，即 $\boldsymbol{B}=\boldsymbol{A}^{-1}$. 同时，$\boldsymbol{A}$ 也是 $\boldsymbol{B}$ 的逆矩阵，即 $\boldsymbol{A}=\boldsymbol{B}^{-1}$.

又如，单位矩阵 $\boldsymbol{I}$ 是可逆的，且 $\boldsymbol{I}^{-1}=\boldsymbol{I}$.

**定理 1**　若 $\boldsymbol{A}$ 是可逆矩阵，则 $\boldsymbol{A}$ 的逆矩阵唯一.

**证明**　设 $\boldsymbol{B}$ 和 $\boldsymbol{C}$ 均为 $\boldsymbol{A}$ 的逆矩阵，即

$$\boldsymbol{AB}=\boldsymbol{BA}=\boldsymbol{I},\quad \boldsymbol{AC}=\boldsymbol{CA}=\boldsymbol{I},$$

亦即 $\boldsymbol{B}=\boldsymbol{BI}=\boldsymbol{B}(\boldsymbol{AC})=(\boldsymbol{BA})\boldsymbol{C}=\boldsymbol{IC}=\boldsymbol{C}$，所以 $\boldsymbol{A}$ 的逆矩阵是唯一的，记为 $\boldsymbol{A}^{-1}$.

可逆矩阵的基本性质如下.

**定理 2**　设 $\boldsymbol{A},\boldsymbol{B}$ 均为 $n$ 阶矩阵，则有下列性质成立：

(1) 若 $\boldsymbol{A}$ 可逆，则 $\boldsymbol{A}^{-1}$ 也可逆，且 $(\boldsymbol{A}^{-1})^{-1}=\boldsymbol{A}$；

(2) 若 $\boldsymbol{A}$ 可逆，$k\neq0$，则 $k\boldsymbol{A}$ 也可逆，且 $(k\boldsymbol{A})^{-1}=\frac{1}{k}\boldsymbol{A}^{-1}$；

(3) 若 $\boldsymbol{A}$ 与 $\boldsymbol{B}$ 均可逆，则 $\boldsymbol{AB}$ 也可逆，且 $(\boldsymbol{AB})^{-1}=\boldsymbol{B}^{-1}\boldsymbol{A}^{-1}$；

(4) 若 $\boldsymbol{A}$ 可逆，则 $\boldsymbol{A}^{\mathrm{T}}$ 也可逆，且 $(\boldsymbol{A}^{\mathrm{T}})^{-1}=(\boldsymbol{A}^{-1})^{\mathrm{T}}$；

(5) 若 $\boldsymbol{A}$ 可逆，则 $|\boldsymbol{A}|\,|\boldsymbol{A}^{-1}|=1$.

**证明**　(1) 若 $\boldsymbol{A}$ 可逆，则有 $\boldsymbol{AA}^{-1}=\boldsymbol{A}^{-1}\boldsymbol{A}=\boldsymbol{I}$，所以 $\boldsymbol{A}^{-1}$ 可逆，且 $\boldsymbol{A}$ 是 $\boldsymbol{A}^{-1}$ 的逆矩阵，即 $(\boldsymbol{A}^{-1})^{-1}=\boldsymbol{A}$.

(2) 由于 $(k\boldsymbol{A})\left(\frac{1}{k}\boldsymbol{A}^{-1}\right)=\left(k\cdot\frac{1}{k}\right)\boldsymbol{A}\cdot\boldsymbol{A}^{-1}=\boldsymbol{I}=\left(\frac{1}{k}\boldsymbol{A}^{-1}\right)(k\boldsymbol{A})$，故 $k\boldsymbol{A}$ 可逆，且 $(k\boldsymbol{A})^{-1}=\frac{1}{k}\boldsymbol{A}^{-1}$.

(3) 由于 $(\boldsymbol{AB})(\boldsymbol{B}^{-1}\boldsymbol{A}^{-1})=\boldsymbol{A}(\boldsymbol{BB}^{-1})\boldsymbol{A}^{-1}=\boldsymbol{AIA}^{-1}=\boldsymbol{AA}^{-1}=\boldsymbol{I}$，同理可证 $(\boldsymbol{B}^{-1}\boldsymbol{A}^{-1})(\boldsymbol{AB})=\boldsymbol{I}$，所以 $\boldsymbol{AB}$ 可逆，且 $(\boldsymbol{AB})^{-1}=\boldsymbol{B}^{-1}\boldsymbol{A}^{-1}$.

(4) 由于 $(\boldsymbol{A}^{\mathrm{T}})(\boldsymbol{A}^{-1})^{\mathrm{T}}=(\boldsymbol{A}^{-1}\boldsymbol{A})^{\mathrm{T}}=\boldsymbol{I}^{\mathrm{T}}=\boldsymbol{I}$，及 $(\boldsymbol{A}^{-1})^{\mathrm{T}}(\boldsymbol{A}^{\mathrm{T}})=(\boldsymbol{AA}^{-1})^{\mathrm{T}}=\boldsymbol{I}^{\mathrm{T}}=\boldsymbol{I}$，所以 $\boldsymbol{A}^{\mathrm{T}}$ 可逆，且 $(\boldsymbol{A}^{\mathrm{T}})^{-1}=(\boldsymbol{A}^{-1})^{\mathrm{T}}$.

(5) 由 $\boldsymbol{AA}^{-1}=\boldsymbol{I}$，有 $|\boldsymbol{AA}^{-1}|=|\boldsymbol{I}|$，即 $|\boldsymbol{A}|\,|\boldsymbol{A}^{-1}|=1$，或 $|\boldsymbol{A}^{-1}|=\frac{1}{|\boldsymbol{A}|}=|\boldsymbol{A}|^{-1}$.

**注**　(1) 定理 2 中性质(3)可以推广为：设 $\boldsymbol{A}_1,\boldsymbol{A}_2,\cdots,\boldsymbol{A}_s$ 是 $s$ 个 $n$ 阶可逆矩阵，则 $\boldsymbol{A}_1\boldsymbol{A}_2\cdots\boldsymbol{A}_s$ 也可逆，且 $(\boldsymbol{A}_1\boldsymbol{A}_2\cdots\boldsymbol{A}_s)^{-1}=\boldsymbol{A}_s^{-1}\boldsymbol{A}_{s-1}^{-1}\cdots\boldsymbol{A}_1^{-1}$.

(2) 两个可逆矩阵之和不一定是可逆的，即一般地 $(\boldsymbol{A}+\boldsymbol{B})^{-1}\neq\boldsymbol{A}^{-1}+\boldsymbol{B}^{-1}$.

**例 14**　设 $\boldsymbol{A}=\begin{pmatrix}2 & 1\\ -1 & 0\end{pmatrix}$，求 $\boldsymbol{A}$ 的逆矩阵.

**解** 利用待定系数法求解. 设 $\boldsymbol{A}$ 的逆矩阵 $\boldsymbol{B}=\begin{pmatrix} a & b \\ c & d \end{pmatrix}$，则由

$$\boldsymbol{AB}=\begin{pmatrix} 2 & 1 \\ -1 & 0 \end{pmatrix}\begin{pmatrix} a & b \\ c & d \end{pmatrix}=\begin{pmatrix} 1 & 0 \\ 0 & 1 \end{pmatrix},$$

得

$$\begin{pmatrix} 2a+c & 2b+d \\ -a & -b \end{pmatrix}=\begin{pmatrix} 1 & 0 \\ 0 & 1 \end{pmatrix},$$

得

$$\begin{cases} 2a+c=1, \\ 2b+d=0, \\ -a=0, \\ -b=1, \end{cases} \quad \text{即} \quad \begin{cases} a=0, \\ b=-1, \\ c=1, \\ d=2. \end{cases}$$

又因为

$$\begin{pmatrix} 2 & 1 \\ -1 & 0 \end{pmatrix}\begin{pmatrix} 0 & -1 \\ 1 & 2 \end{pmatrix}=\begin{pmatrix} 0 & -1 \\ 1 & 2 \end{pmatrix}\begin{pmatrix} 2 & 1 \\ -1 & 0 \end{pmatrix}=\begin{pmatrix} 1 & 0 \\ 0 & 1 \end{pmatrix},$$

所以

$$\boldsymbol{A}^{-1}=\begin{pmatrix} 0 & -1 \\ 1 & 2 \end{pmatrix}.$$

**例 15** 如果 $\boldsymbol{A}=\begin{pmatrix} a_1 & 0 & \cdots & 0 \\ 0 & a_2 & \cdots & 0 \\ \vdots & \vdots & & \vdots \\ 0 & 0 & \cdots & a_n \end{pmatrix}$，其中 $a_i\neq 0(i=1,2,\cdots,n)$，试验证：

$$\boldsymbol{A}^{-1}=\begin{pmatrix} \frac{1}{a_1} & 0 & \cdots & 0 \\ 0 & \frac{1}{a_2} & \cdots & 0 \\ \vdots & \vdots & & \vdots \\ 0 & 0 & \cdots & \frac{1}{a_n} \end{pmatrix}.$$

**证明** 因为

$$\begin{pmatrix} a_1 & 0 & \cdots & 0 \\ 0 & a_2 & \cdots & 0 \\ \vdots & \vdots & & \vdots \\ 0 & 0 & \cdots & a_n \end{pmatrix}\begin{pmatrix} \frac{1}{a_1} & 0 & \cdots & 0 \\ 0 & \frac{1}{a_2} & \cdots & 0 \\ \vdots & \vdots & & \vdots \\ 0 & 0 & \cdots & \frac{1}{a_n} \end{pmatrix}=\begin{pmatrix} \frac{1}{a_1} & 0 & \cdots & 0 \\ 0 & \frac{1}{a_2} & \cdots & 0 \\ \vdots & \vdots & & \vdots \\ 0 & 0 & \cdots & \frac{1}{a_n} \end{pmatrix}\begin{pmatrix} a_1 & 0 & \cdots & 0 \\ 0 & a_2 & \cdots & 0 \\ \vdots & \vdots & & \vdots \\ 0 & 0 & \cdots & a_n \end{pmatrix}=\boldsymbol{I},$$

所以

$$\boldsymbol{A}^{-1}=\begin{pmatrix}\frac{1}{a_1} & 0 & \cdots & 0\\ 0 & \frac{1}{a_2} & \cdots & 0\\ \vdots & \vdots & & \vdots\\ 0 & 0 & \cdots & \frac{1}{a_n}\end{pmatrix}.$$

**例 16** 已知 $\boldsymbol{A}$ 可逆,$(\boldsymbol{A}+\boldsymbol{B})^2=\boldsymbol{I}$,化简 $(\boldsymbol{I}+\boldsymbol{B}\boldsymbol{A}^{-1})^{-1}$.

**解**
$$\begin{aligned}(\boldsymbol{I}+\boldsymbol{B}\boldsymbol{A}^{-1})^{-1}&=(\boldsymbol{A}\boldsymbol{A}^{-1}+\boldsymbol{B}\boldsymbol{A}^{-1})^{-1}\\&=[(\boldsymbol{A}+\boldsymbol{B})\boldsymbol{A}^{-1}]^{-1}\\&=(\boldsymbol{A}^{-1})^{-1}(\boldsymbol{A}+\boldsymbol{B})^{-1}\\&=\boldsymbol{A}(\boldsymbol{A}+\boldsymbol{B}).\end{aligned}$$

### 2.3.2 矩阵可逆的条件

为了讨论 $n$ 阶矩阵 $\boldsymbol{A}$ 可逆的条件,先由矩阵 $\boldsymbol{A}$ 构造出它的伴随矩阵 $\boldsymbol{A}^*$.

**定义 15** 设 $\boldsymbol{A}=(a_{ij})_{n\times n}$,记 $A_{ij}$ 为 $\boldsymbol{A}$ 的行列式 $|\boldsymbol{A}|$ 中元素 $a_{ij}$ 的代数余子式,将这 $n^2$ 个元素 $A_{ij}\,(i,j=1,2,\cdots,n)$ 排成一个 $n$ 阶矩阵,记作 $\boldsymbol{A}^*$,即

$$\boldsymbol{A}^*=\begin{pmatrix}A_{11} & A_{21} & \cdots & A_{n1}\\ A_{12} & A_{22} & \cdots & A_{n2}\\ \vdots & \vdots & & \vdots\\ A_{1n} & A_{2n} & \cdots & A_{nn}\end{pmatrix},$$

称 $\boldsymbol{A}^*$ 为 $\boldsymbol{A}$ 的伴随矩阵,即 $\boldsymbol{A}^*=(A_{ji})_{n\times n}$.

容易验证

$$\begin{aligned}\boldsymbol{A}\boldsymbol{A}^*&=\begin{pmatrix}a_{11} & a_{12} & \cdots & a_{1n}\\ a_{21} & a_{22} & \cdots & a_{2n}\\ \vdots & \vdots & & \vdots\\ a_{n1} & a_{n2} & \cdots & a_{nn}\end{pmatrix}\begin{pmatrix}A_{11} & A_{21} & \cdots & A_{n1}\\ A_{12} & A_{22} & \cdots & A_{n2}\\ \vdots & \vdots & & \vdots\\ A_{1n} & A_{2n} & \cdots & A_{nn}\end{pmatrix}\\&=\begin{pmatrix}|\boldsymbol{A}| & & & \\ & |\boldsymbol{A}| & & \\ & & \ddots & \\ & & & |\boldsymbol{A}|\end{pmatrix},\end{aligned}$$

从而得到

$$\boldsymbol{A}\boldsymbol{A}^*=\boldsymbol{A}^*\boldsymbol{A}=|\boldsymbol{A}|\boldsymbol{I}. \tag{2.5}$$

**定理 3** $n$ 阶矩阵 $\boldsymbol{A}$ 可逆的充分必要条件是 $|\boldsymbol{A}|\neq 0$.

**证明** 先证必要性. 若 $\boldsymbol{A}$ 可逆,则 $\boldsymbol{A}\boldsymbol{A}^{-1}=\boldsymbol{I}$,对两边取行列式,由行列式乘法公式,有

$$|\boldsymbol{A}\boldsymbol{A}^{-1}|=|\boldsymbol{A}|\,|\boldsymbol{A}^{-1}|=|\boldsymbol{I}|=1,$$

所以

$$|\boldsymbol{A}|\neq 0.$$

再证充分性. 若 $|\boldsymbol{A}|\neq 0$，由式(2.5) $\boldsymbol{A}\boldsymbol{A}^*=\boldsymbol{A}^*\boldsymbol{A}=|\boldsymbol{A}|\boldsymbol{I}$，得

$$\boldsymbol{A}\left(\frac{1}{|\boldsymbol{A}|}\boldsymbol{A}^*\right)=\left(\frac{1}{|\boldsymbol{A}|}\boldsymbol{A}^*\right)\boldsymbol{A}=\boldsymbol{I},$$

再根据可逆矩阵的定义知 $\boldsymbol{A}$ 可逆，且

$$\boldsymbol{A}^{-1}=\frac{1}{|\boldsymbol{A}|}\boldsymbol{A}^*. \tag{2.6}$$

**注** (1) 如果 $n$ 阶矩阵 $|\boldsymbol{A}|\neq 0$，则称 $\boldsymbol{A}$ 为非奇异矩阵，否则称 $\boldsymbol{A}$ 为奇异矩阵. 由定理 3 知，可逆矩阵是非奇异矩阵.

(2) 式(2.5)反映了 $\boldsymbol{A}$ 与 $\boldsymbol{A}^*$ 的基本关系.

(3) 由定理 3 的证明不仅得到了矩阵可逆的充要条件，而且还得到了求逆矩阵的公式(2.6).

(4) 如果 $\boldsymbol{AB}=\boldsymbol{I}$，则 $|\boldsymbol{A}|\neq 0$ 且 $|\boldsymbol{B}|\neq 0$，于是 $\boldsymbol{A},\boldsymbol{B}$ 均可逆. 又因 $\boldsymbol{A}^{-1},\boldsymbol{B}^{-1}$ 都是唯一的，于是 $\boldsymbol{BA}=(\boldsymbol{A}^{-1}\boldsymbol{A})\boldsymbol{BA}=\boldsymbol{A}^{-1}(\boldsymbol{AB})\boldsymbol{A}=\boldsymbol{A}^{-1}\boldsymbol{IA}=\boldsymbol{A}^{-1}\boldsymbol{A}=\boldsymbol{I}$. 即由 $\boldsymbol{AB}=\boldsymbol{I}$，必然可得 $\boldsymbol{BA}=\boldsymbol{I}$，反之也一样，因此有 $\boldsymbol{B}=\boldsymbol{A}^{-1}$. 今后若用定义证明 $\boldsymbol{B}=\boldsymbol{A}^{-1}$ 时，只需验证 $\boldsymbol{AB}=\boldsymbol{I}$ 或 $\boldsymbol{BA}=\boldsymbol{I}$ 成立即可.

**例 17** 设矩阵

$$\boldsymbol{A}=\begin{pmatrix}1&0&1\\2&1&0\\-3&2&-5\end{pmatrix},$$

问 $\boldsymbol{A}$ 是否可逆？若可逆，求 $\boldsymbol{A}^{-1}$.

**解** 因为

$$|\boldsymbol{A}|=\begin{vmatrix}1&0&1\\2&1&0\\-3&2&-5\end{vmatrix}=2\neq 0,$$

故矩阵 $\boldsymbol{A}$ 可逆，又因为

$$A_{11}=(-1)^{1+1}\begin{vmatrix}1&0\\2&-5\end{vmatrix}=-5,$$

$$A_{12}=(-1)^{1+2}\begin{vmatrix}2&0\\-3&-5\end{vmatrix}=10,$$

$$A_{13}=(-1)^{1+3}\begin{vmatrix}2&1\\-3&2\end{vmatrix}=7,$$

$$A_{21}=(-1)^{2+1}\begin{vmatrix}0&1\\2&-5\end{vmatrix}=2,$$

$$A_{22}=(-1)^{2+2}\begin{vmatrix}1&1\\-3&-5\end{vmatrix}=-2,$$

$$A_{23}=(-1)^{2+3}\begin{vmatrix}1&0\\-3&2\end{vmatrix}=-2,$$

$$A_{31}=(-1)^{3+1}\begin{vmatrix}0&1\\1&0\end{vmatrix}=-1,$$

$$A_{32}=(-1)^{3+2}\begin{vmatrix}1&1\\2&0\end{vmatrix}=2,$$

$$A_{33}=(-1)^{3+3}\begin{vmatrix}1&0\\2&1\end{vmatrix}=1,$$

所以

$$\boldsymbol{A}^*=\begin{pmatrix}-5&2&-1\\10&-2&2\\7&-2&1\end{pmatrix},\quad \boldsymbol{A}^{-1}=\frac{\boldsymbol{A}^*}{|\boldsymbol{A}|}=\begin{vmatrix}-\frac{5}{2}&1&-\frac{1}{2}\\5&-1&1\\\frac{7}{2}&-1&\frac{1}{2}\end{vmatrix}.$$

**例 18**　设矩阵 $\boldsymbol{A}$ 为三阶方阵，$|\boldsymbol{A}|=3$，求 $|(2\boldsymbol{A})^{-1}-\boldsymbol{A}^*|$.

**解**　
$$\begin{aligned}|(2\boldsymbol{A})^{-1}-\boldsymbol{A}^*|&=|(2\boldsymbol{A})^{-1}-|\boldsymbol{A}|\boldsymbol{A}^{-1}|\\&=\left|\frac{1}{2}\boldsymbol{A}^{-1}-3\boldsymbol{A}^{-1}\right|=\left|-\frac{5}{2}\boldsymbol{A}^{-1}\right|\\&=\left(-\frac{5}{2}\right)^3\frac{1}{3}=-\frac{125}{24}.\end{aligned}$$

### 2.3.3　矩阵方程

对标准矩阵方程 $\boldsymbol{AX}=\boldsymbol{B}$，$\boldsymbol{XA}=\boldsymbol{B}$，$\boldsymbol{AXB}=\boldsymbol{C}$，其中 $\boldsymbol{A}$，$\boldsymbol{B}$ 为可逆矩阵，利用矩阵的乘法运算规律和逆矩阵的运算性质，通过在方程两边左乘或右乘相应矩阵的逆矩阵，即可求出其解分别为

$$\boldsymbol{X}=\boldsymbol{A}^{-1}\boldsymbol{B},\quad \boldsymbol{X}=\boldsymbol{B}\boldsymbol{A}^{-1},\quad \boldsymbol{X}=\boldsymbol{A}^{-1}\boldsymbol{C}\boldsymbol{B}^{-1}.$$

而其他形式的矩阵方程，则可以通过矩阵的有关运算性质转化为标准矩阵方程后求解.

**例 19**　设 $\boldsymbol{A}$，$\boldsymbol{B}$，$\boldsymbol{C}$ 是同阶矩阵，且 $\boldsymbol{A}$ 可逆. 下列结论如果正确，试证明；如果不正确，试举反例说明.

(1) 若 $\boldsymbol{AB}=\boldsymbol{AC}$，则 $\boldsymbol{B}=\boldsymbol{C}$.

(2) 若 $\boldsymbol{AB}=\boldsymbol{CB}$，则 $\boldsymbol{A}=\boldsymbol{C}$.

**解**　(1) 正确. 由 $\boldsymbol{AB}=\boldsymbol{AC}$ 及 $\boldsymbol{A}$ 可逆，在等式两边左乘 $\boldsymbol{A}^{-1}$，得 $\boldsymbol{A}^{-1}\boldsymbol{AB}=\boldsymbol{A}^{-1}\boldsymbol{AC}$，从而有 $\boldsymbol{IB}=\boldsymbol{IC}$，即 $\boldsymbol{B}=\boldsymbol{C}$.

(2) 不正确. 设

$$\boldsymbol{A}=\begin{pmatrix}1&2\\0&1\end{pmatrix},\quad \boldsymbol{B}=\begin{pmatrix}1&1\\1&1\end{pmatrix},\quad \boldsymbol{C}=\begin{pmatrix}3&0\\0&1\end{pmatrix},$$

则

$$\boldsymbol{AB}=\begin{pmatrix}1&2\\0&1\end{pmatrix}\begin{pmatrix}1&1\\1&1\end{pmatrix}=\begin{pmatrix}3&3\\1&1\end{pmatrix},$$

$$\boldsymbol{CB}=\begin{pmatrix}3&0\\0&1\end{pmatrix}\begin{pmatrix}1&1\\1&1\end{pmatrix}=\begin{pmatrix}3&3\\1&1\end{pmatrix},$$

显然有 $\boldsymbol{AB}=\boldsymbol{CB}$，但 $\boldsymbol{A}\neq\boldsymbol{C}$.

**注** 从例 19 可以看出，矩阵乘法的消去律只有在矩阵为逆矩阵时才成立.

**例 20** 设

$$\boldsymbol{A}=\begin{pmatrix}1&2&3\\2&2&1\\3&4&3\end{pmatrix},\quad \boldsymbol{B}=\begin{pmatrix}2&1\\5&3\end{pmatrix},\quad \boldsymbol{C}=\begin{pmatrix}1&3\\2&0\\3&1\end{pmatrix},$$

求矩阵 $\boldsymbol{X}$ 使其满足 $\boldsymbol{AXB}=\boldsymbol{C}$.

**解** 因为

$$|\boldsymbol{A}|=\begin{vmatrix}1&2&3\\2&2&1\\3&4&3\end{vmatrix}=2\neq 0,\quad |\boldsymbol{B}|=\begin{vmatrix}2&1\\5&3\end{vmatrix}=1\neq 0,$$

所以 $\boldsymbol{A}^{-1},\boldsymbol{B}^{-1}$ 都存在，且

$$\boldsymbol{A}^{-1}=\begin{pmatrix}1&3&-2\\-\dfrac{3}{2}&-3&\dfrac{5}{2}\\1&1&-1\end{pmatrix},\quad \boldsymbol{B}^{-1}=\begin{pmatrix}3&-1\\-5&2\end{pmatrix}.$$

又由 $\boldsymbol{AXB}=\boldsymbol{C}$，得到 $\boldsymbol{A}^{-1}\boldsymbol{AXBB}^{-1}=\boldsymbol{A}^{-1}\boldsymbol{CB}^{-1}$，即

$$\boldsymbol{X}=\boldsymbol{A}^{-1}\boldsymbol{CB}^{-1}=\begin{pmatrix}1&3&-2\\-\dfrac{3}{2}&-3&\dfrac{5}{2}\\1&1&-1\end{pmatrix}\begin{pmatrix}1&3\\2&0\\3&1\end{pmatrix}\begin{pmatrix}3&-1\\-5&2\end{pmatrix}=\begin{pmatrix}-2&1\\10&-4\\-10&4\end{pmatrix}.$$

**例 21** 设 $\boldsymbol{P}=\begin{pmatrix}1&2\\1&4\end{pmatrix}$，$\boldsymbol{\Lambda}=\begin{pmatrix}1&0\\0&2\end{pmatrix}$，$\boldsymbol{AP}=\boldsymbol{P\Lambda}$，求 $\boldsymbol{A}^n$.

**解** 因为 $|\boldsymbol{P}|=2$，所以 $\boldsymbol{P}$ 可逆，且

$$\boldsymbol{P}^{-1}=\frac{1}{2}\begin{pmatrix}4&-2\\-1&1\end{pmatrix},\quad \boldsymbol{A}=\boldsymbol{P\Lambda P}^{-1},$$

$$\boldsymbol{A}^2=\boldsymbol{P\Lambda P}^{-1}\boldsymbol{P\Lambda P}^{-1}=\boldsymbol{P\Lambda}^2\boldsymbol{P}^{-1},\cdots,\boldsymbol{A}^n=\boldsymbol{P\Lambda}^n\boldsymbol{P}^{-1},$$

而

$$\boldsymbol{\Lambda}=\begin{pmatrix}1&0\\0&2\end{pmatrix},\quad \boldsymbol{\Lambda}^2=\begin{pmatrix}1&0\\0&2\end{pmatrix}\begin{pmatrix}1&0\\0&2\end{pmatrix}=\begin{pmatrix}1&0\\0&2^2\end{pmatrix},\quad \cdots,\quad \boldsymbol{\Lambda}^n=\begin{pmatrix}1&0\\0&2^n\end{pmatrix},$$

故

$$\begin{aligned}\boldsymbol{A}^n&=\begin{pmatrix}1&2\\1&4\end{pmatrix}\begin{pmatrix}1&0\\0&2^n\end{pmatrix}\frac{1}{2}\begin{pmatrix}4&-2\\-1&1\end{pmatrix}\\&=\frac{1}{2}\begin{pmatrix}1&2^{n+1}\\1&2^{n+2}\end{pmatrix}\begin{pmatrix}4&-2\\-1&1\end{pmatrix}\\&=\frac{1}{2}\begin{pmatrix}4-2^{n+1}&2^{n+1}-2\\4-2^{n+2}&2^{n+2}-2\end{pmatrix}\\&=\begin{pmatrix}2-2^n&2^n-1\\2-2^{n+1}&2^{n+1}-1\end{pmatrix}.\end{aligned}$$

**例 22**　设方阵 $\boldsymbol{A}$ 满足方程 $\boldsymbol{A}^2-3\boldsymbol{A}-10\boldsymbol{I}=\boldsymbol{O}$,证明:$\boldsymbol{A},\boldsymbol{A}-4\boldsymbol{I}$ 均可逆,并求出它们的逆矩阵.

**证明**　由 $\boldsymbol{A}^2-3\boldsymbol{A}-10\boldsymbol{I}=\boldsymbol{O}$,得 $\boldsymbol{A}(\boldsymbol{A}-3\boldsymbol{I})=10\boldsymbol{I}$,即 $\boldsymbol{A}\left(\frac{1}{10}(\boldsymbol{A}-3\boldsymbol{I})\right)=\boldsymbol{I}$,故 $\boldsymbol{A}$ 可逆,且 $\boldsymbol{A}^{-1}=\frac{1}{10}(\boldsymbol{A}-3\boldsymbol{I})$.

又由 $\boldsymbol{A}^2-3\boldsymbol{A}-10\boldsymbol{I}=\boldsymbol{O}$,得 $(\boldsymbol{A}+\boldsymbol{I})(\boldsymbol{A}-4\boldsymbol{I})=6\boldsymbol{I}$,即 $\frac{1}{6}(\boldsymbol{A}+\boldsymbol{I})(\boldsymbol{A}-4\boldsymbol{I})=\boldsymbol{I}$,故 $\boldsymbol{A}-4\boldsymbol{I}$ 可逆,且 $(\boldsymbol{A}-4\boldsymbol{I})^{-1}=\frac{1}{6}(\boldsymbol{A}+\boldsymbol{I})$.

**例 23**　设三阶矩阵 $\boldsymbol{A},\boldsymbol{B}$ 满足关系式 $\boldsymbol{A}^{-1}\boldsymbol{B}\boldsymbol{A}=6\boldsymbol{A}+\boldsymbol{B}\boldsymbol{A}$,且

$$\boldsymbol{A}=\begin{pmatrix}\frac{1}{2}&0&0\\0&\frac{1}{4}&0\\0&0&\frac{1}{7}\end{pmatrix},$$

求 $\boldsymbol{B}$.

**解**　由 $\boldsymbol{A}^{-1}\boldsymbol{B}\boldsymbol{A}-\boldsymbol{B}\boldsymbol{A}=6\boldsymbol{A}$,得 $(\boldsymbol{A}^{-1}-\boldsymbol{I})\boldsymbol{B}\boldsymbol{A}=6\boldsymbol{A}$,即

$$(\boldsymbol{A}^{-1}-\boldsymbol{I})\boldsymbol{B}=6\boldsymbol{I},$$

从而

$$\begin{aligned}\boldsymbol{B}&=6(\boldsymbol{A}^{-1}-\boldsymbol{I})^{-1}\\&=6\left(\begin{pmatrix}2&0&0\\0&4&0\\0&0&7\end{pmatrix}-\begin{pmatrix}1&0&0\\0&1&0\\0&0&1\end{pmatrix}\right)^{-1}\\&=6\begin{pmatrix}1&0&0\\0&3&0\\0&0&6\end{pmatrix}^{-1}=6\begin{pmatrix}1&0&0\\0&\frac{1}{3}&0\\0&0&\frac{1}{6}\end{pmatrix}\\&=\begin{pmatrix}6&0&0\\0&2&0\\0&0&1\end{pmatrix}.\end{aligned}$$

**例 24**　已知 $\boldsymbol{A},\boldsymbol{B}$ 为三阶矩阵,且满足 $2\boldsymbol{A}^{-1}\boldsymbol{B}=\boldsymbol{B}-4\boldsymbol{I}$,其中 $\boldsymbol{I}$ 是三阶单位矩阵.

(1) 证明:$\boldsymbol{A}-2\boldsymbol{I}$ 可逆.

(2) 若 $\boldsymbol{B}=\begin{pmatrix}1&-2&0\\1&2&0\\0&0&2\end{pmatrix}$,求 $\boldsymbol{A}$.

**解**　(1) 由 $2\boldsymbol{A}^{-1}\boldsymbol{B}=\boldsymbol{B}-4\boldsymbol{I}$ 得 $2\boldsymbol{B}=\boldsymbol{A}\boldsymbol{B}-4\boldsymbol{A}$,即 $(\boldsymbol{A}-2\boldsymbol{I})\boldsymbol{B}=4\boldsymbol{A}$,也即 $|\boldsymbol{A}-2\boldsymbol{I}|\,|\boldsymbol{B}|=|4\boldsymbol{A}|\neq0$,故 $|\boldsymbol{A}-2\boldsymbol{I}|\neq0$,所以 $\boldsymbol{A}-2\boldsymbol{I}$ 可逆.

(2) 由

$$B=\begin{pmatrix}1&-2&0\\1&2&0\\0&0&2\end{pmatrix},$$

得

$$B-4I=\begin{pmatrix}-3&-2&0\\1&-2&0\\0&0&-2\end{pmatrix},\quad |B-4I|=-16\neq 0,$$

故 $B-4I$ 可逆.

由 $2A^{-1}B=B-4I$,得 $A=2B(B-4I)^{-1}$,易求得

$$A=\begin{pmatrix}0&2&0\\-1&-1&0\\0&0&-2\end{pmatrix}.$$

## 习题 2.3

1. 求下列矩阵的逆矩阵.

(1) $\begin{pmatrix}1&2\\2&5\end{pmatrix}$; (2) $\begin{pmatrix}1&2&1\\3&4&-2\\5&-4&1\end{pmatrix}$; (3) $\begin{pmatrix}1&0&0&0\\1&2&0&0\\2&2&3&0\\1&2&1&4\end{pmatrix}$.

2. 用逆矩阵法解下列矩阵方程.

(1) $\begin{pmatrix}2&5\\1&3\end{pmatrix}X=\begin{pmatrix}4&-6\\2&1\end{pmatrix}$;

(2) $X\begin{pmatrix}2&1&-1\\2&1&0\\1&-1&1\end{pmatrix}=\begin{pmatrix}1&-1&3\\4&3&2\end{pmatrix}$;

(3) $\begin{pmatrix}0&1&0\\1&0&0\\0&0&1\end{pmatrix}X\begin{pmatrix}1&0&0\\0&0&1\\0&1&0\end{pmatrix}=\begin{pmatrix}1&-4&3\\2&0&-1\\1&-2&0\end{pmatrix}$.

3. 设方阵 $A$ 满足 $A^2-A-2I=O$,证明:$A$ 及 $A+2I$ 均可逆.

4. 若三阶矩阵 $A$ 的伴随矩阵为 $A^*$,已知 $|A|=\dfrac{1}{2}$,求 $|(3A)^{-1}-2A^*|$.

5. 设 $A$ 为 $n$ 阶矩阵,证明 $|A^*|=|A|^{n-1}$;若 $A$ 可逆,则 $A^*$ 也可逆,且 $(A^*)^{-1}=(A^{-1})^*$.

6. 设 $A=\begin{pmatrix}1&0&0\\0&-2&0\\0&0&1\end{pmatrix}$,$A^*BA=2BA-8I$,求 $B$.

7. 设 $\boldsymbol{P}^{-1}\boldsymbol{A}\boldsymbol{P}=\boldsymbol{\Lambda}$，其中 $\boldsymbol{P}=\begin{pmatrix}-1 & -4\\ 1 & 1\end{pmatrix}$，$\boldsymbol{\Lambda}=\begin{pmatrix}-1 & 0\\ 0 & 2\end{pmatrix}$，求 $\boldsymbol{A}^{11}$.

8. 设 $n$ 阶矩阵 $\boldsymbol{A}$，$\boldsymbol{B}$ 满足 $\boldsymbol{A}+\boldsymbol{B}=\boldsymbol{A}\boldsymbol{B}$.

(1) 证明 $\boldsymbol{A}-\boldsymbol{I}$ 为可逆矩阵；

(2) 已知 $\boldsymbol{B}=\begin{pmatrix}1 & -3 & 0\\ 2 & 1 & 0\\ 0 & 0 & 2\end{pmatrix}$，求矩阵 $\boldsymbol{A}$.

## 2.4　矩阵的分块

### 2.4.1　分块矩阵的概念

对于行数和列数较多的矩阵，为了简化运算，经常采用分块法，使大矩阵的运算化成若干小矩阵的运算，同时也使原始矩阵的结构显得简单而清晰. 具体做法是：将大矩阵 $\boldsymbol{A}$ 用若干条纵线和横线分成多个小矩阵，每个小矩阵称为 $\boldsymbol{A}$ 的子块，以子块为元素的形式上的矩阵称为分块矩阵.

矩阵的分块有多种方式，可根据需要而定. 例如，矩阵

$$\boldsymbol{A}=\begin{pmatrix}1 & 0 & 0 & 3\\ 0 & 1 & 0 & -1\\ 0 & 0 & 1 & 0\\ 0 & 0 & 0 & 1\end{pmatrix}$$

可分成 $\boldsymbol{A}=\left(\begin{array}{ccc:c}1 & 0 & 0 & 3\\ 0 & 1 & 0 & -1\\ 0 & 0 & 1 & 0\\ \hdashline 0 & 0 & 0 & 1\end{array}\right)=\begin{pmatrix}\boldsymbol{I}_3 & \boldsymbol{B}\\ \boldsymbol{O} & \boldsymbol{I}_1\end{pmatrix}$，其中 $\boldsymbol{B}=\begin{pmatrix}3\\ -1\\ 0\end{pmatrix}$，$\boldsymbol{O}=(0,\quad 0,\quad 0)$.

也可分成 $\boldsymbol{A}=\left(\begin{array}{cc:cc}1 & 0 & 0 & 3\\ 0 & 1 & 0 & -1\\ \hdashline 0 & 0 & 1 & 0\\ 0 & 0 & 0 & 1\end{array}\right)=\begin{pmatrix}\boldsymbol{I}_2 & \boldsymbol{C}\\ \boldsymbol{O} & \boldsymbol{I}_2\end{pmatrix}$，其中 $\boldsymbol{C}=\begin{pmatrix}0 & 3\\ 0 & -1\end{pmatrix}$，$\boldsymbol{O}=\begin{pmatrix}0 & 0\\ 0 & 0\end{pmatrix}$.

此外，$\boldsymbol{A}$ 还可按如下方法分块：

$$\boldsymbol{A}=\left(\begin{array}{c:c:c:c}1 & 0 & 0 & 3\\ 0 & 1 & 0 & -1\\ 0 & 0 & 1 & 0\\ 0 & 0 & 0 & 1\end{array}\right)=(\boldsymbol{\varepsilon}_1,\boldsymbol{\varepsilon}_2,\boldsymbol{\varepsilon}_3,\boldsymbol{\alpha}),$$

其中

$$\boldsymbol{\varepsilon}_1=\begin{pmatrix}1\\0\\0\\0\end{pmatrix},\quad \boldsymbol{\varepsilon}_2=\begin{pmatrix}0\\1\\0\\0\end{pmatrix},\quad \boldsymbol{\varepsilon}_3=\begin{pmatrix}0\\0\\1\\0\end{pmatrix},\quad \boldsymbol{\alpha}=\begin{pmatrix}3\\-1\\0\\1\end{pmatrix};$$

或者

$$\boldsymbol{A}=\left(\begin{array}{cccc}1&0&0&3\\\hdashline 0&1&0&-1\\\hdashline 0&0&1&0\\\hdashline 0&0&0&1\end{array}\right)=\begin{pmatrix}\boldsymbol{\beta}_1^{\mathrm{T}}\\\boldsymbol{\beta}_2^{\mathrm{T}}\\\boldsymbol{\beta}_3^{\mathrm{T}}\\\boldsymbol{\beta}_4^{\mathrm{T}}\end{pmatrix},$$

其中
$$\boldsymbol{\beta}_1^{\mathrm{T}}=(1,\ 0,\ 0,\ 3),\quad \boldsymbol{\beta}_2^{\mathrm{T}}=(0,\ 1,\ 0,\ -1),$$
$$\boldsymbol{\beta}_3^{\mathrm{T}}=(0,\ 0,\ 1,\ 0),\quad \boldsymbol{\beta}_4^{\mathrm{T}}=(0,\ 0,\ 0,\ 1).$$

**注** 一个矩阵也可看作是以 $m\times n$ 个元素为一阶子块的分块矩阵.分块矩阵运算时,把子块作为元素处理.

### 2.4.2 分块矩阵的运算

分块矩阵的运算规则与普通矩阵相似.分块时要注意,参与运算的两矩阵按块能运算,并且参与运算的子块也能运算,即内外都能运算.

1. 加法

设矩阵 $\boldsymbol{A}$ 与 $\boldsymbol{B}$ 的行数相同、列数相同,采用相同的分块法,若

$$\boldsymbol{A}=\begin{pmatrix}\boldsymbol{A}_{11}&\cdots&\boldsymbol{A}_{1t}\\\vdots&&\vdots\\\boldsymbol{A}_{s1}&\cdots&\boldsymbol{A}_{st}\end{pmatrix},\quad \boldsymbol{B}=\begin{pmatrix}\boldsymbol{B}_{11}&\cdots&\boldsymbol{B}_{1t}\\\vdots&&\vdots\\\boldsymbol{B}_{s1}&\cdots&\boldsymbol{B}_{st}\end{pmatrix},$$

其中 $\boldsymbol{A}_{ij}$ 与 $\boldsymbol{B}_{ij}$ 的行数相同、列数相同,则

$$\boldsymbol{A}+\boldsymbol{B}=\begin{pmatrix}\boldsymbol{A}_{11}+\boldsymbol{B}_{11}&\cdots&\boldsymbol{A}_{1t}+\boldsymbol{B}_{1t}\\\vdots&&\vdots\\\boldsymbol{A}_{s1}+\boldsymbol{B}_{s1}&\cdots&\boldsymbol{A}_{st}+\boldsymbol{B}_{st}\end{pmatrix}.$$

2. 数乘

设

$$\boldsymbol{A}=\begin{pmatrix}\boldsymbol{A}_{11}&\cdots&\boldsymbol{A}_{1t}\\\vdots&&\vdots\\\boldsymbol{A}_{s1}&\cdots&\boldsymbol{A}_{st}\end{pmatrix},\quad k\text{ 为实数},$$

则

$$k\boldsymbol{A}=\begin{pmatrix}k\boldsymbol{A}_{11}&\cdots&k\boldsymbol{A}_{1t}\\\vdots&&\vdots\\k\boldsymbol{A}_{s1}&\cdots&k\boldsymbol{A}_{st}\end{pmatrix}.$$

3. 乘法

设 $\boldsymbol{A}$ 为 $m\times l$ 矩阵，$\boldsymbol{B}$ 为 $l\times n$ 矩阵，分块成

$$\boldsymbol{A}=\begin{pmatrix}\boldsymbol{A}_{11} & \cdots & \boldsymbol{A}_{1t}\\ \vdots & & \vdots\\ \boldsymbol{A}_{s1} & \cdots & \boldsymbol{A}_{st}\end{pmatrix},\quad \boldsymbol{B}=\begin{pmatrix}\boldsymbol{B}_{11} & \cdots & \boldsymbol{B}_{1r}\\ \vdots & & \vdots\\ \boldsymbol{B}_{t1} & \cdots & \boldsymbol{B}_{tr}\end{pmatrix},$$

其中 $\boldsymbol{A}_{p1},\boldsymbol{A}_{p2}\cdots,\boldsymbol{A}_{pt}\ (p=1,2,\cdots,s)$ 的列数分别等于 $\boldsymbol{B}_{1q},\boldsymbol{B}_{2q},\cdots,\boldsymbol{B}_{tq}\ (q=1,2,\cdots,r)$ 的行数，则

$$\boldsymbol{AB}=\begin{pmatrix}\boldsymbol{C}_{11} & \cdots & \boldsymbol{C}_{1r}\\ \vdots & & \vdots\\ \boldsymbol{C}_{s1} & \cdots & \boldsymbol{C}_{sr}\end{pmatrix},$$

其中 $\boldsymbol{C}_{pq}=\sum\limits_{k=1}^{t}\boldsymbol{A}_{pk}\boldsymbol{B}_{kq}\ (p=1,2,\cdots,s;q=1,2,\cdots,r)$.

**例 25** 设

$$\boldsymbol{A}=\begin{pmatrix}1&0&0&0\\0&1&0&0\\-1&2&1&0\\1&1&0&1\end{pmatrix},\quad \boldsymbol{B}=\begin{pmatrix}1&0&1&0\\-1&2&0&1\\1&0&4&1\\-1&-1&2&0\end{pmatrix},$$

用分块矩阵法计算 $\boldsymbol{AB}$.

**解** 把 $\boldsymbol{A},\boldsymbol{B}$ 分块成

$$\boldsymbol{A}=\left(\begin{array}{cc:cc}1&0&0&0\\0&1&0&0\\ \hdashline -1&2&1&0\\1&1&0&1\end{array}\right)=\begin{pmatrix}\boldsymbol{I}&\boldsymbol{O}\\ \boldsymbol{A}_1&\boldsymbol{I}\end{pmatrix},\quad \boldsymbol{B}=\left(\begin{array}{cc:cc}1&0&1&0\\-1&2&0&1\\ \hdashline 1&0&4&1\\-1&-1&2&0\end{array}\right)=\begin{pmatrix}\boldsymbol{B}_{11}&\boldsymbol{I}\\ \boldsymbol{B}_{21}&\boldsymbol{B}_{22}\end{pmatrix},$$

则

$$\boldsymbol{AB}=\begin{pmatrix}\boldsymbol{I}&\boldsymbol{O}\\ \boldsymbol{A}_1&\boldsymbol{I}\end{pmatrix}\begin{pmatrix}\boldsymbol{B}_{11}&\boldsymbol{I}\\ \boldsymbol{B}_{21}&\boldsymbol{B}_{22}\end{pmatrix}=\begin{pmatrix}\boldsymbol{B}_{11}&\boldsymbol{I}\\ \boldsymbol{A}_1\boldsymbol{B}_{11}+\boldsymbol{B}_{21}&\boldsymbol{A}_1+\boldsymbol{B}_{22}\end{pmatrix},$$

而

$$\boldsymbol{A}_1\boldsymbol{B}_{11}+\boldsymbol{B}_{21}=\begin{pmatrix}-1&2\\1&1\end{pmatrix}\begin{pmatrix}1&0\\-1&2\end{pmatrix}+\begin{pmatrix}1&0\\-1&-1\end{pmatrix}=\begin{pmatrix}-2&4\\-1&1\end{pmatrix},$$

$$\boldsymbol{A}_1+\boldsymbol{B}_{22}=\begin{pmatrix}-1&2\\1&1\end{pmatrix}+\begin{pmatrix}4&1\\2&0\end{pmatrix}=\begin{pmatrix}3&3\\3&1\end{pmatrix},$$

于是

$$\boldsymbol{AB}=\begin{pmatrix}1&0&1&0\\-1&2&0&1\\-2&4&3&3\\-1&1&3&1\end{pmatrix}.$$

**例 26** 如果将矩阵 $\boldsymbol{A}_{m\times n}$，$\boldsymbol{I}_n$ 分块成

$$\boldsymbol{A}=\left(\begin{array}{c:c:c:c} a_{11} & a_{12} & \cdots & a_{1n} \\ a_{21} & a_{22} & \cdots & a_{2n} \\ \vdots & \vdots & & \vdots \\ a_{n1} & a_{n2} & \cdots & a_{nn} \end{array}\right)=(\boldsymbol{A}_1,\boldsymbol{A}_2,\cdots,\boldsymbol{A}_n),$$

$$\boldsymbol{I}_n=\left(\begin{array}{c:c:c:c} 1 & 0 & \cdots & 0 \\ 0 & 1 & \cdots & 0 \\ \vdots & \vdots & & \vdots \\ 0 & 0 & \cdots & 1 \end{array}\right)=(\boldsymbol{\varepsilon}_1,\boldsymbol{\varepsilon}_2,\cdots,\boldsymbol{\varepsilon}_n),$$

则 $\boldsymbol{A}\boldsymbol{I}_n=\boldsymbol{A}(\boldsymbol{\varepsilon}_1,\boldsymbol{\varepsilon}_2,\cdots,\boldsymbol{\varepsilon}_n)=(\boldsymbol{A}\boldsymbol{\varepsilon}_1,\boldsymbol{A}\boldsymbol{\varepsilon}_2,\cdots,\boldsymbol{A}\boldsymbol{\varepsilon}_n)=(\boldsymbol{A}_1,\boldsymbol{A}_2,\cdots,\boldsymbol{A}_n)$，即有 $\boldsymbol{A}\boldsymbol{\varepsilon}_j=\boldsymbol{A}_j(j=1,2,\cdots,n)$.

**注** 矩阵按行(列)分块是最常见的分块方法. 一般地，$m\times n$ 矩阵 $\boldsymbol{A}$ 有 $m$ 行，称为矩阵 $\boldsymbol{A}$ 的 $m$ 个行向量，若第 $i$ 行记作

$$\boldsymbol{\alpha}_i^{\mathrm{T}}=(a_{i1},a_{i2},\cdots,a_{in}),$$

则矩阵 $\boldsymbol{A}$ 就可表示为

$$\boldsymbol{A}=\begin{pmatrix} \boldsymbol{\alpha}_1^{\mathrm{T}} \\ \boldsymbol{\alpha}_2^{\mathrm{T}} \\ \vdots \\ \boldsymbol{\alpha}_m^{\mathrm{T}} \end{pmatrix}.$$

$m\times n$ 矩阵 $\boldsymbol{A}$ 有 $n$ 列，称为矩阵 $\boldsymbol{A}$ 的 $n$ 个列向量，若第 $j$ 列记作

$$\boldsymbol{\beta}_j=\begin{pmatrix} a_{1j} \\ a_{2j} \\ \vdots \\ a_{mj} \end{pmatrix},$$

则

$$\boldsymbol{A}=(\boldsymbol{\beta}_1,\boldsymbol{\beta}_2,\cdots,\boldsymbol{\beta}_n).$$

4. 转置

设

$$\boldsymbol{A}=\begin{pmatrix} \boldsymbol{A}_{11} & \cdots & \boldsymbol{A}_{1t} \\ \vdots & & \vdots \\ \boldsymbol{A}_{s1} & \cdots & \boldsymbol{A}_{st} \end{pmatrix},$$

则

$$\boldsymbol{A}^{\mathrm{T}}=\begin{pmatrix} \boldsymbol{A}_{11}^{\mathrm{T}} & \cdots & \boldsymbol{A}_{s1}^{\mathrm{T}} \\ \vdots & & \vdots \\ \boldsymbol{A}_{1t}^{\mathrm{T}} & \cdots & \boldsymbol{A}_{st}^{\mathrm{T}} \end{pmatrix}.$$

关于分块矩阵，下列知识也是经常要用到的.

设 $\boldsymbol{A}$ 为 $n$ 阶矩阵，若 $\boldsymbol{A}$ 的分块矩阵只有在对角线上有非零子块，其余子块都为零矩阵，且在对角线上的子块都是方阵，即

$$\boldsymbol{A}=\begin{pmatrix}\boldsymbol{A}_1 & & & \boldsymbol{O}\\ & \boldsymbol{A}_2 & & \\ & & \ddots & \\ \boldsymbol{O} & & & \boldsymbol{A}_s\end{pmatrix},$$

其中 $\boldsymbol{A}_i\ (i=1,2,\cdots,s)$ 都是方阵，则称 $\boldsymbol{A}$ 为分块对角矩阵.

分块对角矩阵具有以下性质：

(1) 若 $|\boldsymbol{A}_i|\neq 0\ (i=1,2,\cdots,s)$，则 $|\boldsymbol{A}|\neq 0$，且 $|\boldsymbol{A}|=|\boldsymbol{A}_1||\boldsymbol{A}_2|\cdots|\boldsymbol{A}_s|$；

(2) 若 $|\boldsymbol{A}|\neq 0$ 则

$$\boldsymbol{A}^{-1}=\begin{pmatrix}\boldsymbol{A}_1^{-1} & & & \boldsymbol{O}\\ & \boldsymbol{A}_2^{-1} & & \\ & & \ddots & \\ \boldsymbol{O} & & & \boldsymbol{A}_s^{-1}\end{pmatrix};$$

(3) 同结构的分块对角矩阵的和、差、积、数乘及逆仍是分块对角矩阵，且运算表现为对应子块的运算.

形如

$$\begin{pmatrix}\boldsymbol{A}_{11} & \boldsymbol{A}_{12} & \cdots & \boldsymbol{A}_{1s}\\ \boldsymbol{O} & \boldsymbol{A}_{22} & \cdots & \boldsymbol{A}_{2s}\\ \vdots & \vdots & & \vdots\\ \boldsymbol{O} & \boldsymbol{O} & \cdots & \boldsymbol{A}_{ss}\end{pmatrix} \text{ 或 } \begin{pmatrix}\boldsymbol{A}_{11} & \boldsymbol{O} & \cdots & \boldsymbol{O}\\ \boldsymbol{A}_{21} & \boldsymbol{A}_{22} & \cdots & \boldsymbol{O}\\ \vdots & \vdots & & \vdots\\ \boldsymbol{A}_{s1} & \boldsymbol{A}_{s2} & \cdots & \boldsymbol{A}_{ss}\end{pmatrix}$$

的分块矩阵，分别称为分块上三角矩阵或分块下三角矩阵，其中 $\boldsymbol{A}_{pp}\ (p=1,2,\cdots,s)$ 是方阵. 同结构的分块上(下)三角矩阵的和、差、积、数乘及逆仍是分块上(下)三角矩阵.

**例 27**　设 $\boldsymbol{A}=\begin{pmatrix}5&0&0\\0&3&1\\0&2&1\end{pmatrix}$，求 $\boldsymbol{A}^{-1}$.

**解**

$$\boldsymbol{A}=\left(\begin{array}{c:cc}5&0&0\\ \hdashline 0&3&1\\0&2&1\end{array}\right)=\begin{pmatrix}\boldsymbol{A}_1&\boldsymbol{O}\\ \boldsymbol{O}&\boldsymbol{A}_2\end{pmatrix},$$

$$\boldsymbol{A}_1=(5),\quad \boldsymbol{A}_1^{-1}=\left(\frac{1}{5}\right),\quad \boldsymbol{A}_2=\begin{pmatrix}3&1\\2&1\end{pmatrix},\quad \boldsymbol{A}_2^{-1}=\frac{\boldsymbol{A}_2^*}{|\boldsymbol{A}_2|}=\begin{pmatrix}1&-1\\-2&3\end{pmatrix},$$

所以

$$\boldsymbol{A}^{-1}=\begin{pmatrix}\boldsymbol{A}_1^{-1}&\boldsymbol{O}\\ \boldsymbol{O}&\boldsymbol{A}_2^{-1}\end{pmatrix}=\begin{pmatrix}\frac{1}{5}&0&0\\0&1&-1\\0&-2&3\end{pmatrix}.$$

**例 28**　分块方阵 $\boldsymbol{D}=\begin{pmatrix}\boldsymbol{A}&\boldsymbol{C}\\ \boldsymbol{O}&\boldsymbol{B}\end{pmatrix}$，其中 $\boldsymbol{A},\boldsymbol{B}$ 分别为 $r$ 阶与 $k$ 阶可逆矩阵，$\boldsymbol{C}$ 是 $r\times k$ 矩阵，$\boldsymbol{O}$ 是 $k\times r$ 零矩阵.

证明：$\boldsymbol{D}$ 可逆，并求 $\boldsymbol{D}^{-1}$.

**解** 设 $\boldsymbol{D}$ 可逆，且 $\boldsymbol{D}^{-1}=\begin{pmatrix}\boldsymbol{X} & \boldsymbol{Z}\\ \boldsymbol{W} & \boldsymbol{Y}\end{pmatrix}$，其中 $\boldsymbol{X},\boldsymbol{Y}$ 分别为与 $\boldsymbol{A},\boldsymbol{B}$ 同阶的方阵，则

$$\boldsymbol{D}^{-1}\boldsymbol{D}=\begin{pmatrix}\boldsymbol{X} & \boldsymbol{Z}\\ \boldsymbol{W} & \boldsymbol{Y}\end{pmatrix}\begin{pmatrix}\boldsymbol{A} & \boldsymbol{C}\\ \boldsymbol{O} & \boldsymbol{B}\end{pmatrix}=\boldsymbol{I},$$

即

$$\begin{pmatrix}\boldsymbol{XA} & \boldsymbol{XC}+\boldsymbol{ZB}\\ \boldsymbol{WA} & \boldsymbol{WC}+\boldsymbol{YB}\end{pmatrix}=\begin{bmatrix}\boldsymbol{I}_r & \boldsymbol{O}\\ \boldsymbol{O} & \boldsymbol{I}_k\end{bmatrix},$$

于是得

$$\boldsymbol{XA}=\boldsymbol{I}_r, \qquad ①$$

$$\boldsymbol{WA}=\boldsymbol{O}, \qquad ②$$

$$\boldsymbol{XC}+\boldsymbol{ZB}=\boldsymbol{O}, \qquad ③$$

$$\boldsymbol{WC}+\boldsymbol{YB}=\boldsymbol{I}_k. \qquad ④$$

因为 $\boldsymbol{A}$ 可逆，用 $\boldsymbol{A}^{-1}$ 右乘式①与式②，可得

$$\boldsymbol{XAA}^{-1}=\boldsymbol{A}^{-1},\quad \boldsymbol{WAA}^{-1}=\boldsymbol{O},$$

即

$$\boldsymbol{X}=\boldsymbol{A}^{-1},\quad \boldsymbol{W}=\boldsymbol{O}.$$

将 $\boldsymbol{X}=\boldsymbol{A}^{-1}$ 代入式③，有 $\boldsymbol{A}^{-1}\boldsymbol{C}=-\boldsymbol{ZB}$，因为 $\boldsymbol{B}$ 可逆，则 $\boldsymbol{A}^{-1}\boldsymbol{CB}^{-1}=-\boldsymbol{ZBB}^{-1}$，即 $\boldsymbol{Z}=-\boldsymbol{A}^{-1}\boldsymbol{CB}^{-1}$. 将 $\boldsymbol{W}=\boldsymbol{O}$ 代入式④，有 $\boldsymbol{YB}=\boldsymbol{I}_k$，再用 $\boldsymbol{B}^{-1}$ 右乘之，可得 $\boldsymbol{Y}=\boldsymbol{I}_k\boldsymbol{B}^{-1}=\boldsymbol{B}^{-1}$.

于是求出

$$\boldsymbol{D}^{-1}=\begin{bmatrix}\boldsymbol{A}^{-1} & -\boldsymbol{A}^{-1}\boldsymbol{CB}^{-1}\\ \boldsymbol{O} & \boldsymbol{B}^{-1}\end{bmatrix},$$

容易验证

$$\boldsymbol{DD}^{-1}=\boldsymbol{D}^{-1}\boldsymbol{D}=\boldsymbol{I}.$$

## 习题 2.4

1. 按指定的分块方法，用分块矩阵求下列矩阵的乘积：

(1) $\left(\begin{array}{cc:c}1 & -2 & 0\\ -1 & 1 & 1\\ \hdashline 0 & 3 & 2\end{array}\right)\left(\begin{array}{c:c}0 & 1\\ 1 & 0\\ \hdashline 0 & -1\end{array}\right)$； (2) $\left(\begin{array}{ccc}2 & 1 & -1\\ \hdashline 3 & 0 & -2\\ \hdashline 1 & -1 & 1\end{array}\right)\left(\begin{array}{c:c:c}1 & 1 & 0\\ 0 & 0 & -1\\ -1 & 2 & 1\end{array}\right)$.

2. 设 $n$ 阶矩阵 $\boldsymbol{A}$ 及 $s$ 阶矩阵 $\boldsymbol{B}$ 都可逆，求：

(1) $\begin{pmatrix}\boldsymbol{O} & \boldsymbol{A}\\ \boldsymbol{B} & \boldsymbol{O}\end{pmatrix}^{-1}$； (2) $\begin{pmatrix}\boldsymbol{A} & \boldsymbol{O}\\ \boldsymbol{C} & \boldsymbol{B}\end{pmatrix}^{-1}$.

3. 用分块矩阵法求下列矩阵的逆矩阵：

(1) $\begin{pmatrix}5 & 2 & 0 & 0\\ 2 & 1 & 0 & 0\\ 0 & 0 & 8 & 3\\ 0 & 0 & 5 & 2\end{pmatrix}$； (2) $\begin{pmatrix}1 & 1 & 0 & 0 & 0\\ -1 & 3 & 0 & 0 & 0\\ 0 & 0 & -2 & 0 & 0\\ 0 & 0 & 0 & 1 & 2\\ 0 & 0 & 0 & 0 & 1\end{pmatrix}$；

(3) $\begin{pmatrix} 0 & a_1 & 0 & \cdots & 0 \\ 0 & 0 & a_2 & \cdots & 0 \\ \vdots & \vdots & \vdots & & \vdots \\ 0 & 0 & 0 & \cdots & a_{n-1} \\ a_n & 0 & 0 & \cdots & 0 \end{pmatrix}$，其中$(a_1a_2\cdots a_n\neq0)$.

4. 设有一个三阶矩阵 $\boldsymbol{A}$，且 $|\boldsymbol{A}|=-2$，把矩阵 $\boldsymbol{A}$ 按列分块，$\boldsymbol{A}=(\boldsymbol{A}_1,\boldsymbol{A}_2,\boldsymbol{A}_3)$，其中 $\boldsymbol{A}_j$ $(j=1,2,3)$ 为 $\boldsymbol{A}$ 的第 $j$ 列，求：

(1) $|\boldsymbol{A}_1,2\boldsymbol{A}_2,\boldsymbol{A}_3|$； (2) $|\boldsymbol{A}_3-2\boldsymbol{A}_1,3\boldsymbol{A}_2,\boldsymbol{A}_1|$.

# 2.5 矩阵的初等变换

## 2.5.1 矩阵初等变换的定义

**定义 16** 矩阵的下列三种变换称为矩阵的初等行变换：

(1) 交换矩阵的两行(交换第 $i$ 行和第 $j$ 行，记作 $r_i\leftrightarrow r_j$)；

(2) 以一个非零常数 $k$ 乘矩阵的某一行(第 $i$ 行乘数 $k$，记作 $kr_i$ 或 $r_i\times k$)；

(3) 把矩阵的某一行的 $k$ 倍加到另一行(第 $j$ 行乘数 $k$ 加到第 $i$ 行，记为 $r_i+kr_j$).

把定义中的“行”换成“列”，即得到矩阵的初等列变换(相应记号中把 $r$ 换成 $c$). 初等行变换和初等列变换统称为初等变换.

**注** 初等变换的逆变换仍是初等变换，且类型相同.

例如，变换 $r_i\leftrightarrow r_j$ 的逆变换即为其本身；变换 $r_i\times k$ 的逆变换为 $r_i\times\frac{1}{k}$；变换 $r_i+kr_j$ 的逆变换为 $r_i+(-k)r_j$ 或 $r_i-kr_j$.

如果矩阵 $\boldsymbol{A}$ 经过初等变换得到矩阵 $\boldsymbol{B}$，则用记号 $\boldsymbol{A}\to\boldsymbol{B}$ 表示.

例如

$$\begin{pmatrix} 1 & 2 & 3 \\ 4 & 5 & 6 \\ 7 & 8 & 9 \end{pmatrix} \xrightarrow{r_1\leftrightarrow r_2} \begin{pmatrix} 4 & 5 & 6 \\ 1 & 2 & 3 \\ 7 & 8 & 9 \end{pmatrix}.$$

**定义 17** 若矩阵 $\boldsymbol{A}$ 经过有限次初等变换变成矩阵 $\boldsymbol{B}$，则称矩阵 $\boldsymbol{A}$ 与 $\boldsymbol{B}$ 等价，记为 $\boldsymbol{A}\cong\boldsymbol{B}$.

等价作为同型矩阵之间的一种关系，有以下性质：

(1) 自反性：$\forall\boldsymbol{A},\boldsymbol{A}\cong\boldsymbol{A}$.

(2) 对称性：若 $\boldsymbol{A}\cong\boldsymbol{B}$，则 $\boldsymbol{B}\cong\boldsymbol{A}$.

(3) 传递性：若 $\boldsymbol{A}\cong\boldsymbol{B},\boldsymbol{B}\cong\boldsymbol{C}$，则 $\boldsymbol{A}\cong\boldsymbol{C}$.

## 2.5.2 阶梯形矩阵

如果矩阵某一行的元素不全为零，则称该行为矩阵的非零行，否则称为零行. 非零行中左起第 1 个非零元素为该行的主元.

**定义 18** 如果一个矩阵同时满足下列两个条件：

(1) 如果存在零行，零行位于矩阵的下方；

(2) 各非零行的主元的列标随着行标的增大而严格增大.

则称它为行阶梯形矩阵，简称为阶梯形矩阵.

例如，下列矩阵都是阶梯形矩阵：

$$\begin{pmatrix}1&2&3\\0&4&5\\0&0&6\end{pmatrix},\quad\begin{pmatrix}0&1&2&3\\0&0&0&4\\0&0&0&0\end{pmatrix},\quad\begin{pmatrix}0&1&2&3\\0&0&0&0\\0&0&0&0\end{pmatrix}.$$

下列矩阵都不是阶梯形矩阵：

$$\begin{pmatrix}1&2&3&4\\0&0&0&0\\0&0&1&2\end{pmatrix},\quad\begin{pmatrix}1&2&3&4\\0&1&2&3\\0&2&3&4\end{pmatrix}.$$

如果一个矩阵同时满足下列两个条件：

(1) 属于阶梯形矩阵；

(2) 每个主元都是 1，并且在每一个主元所在的列中，除主元 1 以外其他元素全都为零.

则称它为简化行阶梯形矩阵(或行最简形矩阵).

例如，下列矩阵都是简化行阶梯形矩阵：

$$\begin{pmatrix}1&0&0&1\\0&1&0&2\\0&0&1&3\end{pmatrix},\quad\begin{pmatrix}0&1&2&0&1\\0&0&0&1&3\\0&0&0&0&0\end{pmatrix},\quad\begin{pmatrix}1&0&0\\0&1&0\\0&0&1\end{pmatrix},\quad\begin{pmatrix}1&2\\0&0\end{pmatrix}.$$

下列矩阵都不是简化行阶梯形矩阵：

$$\begin{pmatrix}1&2&3&4\\0&1&2&3\\0&0&2&3\end{pmatrix},\quad\begin{pmatrix}1&1&0\\0&1&0\\0&0&0\end{pmatrix},\quad\begin{pmatrix}0&1&2&6&0\\0&0&0&-1&0\\0&0&0&0&1\end{pmatrix}.$$

阶梯形矩阵之所以应用广泛，是因为线性代数中许多问题都需要通过初等行变换把矩阵化为阶梯形矩阵来解决. 这就涉及是否任何一个矩阵都可以经过初等变换化为阶梯形矩阵的问题. 下面的定理回答了这一问题.

**定理 4** 对任一非零矩阵 $\boldsymbol{A}_{m\times n}$，都可以经过有限次初等行变换把它化为阶梯形矩阵，再经过若干次初等行变换，可进一步化为简化行阶梯形矩阵.

证明从略.

**例 29** 已知矩阵

$$\boldsymbol{A}=\begin{pmatrix}3&2&9&6\\-1&-3&4&-17\\1&4&-7&3\\-1&-4&7&-3\end{pmatrix},$$

对其作如下初等行变换：

$$A \xrightarrow{r_1 \leftrightarrow r_3} \begin{pmatrix} 1 & 4 & -7 & 3 \\ -1 & -3 & 4 & -17 \\ 3 & 2 & 9 & 6 \\ -1 & -4 & 7 & -3 \end{pmatrix} \xrightarrow[r_4+r_1]{\substack{r_2+r_1 \\ r_3-3r_1}} \begin{pmatrix} 1 & 4 & -7 & 3 \\ 0 & 1 & -3 & -14 \\ 0 & -10 & 30 & -3 \\ 0 & 0 & 0 & 0 \end{pmatrix}$$

$$\xrightarrow{r_3+10r_2} \begin{pmatrix} 1 & 4 & -7 & 3 \\ 0 & 1 & -3 & -14 \\ 0 & 0 & 0 & -143 \\ 0 & 0 & 0 & 0 \end{pmatrix} = \boldsymbol{B}.$$

$\boldsymbol{B}$ 为行阶梯形矩阵，再对 $\boldsymbol{B}$ 作如下初等行变换：

$$\boldsymbol{B} \xrightarrow{r_3 \times \left(-\frac{1}{143}\right)} \begin{pmatrix} 1 & 4 & -7 & 3 \\ 0 & 1 & -3 & -14 \\ 0 & 0 & 0 & 1 \\ 0 & 0 & 0 & 0 \end{pmatrix} \xrightarrow[r_1-3r_3]{r_2+14r_3} \begin{pmatrix} 1 & 4 & -7 & 0 \\ 0 & 1 & -3 & 0 \\ 0 & 0 & 0 & 1 \\ 0 & 0 & 0 & 0 \end{pmatrix}$$

$$\xrightarrow{r_1-4r_2} \begin{pmatrix} 1 & 0 & 5 & 0 \\ 0 & 1 & -3 & 0 \\ 0 & 0 & 0 & 1 \\ 0 & 0 & 0 & 0 \end{pmatrix} = \boldsymbol{C}.$$

$\boldsymbol{C}$ 为简化行阶梯形矩阵.

### 2.5.3　矩阵的标准形

**定理 5**　任意非零的 $m \times n$ 矩阵 $\boldsymbol{A}$ 都与一个形如

$$\begin{pmatrix} 1 & & & & & \\ & \ddots & & & & \\ & & 1 & & & \\ & & & 0 & & \\ & & & & \ddots & \\ & & & & & 0 \end{pmatrix} \begin{matrix} \left.\vphantom{\begin{matrix}1\\ \ddots\\ 1\end{matrix}}\right\} r \text{ 行} \\ \\ \\ \end{matrix} = \begin{pmatrix} \boldsymbol{I}_r & \boldsymbol{O}_{r\times(n-r)} \\ \boldsymbol{O}_{(m-r)\times r} & \boldsymbol{O}_{(m-r)\times(n-r)} \end{pmatrix}$$

的矩阵等价，并称 $\begin{pmatrix} \boldsymbol{I}_r & \boldsymbol{O}_{r\times(n-r)} \\ \boldsymbol{O}_{(m-r)\times r} & \boldsymbol{O}_{(m-r)\times(n-r)} \end{pmatrix}$ 为 $\boldsymbol{A}$ 的标准形，即 $\boldsymbol{A} \xrightarrow{\text{初等变换}} \begin{pmatrix} \boldsymbol{I}_r & \boldsymbol{O}_{r\times(n-r)} \\ \boldsymbol{O}_{(m-r)\times r} & \boldsymbol{O}_{(m-r)\times(n-r)} \end{pmatrix}$ 总能实现.

证明从略.

**例 30**　对例 29 中的矩阵 $\boldsymbol{C} = \begin{pmatrix} 1 & 0 & 5 & 0 \\ 0 & 1 & -3 & 0 \\ 0 & 0 & 0 & 1 \\ 0 & 0 & 0 & 0 \end{pmatrix}$ 再作初等列变换.

$$\boldsymbol{C} \xrightarrow[c_3+3c_2]{c_3-5c_1} \begin{pmatrix} 1 & 0 & 0 & 0 \\ 0 & 1 & 0 & 0 \\ 0 & 0 & 0 & 1 \\ 0 & 0 & 0 & 0 \end{pmatrix} \xrightarrow{c_3 \leftrightarrow c_4} \begin{pmatrix} 1 & 0 & 0 & 0 \\ 0 & 1 & 0 & 0 \\ 0 & 0 & 1 & 0 \\ 0 & 0 & 0 & 0 \end{pmatrix} = \boldsymbol{D}.$$

$D$ 为例 29 中 $A$ 的标准形.

**例 31** 求矩阵 $A=\begin{pmatrix}2&1&2&3\\4&1&3&5\\2&0&1&2\end{pmatrix}$ 的标准形.

**解** $$A\xrightarrow[r_3-r_1]{r_2-2r_1}\begin{pmatrix}2&1&2&3\\0&-1&-1&-1\\0&-1&-1&-1\end{pmatrix}\xrightarrow[c_4-\frac{3}{2}c_1]{\substack{c_2-\frac{1}{2}c_1\\c_3-c_1}}\begin{pmatrix}2&0&0&0\\0&-1&-1&-1\\0&-1&-1&-1\end{pmatrix}$$
$$\xrightarrow{r_3-r_2}\begin{pmatrix}2&0&0&0\\0&-1&-1&-1\\0&0&0&0\end{pmatrix}\xrightarrow[c_4-c_2]{c_3-c_2}\begin{pmatrix}2&0&0&0\\0&-1&0&0\\0&0&0&0\end{pmatrix}\xrightarrow[-r_2]{\frac{1}{2}r_1}\begin{pmatrix}1&0&0&0\\0&1&0&0\\0&0&0&0\end{pmatrix}.$$

**例 32** 求矩阵 $A=\begin{pmatrix}2&2&3\\1&-1&0\\-1&2&1\end{pmatrix}$ 的标准形.

**解** $$A\xrightarrow{r_1\leftrightarrow r_2}\begin{pmatrix}1&-1&0\\2&2&3\\-1&2&1\end{pmatrix}\xrightarrow[r_3+r_1]{r_2-2r_1}\begin{pmatrix}1&-1&0\\0&4&3\\0&1&1\end{pmatrix}\xrightarrow{r_2\leftrightarrow r_3}\begin{pmatrix}1&-1&0\\0&1&1\\0&4&3\end{pmatrix}$$
$$\xrightarrow{r_3-4r_2}\begin{pmatrix}1&-1&0\\0&1&1\\0&0&-1\end{pmatrix}\xrightarrow{r_2+r_3}\begin{pmatrix}1&-1&0\\0&1&0\\0&0&-1\end{pmatrix}\xrightarrow[-r_3]{r_1+r_2}\begin{pmatrix}1&0&0\\0&1&0\\0&0&1\end{pmatrix}=I_3.$$

故 $A$ 的标准形为 $I_3$，进一步考察知 $A$ 可逆.

**定理 6** 若 $A$ 为 $n$ 阶可逆矩阵，则 $A$ 经过有限次初等变换可化为单位矩阵 $I_n$，即 $A$ 的标准形为 $I_n$.

可用定理 5 来证明本定理，证明从略.

### 2.5.4 初等矩阵

**定义 19** 对单位矩阵作一次初等变换得到的矩阵称为初等矩阵. 三种初等变换分别对应着三种初等矩阵.

(1) $I$ 的第 $i,j$ 行(列)互换得到的矩阵：

$$I(i,j)=\begin{pmatrix}1&&&&&&&&\\&\ddots&&&&&&&\\&&1&&&&&&\\&&&0&\cdots&1&&&\\&&&&1&&&&\\&&&\vdots&\ddots&\vdots&&&\\&&&&&1&&&\\&&&1&\cdots&0&&&\\&&&&&&1&&\\&&&&&&&\ddots&\\&&&&&&&&1\end{pmatrix}\begin{matrix}\\\\\\i\text{ 行}\\\\\\\\j\text{ 行}\\\\\\\\\end{matrix}.$$

(2) $\boldsymbol{I}$ 的第 $i$ 行(列)乘非零常数 $k$ 得到的矩阵：

$$\boldsymbol{I}(i(k))=\begin{pmatrix}1 & & & & \\ & \ddots & & & \\ & & k & & \\ & & & \ddots & \\ & & & & 1\end{pmatrix} i \text{ 行}.$$

(3) $\boldsymbol{I}$ 的第 $j$ 行乘数 $k$ 加到第 $i$ 行上或 $\boldsymbol{I}$ 的第 $i$ 列乘数 $k$ 加到第 $j$ 列上得到的矩阵：

$$\boldsymbol{I}(ij(k))=\begin{pmatrix}1 & & & & & \\ & \ddots & & & & \\ & & 1 & \cdots & k & & \\ & & & \ddots & \vdots & & \\ & & & & 1 & & \\ & & & & & \ddots & \\ & & & & & & 1\end{pmatrix}\begin{matrix} \\ \\ i \text{ 行} \\ \\ j \text{ 行}. \\ \\ \\ \end{matrix}$$

$$\qquad\qquad i \text{ 列} \qquad j \text{ 列}$$

初等矩阵有下列基本性质：

(1) $\boldsymbol{I}(i(k))^{-1}=\boldsymbol{I}(i(k^{-1}))$；$\boldsymbol{I}(i,j)^{-1}=\boldsymbol{I}(i,j)$；$\boldsymbol{I}(ij(k))^{-1}=\boldsymbol{I}(ij(-k))$；

(2) $|\boldsymbol{I}(i,j)|=-1$；$|\boldsymbol{I}(i(k))|=k$；$|\boldsymbol{I}(ij(k))|=1$.

**注**　上面两个基本性质说明初等矩阵都是可逆的，且它们的逆矩阵仍然是初等矩阵.

**定理 7**　设 $\boldsymbol{A}$ 是一个 $m\times n$ 矩阵，对 $\boldsymbol{A}$ 作一次初等行(列)变换，相当于用同种的 $m(n)$ 阶矩阵左(右)乘 $\boldsymbol{A}$.

**证明**　现证明交换 $\boldsymbol{A}$ 的第 $i$ 行与第 $j$ 行等于用 $\boldsymbol{I}_m(i,j)$ 左乘 $\boldsymbol{A}$. 将 $\boldsymbol{A}$ 与 $\boldsymbol{I}$ 分块为

$$\boldsymbol{A}=\begin{pmatrix}\boldsymbol{A}_1\\ \boldsymbol{A}_2\\ \vdots\\ \boldsymbol{A}_i\\ \vdots\\ \boldsymbol{A}_j\\ \vdots\\ \boldsymbol{A}_m\end{pmatrix},\quad \boldsymbol{I}=\begin{pmatrix}\boldsymbol{\varepsilon}_1\\ \boldsymbol{\varepsilon}_2\\ \vdots\\ \boldsymbol{\varepsilon}_i\\ \vdots\\ \boldsymbol{\varepsilon}_j\\ \vdots\\ \boldsymbol{\varepsilon}_m\end{pmatrix},\quad \text{则 } \boldsymbol{I}_m(i,j)\boldsymbol{A}=\begin{pmatrix}\boldsymbol{\varepsilon}_1\\ \boldsymbol{\varepsilon}_2\\ \vdots\\ \boldsymbol{\varepsilon}_j\\ \vdots\\ \boldsymbol{\varepsilon}_i\\ \vdots\\ \boldsymbol{\varepsilon}_m\end{pmatrix}\boldsymbol{A}=\begin{pmatrix}\boldsymbol{\varepsilon}_1\boldsymbol{A}\\ \boldsymbol{\varepsilon}_2\boldsymbol{A}\\ \vdots\\ \boldsymbol{\varepsilon}_j\boldsymbol{A}\\ \vdots\\ \boldsymbol{\varepsilon}_i\boldsymbol{A}\\ \vdots\\ \boldsymbol{\varepsilon}_m\boldsymbol{A}\end{pmatrix}=\begin{pmatrix}\boldsymbol{A}_1\\ \boldsymbol{A}_2\\ \vdots\\ \boldsymbol{A}_j\\ \vdots\\ \boldsymbol{A}_i\\ \vdots\\ \boldsymbol{A}_m\end{pmatrix},$$

其中 $\boldsymbol{A}_k=(a_{k1},a_{k2},\cdots,a_{kn})$，$\boldsymbol{\varepsilon}_k=(0,0,\cdots,1,\cdots,0)(k=1,2,\cdots,m)$. 由此可见，$\boldsymbol{I}_m(i,j)\boldsymbol{A}$ 恰好等于矩阵 $\boldsymbol{A}$ 的第 $i$ 行与第 $j$ 行互换得到的矩阵.

同理可证其他变化的情况.

**例 33**　设矩阵

$$\boldsymbol{A}=\begin{pmatrix}3 & 0 & 1\\ 1 & -1 & 2\\ 0 & 1 & 1\end{pmatrix},$$

而

$$\boldsymbol{I}_3(1,2)=\begin{pmatrix}0&1&0\\1&0&0\\0&0&1\end{pmatrix},\quad \boldsymbol{I}_3(31(2))=\begin{pmatrix}1&0&0\\0&1&0\\2&0&1\end{pmatrix},$$

则

$$\boldsymbol{I}_3(1,2)\boldsymbol{A}=\begin{pmatrix}0&1&0\\1&0&0\\0&0&1\end{pmatrix}\begin{pmatrix}3&0&1\\1&-1&2\\0&1&1\end{pmatrix}=\begin{pmatrix}1&-1&2\\3&0&1\\0&1&1\end{pmatrix},$$

即用 $\boldsymbol{I}_3(1,2)$ 左乘 $\boldsymbol{A}$，相当于交换矩阵 $\boldsymbol{A}$ 的第 1 行与第 2 行. 又因

$$\boldsymbol{A}\boldsymbol{I}_3(31(2))=\begin{pmatrix}3&0&1\\1&-1&2\\0&1&1\end{pmatrix}\begin{pmatrix}1&0&0\\0&1&0\\2&0&1\end{pmatrix}=\begin{pmatrix}5&0&1\\5&-1&2\\2&1&1\end{pmatrix},$$

即用 $\boldsymbol{I}_3(31(2))$ 右乘 $\boldsymbol{A}$，相当于矩阵 $\boldsymbol{A}$ 的第 3 列乘 2 加到第 1 列.

### 2.5.5 求逆矩阵的初等变换法

在 2.3 节中，给出了矩阵 $\boldsymbol{A}$ 可逆的充分必要条件，同时也给出了利用伴随矩阵求逆矩阵 $\boldsymbol{A}^{-1}$ 的一种方法，即

$$\boldsymbol{A}^{-1}=\frac{\boldsymbol{A}^*}{|\boldsymbol{A}|},$$

这种方法称为伴随矩阵法.

对于高阶的矩阵用伴随矩阵法求逆矩阵计算量太大，下面介绍一种较为简便的方法——初等变换法.

先给出以下结论.

**定理 8** $n$ 阶矩阵 $\boldsymbol{A}$ 可逆的充分必要条件是 $\boldsymbol{A}$ 可以表示为若干个初等矩阵的乘积.

**证明** 因为初等矩阵是可逆的，故充分条件是显然的.

再证必要性. 设矩阵 $\boldsymbol{A}$ 可逆，则由定理 6 可知，$\boldsymbol{A}$ 可以经过有限次初等变换化为单位矩阵 $\boldsymbol{I}$，即存在初等矩阵 $\boldsymbol{P}_1,\boldsymbol{P}_2,\cdots,\boldsymbol{P}_s$ 与 $\boldsymbol{Q}_1,\boldsymbol{Q}_2,\cdots,\boldsymbol{Q}_t$，使得

$$\boldsymbol{P}_s\cdots\boldsymbol{P}_2\boldsymbol{P}_1\boldsymbol{A}\boldsymbol{Q}_1\boldsymbol{Q}_2\cdots\boldsymbol{Q}_t=\boldsymbol{I},$$

所以 $\boldsymbol{A}=\boldsymbol{P}_1^{-1}\boldsymbol{P}_2^{-1}\cdots\boldsymbol{P}_s^{-1}\boldsymbol{I}\boldsymbol{Q}_t^{-1}\cdots\boldsymbol{Q}_2^{-1}\boldsymbol{Q}_1^{-1}=\boldsymbol{P}_1^{-1}\boldsymbol{P}_2^{-1}\cdots\boldsymbol{P}_s^{-1}\boldsymbol{Q}_t^{-1}\cdots\boldsymbol{Q}_2^{-1}\boldsymbol{Q}_1^{-1}$，即矩阵 $\boldsymbol{A}$ 可表示为若干个初等矩阵的乘积.

现转到求逆矩阵的问题.

注意到若矩阵 $\boldsymbol{A}$ 可逆，则 $\boldsymbol{A}^{-1}$ 也可逆，根据上述定理 8，存在初等矩阵 $\boldsymbol{G}_1,\boldsymbol{G}_2,\cdots,\boldsymbol{G}_k$ 使得 $\boldsymbol{A}^{-1}=\boldsymbol{G}_1\boldsymbol{G}_2\cdots\boldsymbol{G}_k$，在等式两边右乘矩阵 $\boldsymbol{A}$，得

$$\boldsymbol{A}^{-1}\boldsymbol{A}=\boldsymbol{G}_1\boldsymbol{G}_2\cdots\boldsymbol{G}_k\boldsymbol{A},$$

即

$$\boldsymbol{I}=\boldsymbol{G}_1\boldsymbol{G}_2\cdots\boldsymbol{G}_k\boldsymbol{A},\tag{2.7}$$

$$\boldsymbol{A}^{-1}=\boldsymbol{G}_1\boldsymbol{G}_2\cdots\boldsymbol{G}_k\boldsymbol{I}.\tag{2.8}$$

式(2.7)表示对矩阵 $\boldsymbol{A}$ 施以若干次初等行变换可化为 $\boldsymbol{I}$，式(2.8)表示对 $\boldsymbol{I}$ 施以相同若干次初等行变换可化为 $\boldsymbol{A}^{-1}$.

因此，求矩阵 $\boldsymbol{A}$ 的逆矩阵 $\boldsymbol{A}^{-1}$ 时，可构造 $n\times 2n$ 矩阵 $(\boldsymbol{A},\boldsymbol{I})$，然后对其施以初等行变换，将矩阵 $\boldsymbol{A}$ 化为单位矩阵 $\boldsymbol{I}$，则上述初等行变换的同时也将其中的单位矩阵 $\boldsymbol{I}$ 化为 $\boldsymbol{A}^{-1}$，即 $(\boldsymbol{A},\boldsymbol{I})\xrightarrow{\text{初等行变换}}\cdots\rightarrow(\boldsymbol{I},\boldsymbol{A}^{-1})$，这就是逆矩阵的初等变换法.

**例 34** 设 $\boldsymbol{A}=\begin{pmatrix}1&2&3\\2&2&1\\3&4&3\end{pmatrix}$，求 $\boldsymbol{A}^{-1}$.

**解** 构造 $3\times 6$ 矩阵 $(\boldsymbol{A},\boldsymbol{I})$.

$$(\boldsymbol{A},\boldsymbol{I})=\begin{pmatrix}1&2&3&1&0&0\\2&2&1&0&1&0\\3&4&3&0&0&1\end{pmatrix}\xrightarrow[r_3-3r_1]{r_2-2r_1}\begin{pmatrix}1&2&3&1&0&0\\0&-2&-5&-2&1&0\\0&-2&-6&-3&0&1\end{pmatrix}$$

$$\xrightarrow[r_3-r_2]{r_1+r_2}\begin{pmatrix}1&0&-2&-1&1&0\\0&-2&-5&-2&1&0\\0&0&-1&-1&-1&1\end{pmatrix}$$

$$\xrightarrow[r_2-5r_3]{r_1-2r_3}\begin{pmatrix}1&0&0&1&3&-2\\0&-2&0&3&6&-5\\0&0&-1&-1&-1&1\end{pmatrix}$$

$$\xrightarrow[r_3\times(-1)]{r_2\times\left(-\frac{1}{2}\right)}\begin{pmatrix}1&0&0&1&3&-2\\0&1&0&-\frac{3}{2}&-3&\frac{5}{2}\\0&0&1&1&1&-1\end{pmatrix}.$$

所以

$$\boldsymbol{A}^{-1}=\begin{pmatrix}1&3&-2\\-\frac{3}{2}&-3&\frac{5}{2}\\1&1&-1\end{pmatrix}.$$

**例 35** 已知矩阵 $\boldsymbol{A}=\begin{pmatrix}1&0&1\\2&1&0\\-3&2&-5\end{pmatrix}$，求 $(\boldsymbol{I}-\boldsymbol{A})^{-1}$.

**解**

$$\boldsymbol{I}-\boldsymbol{A}=\begin{pmatrix}0&0&-1\\-2&0&0\\3&-2&6\end{pmatrix},$$

$$(\boldsymbol{I}-\boldsymbol{A},\boldsymbol{I})=\begin{pmatrix}0&0&-1&1&0&0\\-2&0&0&0&1&0\\3&-2&6&0&0&1\end{pmatrix}\xrightarrow{r_1\leftrightarrow r_2}\begin{pmatrix}-2&0&0&0&1&0\\0&0&-1&1&0&0\\3&-2&6&0&0&1\end{pmatrix}$$

$$\xrightarrow[r_2\leftrightarrow r_3]{r_1\times\left(-\frac{1}{2}\right)}\begin{pmatrix}1&0&0&0&-\frac{1}{2}&0\\3&-2&6&0&0&1\\0&0&-1&1&0&0\end{pmatrix}$$

$$\xrightarrow{r_2-3r_1}\begin{pmatrix}1&0&0&0&-\frac{1}{2}&0\\0&-2&6&0&\frac{3}{2}&1\\0&0&-1&1&0&0\end{pmatrix}$$

$$\xrightarrow[r_3\times(-1)]{r_2\times\left(-\frac{1}{2}\right)}\begin{pmatrix}1&0&0&0&-\frac{1}{2}&0\\0&1&-3&0&-\frac{3}{4}&-\frac{1}{2}\\0&0&1&-1&0&0\end{pmatrix}$$

$$\xrightarrow{r_2+3r_3}\begin{pmatrix}1&0&0&0&-\frac{1}{2}&0\\0&1&0&-3&-\frac{3}{4}&-\frac{1}{2}\\0&0&1&-1&0&0\end{pmatrix},$$

所以

$$(\boldsymbol{I}-\boldsymbol{A})^{-1}=\begin{pmatrix}0&-\frac{1}{2}&0\\-3&-\frac{3}{4}&-\frac{1}{2}\\-1&0&0\end{pmatrix}.$$

容易看出，当采用初等列变换求 $\boldsymbol{A}$ 的逆矩阵时，可对矩阵 $\begin{pmatrix}\boldsymbol{A}\\\boldsymbol{I}\end{pmatrix}$ 施以初等列变换. 当 $\boldsymbol{A}$ 变为 $\boldsymbol{I}$ 时，相应的 $\boldsymbol{I}$ 则变为 $\boldsymbol{A}^{-1}$，读者不妨对上例试做一下.

## 习题 2.5

1. 设 $\begin{pmatrix}0&1&0\\1&0&0\\0&0&1\end{pmatrix}\boldsymbol{A}\begin{pmatrix}1&0&1\\0&1&0\\0&0&1\end{pmatrix}=\begin{pmatrix}1&2&3\\4&5&6\\7&8&9\end{pmatrix}$，求 $\boldsymbol{A}$.

2. 求下列矩阵的标准形：

(1) $\begin{pmatrix}0&2&-3&1\\0&3&-4&3\\0&4&-7&-1\end{pmatrix}$； (2) $\begin{pmatrix}1&-1&3&-4&3\\3&-3&5&-4&1\\2&-2&3&-2&0\\3&-3&4&-2&-1\end{pmatrix}$.

3. 判定下列矩阵是否可逆. 若可逆，用初等行变换求其逆矩阵.

(1) $\begin{pmatrix}3&2&1\\3&1&5\\3&2&3\end{pmatrix}$；

(2) $\begin{pmatrix} 0 & a_1 & 0 & \cdots & 0 \\ 0 & 0 & a_2 & \cdots & 0 \\ \vdots & \vdots & \vdots & & \vdots \\ 0 & 0 & 0 & \cdots & a_{n-1} \\ a_n & 0 & 0 & \cdots & 0 \end{pmatrix}$ $(a_i \neq 0, i=1,2,\cdots,n)$.

4. 设 $\boldsymbol{A},\boldsymbol{B}$ 为 $n$ 阶矩阵，$2\boldsymbol{A}-\boldsymbol{B}-\boldsymbol{AB}=\boldsymbol{I}$，$\boldsymbol{A}^2=\boldsymbol{A}$，其中 $\boldsymbol{I}$ 为 $n$ 阶单位矩阵.

(1) 证明 $\boldsymbol{A}-\boldsymbol{B}$ 为可逆矩阵，并求 $(\boldsymbol{A}-\boldsymbol{B})^{-1}$；

(2) 已知 $\boldsymbol{A}=\begin{pmatrix} 1 & 0 & 0 \\ 0 & 3 & -1 \\ 0 & 6 & -2 \end{pmatrix}$，试求矩阵 $\boldsymbol{B}$.

5. 设三阶矩阵 $\boldsymbol{A},\boldsymbol{B}$ 满足 $\boldsymbol{AB}+\boldsymbol{I}=\boldsymbol{A}^2+\boldsymbol{B}$，其中 $\boldsymbol{A}=\begin{pmatrix} 1 & 0 & 1 \\ 0 & 2 & 0 \\ 1 & 0 & 1 \end{pmatrix}$，求 $\boldsymbol{B}$.

## 2.6 矩阵的秩

### 2.6.1 矩阵的秩的概念

矩阵的秩的概念是讨论向量的线性相关性、线性方程组解的存在性等问题的重要工具. 从 2.5 节已经知道，矩阵可经过初等行变换化为阶梯形矩阵，且阶梯形矩阵所含非零行的行数是唯一确定的，这个数实质上就是矩阵的秩. 由于这个数的唯一性还没证明，故在本节中，首先利用行列式来定义矩阵的秩，然后给出利用初等变换求矩阵的秩的方法.

**定义 20** 设 $\boldsymbol{A}$ 为 $m\times n$ 矩阵，在 $\boldsymbol{A}$ 中任取 $k(1\leqslant k\leqslant m)$ 行 $k(1\leqslant k\leqslant n)$ 列，位于这些行和列相交处的 $k^2$ 个元素按其原来的顺序构成一个 $k$ 阶行列式，称为 $\boldsymbol{A}$ 的 $k$ 阶子式.

**注** $m\times n$ 矩阵 $\boldsymbol{A}$ 的 $k$ 阶子式共有 $C_m^k \cdot C_n^k$ 个.

例如，取矩阵

$$\boldsymbol{A}=\begin{pmatrix} & \vdots & & & & \vdots & & & \\ \cdots & 2 & \cdots & -3 & \cdots & 2 & \cdots & 8 & \cdots \\ & \vdots & & & & \vdots & & & \\ \cdots & 2 & \cdots & 12 & \cdots & 12 & \cdots & -2 & \cdots \\ & \vdots & & & & \vdots & & & \\ & 1 & & 3 & & 4 & & 1 & \\ & \vdots & & & & \vdots & & & \end{pmatrix}$$

的第 1 行和第 2 行，第 1 列和第 3 列，由这 2 行 2 列相交位置上的元素按原来次序构成一个二阶子式

$$\begin{vmatrix} 2 & 2 \\ 2 & 12 \end{vmatrix}=20.$$

它就是 $\boldsymbol{A}$ 的一个二阶子式.

矩阵 $\boldsymbol{A}$ 的全部三阶子式为

$$\begin{vmatrix} 2 & -3 & 2 \\ 2 & 12 & 12 \\ 1 & 3 & 4 \end{vmatrix}=0,\quad \begin{vmatrix} 2 & 2 & 8 \\ 2 & 12 & -2 \\ 1 & 4 & 1 \end{vmatrix}=0,\quad \begin{vmatrix} 2 & -3 & 8 \\ 2 & 12 & -2 \\ 1 & 3 & 1 \end{vmatrix}=0,\quad \begin{vmatrix} -3 & 2 & 8 \\ 12 & 12 & -2 \\ 3 & 4 & 1 \end{vmatrix}=0.$$

从定义 20 可知,从 $\boldsymbol{A}$ 中可取一阶、二阶、三阶子式,而三阶子式全为零,二阶子式中有不为零的子式,称为非零子式.显然,$\boldsymbol{A}$ 中非零子式的最高阶数为二阶,将矩阵的这种最高阶非零子式的阶数,通常称为秩.

**定义 21** 设 $\boldsymbol{A}$ 为 $m\times n$ 矩阵,如果 $\boldsymbol{A}$ 中不为零的子式最高阶数为 $r$,即存在 $r$ 阶子式不为零,而任何 $r+1$ 阶子式(如果存在的话)皆为零,则称 $r$ 为矩阵 $\boldsymbol{A}$ 的秩,记为 $r(\boldsymbol{A})$.规定零矩阵的秩等于零.

显然,例 35 中矩阵 $\boldsymbol{A}$ 的秩 $r(\boldsymbol{A})=2$.

**例 36** 求矩阵 $\boldsymbol{A}=\begin{pmatrix} 2 & 3 & 0 & -3 & 4 \\ 0 & 0 & -1 & 2 & 1 \\ 0 & 0 & 0 & 7 & 0 \\ 0 & 0 & 0 & 0 & 0 \end{pmatrix}$的秩.

**解** 因为矩阵 $\boldsymbol{A}$ 有一个零行,故 $\boldsymbol{A}$ 的所有四阶子式全为零,而且 $\boldsymbol{A}$ 有三阶子式

$$\begin{vmatrix} 2 & 0 & -3 \\ 0 & -1 & 2 \\ 0 & 0 & 7 \end{vmatrix}=-14\neq 0,$$

所以 $r(\boldsymbol{A})=3$.

矩阵的秩具有下列性质:

(1) 若矩阵 $\boldsymbol{A}$ 中有某个 $s$ 阶子式不为 0,则 $r(\boldsymbol{A})\geqslant s$;

(2) 若矩阵 $\boldsymbol{A}$ 中所有 $t$ 阶子式全为 0,则 $r(\boldsymbol{A})<t$;

(3) 若 $\boldsymbol{A}$ 为 $m\times n$ 矩阵,则 $0\leqslant r(\boldsymbol{A})\leqslant \min\{m,n\}$;

(4) $r(\boldsymbol{A})=r(\boldsymbol{A}^{\mathrm{T}})$,当 $k\neq 0$ 时,$r(k\boldsymbol{A})=r(\boldsymbol{A})$;

(5) $r(\boldsymbol{A}_{n\times n})=n\Leftrightarrow|\boldsymbol{A}|\neq 0\Leftrightarrow\boldsymbol{A}$ 可逆.

当 $r(\boldsymbol{A})=\min\{m,n\}$ 时,称矩阵为满秩矩阵,否则称为降秩矩阵.

从上面的例子可知,利用定义计算矩阵的秩,需要由高阶到低阶考虑矩阵的子式,当矩阵的行数和列数较多时,按定义求矩阵的秩是非常麻烦的.

由于行阶梯形矩阵的秩很容易判断,而任意矩阵都可以经过有限次的初等行变换化为行阶梯形矩阵,因而考虑借助初等行变换法来求矩阵的秩.

### 2.6.2 矩阵的秩的求法

**定理 9** 矩阵 $\boldsymbol{A}$ 经过有限次初等变换化为矩阵 $\boldsymbol{B}$,则 $r(\boldsymbol{A})=r(\boldsymbol{B})$.

证明从略.

定理 9 也可叙述为:初等变换不改变矩阵的秩.

根据上述定理,可得到利用初等变换求矩阵的秩的方法:把矩阵用初等变换化为阶梯形

矩阵，则阶梯形矩阵中非零行的行数就是该矩阵的秩.

**例 37**　求矩阵 $\boldsymbol{A}=\begin{pmatrix}3&2&0&5&0\\3&-2&3&6&-1\\2&0&1&5&-3\\1&6&-4&-1&4\end{pmatrix}$ 的秩.

**解**　$$\boldsymbol{A}\xrightarrow{r_1\leftrightarrow r_4}\begin{pmatrix}1&6&-4&-1&4\\3&-2&3&6&-1\\2&0&1&5&-3\\3&2&0&5&0\end{pmatrix}\xrightarrow[r_4-3r_1]{\substack{r_2-r_4\\r_3-2r_1}}\begin{pmatrix}1&6&-4&-1&4\\0&-4&3&1&-1\\0&-12&9&7&-11\\0&-16&12&8&-12\end{pmatrix}$$

$$\xrightarrow{\substack{r_3-3r_2\\r_4-4r_2}}\begin{pmatrix}1&6&-4&-1&4\\0&-4&3&1&-1\\0&0&0&4&-8\\0&0&0&4&-8\end{pmatrix}\xrightarrow{r_4-r_3}\begin{pmatrix}1&6&-4&-1&4\\0&-4&3&1&-1\\0&0&0&4&-8\\0&0&0&0&0\end{pmatrix},$$

所以 $r(\boldsymbol{A})=3$.

**例 38**　求矩阵 $\boldsymbol{A}=\begin{pmatrix}k&1&1&1\\1&k&1&1\\1&1&k&1\\1&1&1&k\end{pmatrix}$ 的秩，其中 $k$ 为参数.

**解**　$$\boldsymbol{A}\xrightarrow[c_1+c_4]{\substack{c_1+c_2\\c_1+c_3}}\begin{pmatrix}k+3&1&1&1\\k+3&k&1&1\\k+3&1&k&1\\k+3&1&1&k\end{pmatrix}\xrightarrow[r_4-r_1]{\substack{r_2-r_1\\r_3-r_1}}\begin{pmatrix}k+3&1&1&1\\0&k-1&0&0\\0&0&k-1&0\\0&0&0&k-1\end{pmatrix}.$$

当 $k=1$ 时，$\boldsymbol{A}\longrightarrow\begin{pmatrix}4&1&1&1\\0&0&0&0\\0&0&0&0\\0&0&0&0\end{pmatrix}$，$r(\boldsymbol{A})=1$.

当 $k=-3$ 时，$\boldsymbol{A}\longrightarrow\begin{pmatrix}0&1&1&1\\0&-4&0&0\\0&0&-4&0\\0&0&0&-4\end{pmatrix}\longrightarrow\begin{pmatrix}0&1&0&0\\0&0&1&0\\0&0&0&1\\0&0&0&0\end{pmatrix}$，$r(\boldsymbol{A})=3$.

当 $k\neq1$ 且 $k\neq-3$ 时，$r(\boldsymbol{A})=4$.

**定理 10**　设 $\boldsymbol{A}$ 是 $m\times n$ 矩阵，$\boldsymbol{P}$ 是 $m$ 阶可逆矩阵，$\boldsymbol{Q}$ 是 $n$ 阶可逆矩阵，则

$$r(\boldsymbol{PA})=r(\boldsymbol{A}),\quad r(\boldsymbol{AQ})=r(\boldsymbol{A}),\quad r(\boldsymbol{PAQ})=r(\boldsymbol{A}).$$

**证明**　因为 $\boldsymbol{P}$ 可逆，故可表示成若干初等矩阵之积，$\boldsymbol{P}=\boldsymbol{P}_1\boldsymbol{P}_2\cdots\boldsymbol{P}_s$，其中 $\boldsymbol{P}_i(i=1,2,\cdots,s)$ 皆为初等矩阵. $\boldsymbol{PA}=\boldsymbol{P}_1\boldsymbol{P}_2\cdots\boldsymbol{P}_s\boldsymbol{A}$，即 $\boldsymbol{PA}$ 是 $\boldsymbol{A}$ 经 $s$ 次初等变换得出的，所以

$$r(\boldsymbol{PA})=r(\boldsymbol{A}).$$

同理可证其他两式.

**例 39** 设 $\boldsymbol{A}=\begin{pmatrix}1&2&1\\3&2&-1\\1&1&1\end{pmatrix}$，$\boldsymbol{B}=\begin{pmatrix}0&1&2\\0&3&-4\\2&0&0\end{pmatrix}$，求 $r(\boldsymbol{AB}-\boldsymbol{B})$.

**解**
$$\boldsymbol{AB}-\boldsymbol{B}=(\boldsymbol{A}-\boldsymbol{I})\boldsymbol{B},$$
而
$$|\boldsymbol{B}|=\begin{vmatrix}0&1&2\\0&3&-4\\2&0&0\end{vmatrix}=-20\neq 0,$$
即 $\boldsymbol{B}$ 可逆. 又因为
$$(\boldsymbol{A}-\boldsymbol{I})=\begin{pmatrix}0&2&1\\3&1&-1\\1&1&0\end{pmatrix}\longrightarrow\begin{pmatrix}1&1&0\\0&2&1\\0&-2&-1\end{pmatrix}\longrightarrow\begin{pmatrix}1&1&0\\0&2&1\\0&0&0\end{pmatrix},$$
所以
$$r((\boldsymbol{A}-\boldsymbol{I})\boldsymbol{B})=r(\boldsymbol{A}-\boldsymbol{I})=2.$$

下面再介绍几个常用的矩阵的秩的性质：

(1) $\max\{r(\boldsymbol{A}),r(\boldsymbol{B})\}\leqslant r(\boldsymbol{A},\boldsymbol{B})\leqslant r(\boldsymbol{A})+r(\boldsymbol{B})$；

(2) $r(\boldsymbol{A}+\boldsymbol{B})\leqslant r(\boldsymbol{A})+r(\boldsymbol{B})$；

(3) $r(\boldsymbol{AB})\leqslant\min\{r(\boldsymbol{A}),r(\boldsymbol{B})\}$；

(4) $r\begin{pmatrix}\boldsymbol{A}&\boldsymbol{O}\\\boldsymbol{O}&\boldsymbol{B}\end{pmatrix}=r(\boldsymbol{A})+r(\boldsymbol{B})$；

(5) 若 $\boldsymbol{A}_{m\times n}\boldsymbol{B}_{n\times l}=\boldsymbol{O}$，则 $r(\boldsymbol{A})+r(\boldsymbol{B})\leqslant n$.

其中，某些性质将会在第 3 章加以证明.

**例 40** 设 $n$ 阶矩阵 $\boldsymbol{A}$ 满足 $\boldsymbol{A}^2=\boldsymbol{A}$，求证 $r(\boldsymbol{A})+r(\boldsymbol{A}-\boldsymbol{I})=n$.

**证明** 因为 $\boldsymbol{A}^2=\boldsymbol{A}$，所以 $\boldsymbol{A}^2-\boldsymbol{A}=\boldsymbol{O}$，即 $\boldsymbol{A}(\boldsymbol{A}-\boldsymbol{I})=\boldsymbol{O}$. 由矩阵的秩的性质知
$$r(\boldsymbol{A})+r(\boldsymbol{A}-\boldsymbol{I})\leqslant n,$$
又
$$r(\boldsymbol{A})+r(\boldsymbol{A}-\boldsymbol{I})=r(\boldsymbol{A})+r(\boldsymbol{I}-\boldsymbol{A})\geqslant r(\boldsymbol{A}+(\boldsymbol{I}-\boldsymbol{A}))=r(\boldsymbol{I})=n,$$
所以
$$r(\boldsymbol{A})+r(\boldsymbol{A}-\boldsymbol{I})=n.$$

**例 41** $\boldsymbol{A}$ 为 $n$ 阶矩阵，证明：$r(\boldsymbol{A}^*)=\begin{cases}n, & r(\boldsymbol{A})=n,\\1, & r(\boldsymbol{A})=n-1,\\0, & r(\boldsymbol{A})<n-1.\end{cases}$

**证明** $\boldsymbol{A}$ 与其伴随矩阵 $\boldsymbol{A}^*$ 的关系为
$$\boldsymbol{AA}^*=\boldsymbol{A}^*\boldsymbol{A}=|\boldsymbol{A}|\boldsymbol{I},\qquad ①$$

对式①两边取行列式，有
$$|\boldsymbol{A}||\boldsymbol{A}^*|=|\boldsymbol{A}|^n.\qquad ②$$

(1) 当 $r(\boldsymbol{A})=n$ 时，即 $|\boldsymbol{A}|\neq 0$，式②两边除以 $|\boldsymbol{A}|$，得 $|\boldsymbol{A}^*|=|\boldsymbol{A}|^{n-1}\neq 0$，故 $r(\boldsymbol{A}^*)=n$.

(2) 当 $r(\boldsymbol{A})=n-1$ 时，即 $|\boldsymbol{A}|=0$，式①为 $\boldsymbol{AA}^*=\boldsymbol{O}$，故 $r(\boldsymbol{A})+r(\boldsymbol{A}^*)\leqslant n$，即 $r(\boldsymbol{A}^*)\leqslant n-(n-1)=1$，$r(\boldsymbol{A}^*)=0$ 或 1.

又由于 $r(\boldsymbol{A})=n-1$，根据矩阵的秩的定义知，$\boldsymbol{A}$ 中存在 $n-1$ 阶子式不为 0. 而 $\boldsymbol{A}^*$ 的每个元素 $\boldsymbol{A}_{ij}$ 均为 $\boldsymbol{A}$ 的 $n-1$ 阶子式，即 $\boldsymbol{A}^*$ 中有元素 $\boldsymbol{A}_{ij}\neq 0$，故 $\boldsymbol{A}^*\neq\boldsymbol{O}$，即 $r(\boldsymbol{A}^*)\neq 0$，所以 $r(\boldsymbol{A}^*)=1$.

(3) 当 $r(\boldsymbol{A})<n-1$ 时，$\boldsymbol{A}$ 中所有 $n-1$ 阶子式均为 0，即 $\boldsymbol{A}^*$ 的所有元素均为 0，于是 $\boldsymbol{A}^*$ 为零矩阵，所以 $r(\boldsymbol{A}^*)=0$.

## 习题 2.6

1. 设矩阵 $\boldsymbol{A}=\begin{pmatrix}1 & -5 & 6 & -2\\ 2 & -1 & 3 & -2\\ -1 & -4 & 3 & 0\end{pmatrix}$，试计算 $\boldsymbol{A}$ 的全部三阶子式，并求 $r(\boldsymbol{A})$.

2. 求下列矩阵的秩，并求一个最高阶非零子式：

(1) $\begin{pmatrix}3 & 1 & 0 & 2\\ 1 & -1 & 3 & -1\\ 1 & 3 & -4 & -4\end{pmatrix}$；　(2) $\begin{pmatrix}1 & -1 & 2 & 1 & 0\\ 2 & -2 & 4 & 2 & 0\\ 3 & 0 & 6 & -1 & 1\\ 0 & 3 & 0 & 0 & 1\end{pmatrix}$.

3. 设矩阵 $\boldsymbol{A}=\begin{pmatrix}1 & \lambda & -1 & 2\\ 2 & -1 & \lambda & 5\\ 1 & 10 & -6 & 1\end{pmatrix}$，其中 $\lambda$ 为参数，求矩阵 $\boldsymbol{A}$ 的秩.

4. 设矩阵 $\boldsymbol{A}=\begin{pmatrix}3 & -2 & \lambda & -16\\ 2 & -3 & 0 & 1\\ 1 & -1 & 1 & -3\\ 3 & \mu & 1 & -2\end{pmatrix}$，其中 $\lambda,\mu$ 为参数. 求矩阵 $\boldsymbol{A}$ 的秩的最大值和最小值.

5. $\boldsymbol{A}$ 是 $n$ 阶矩阵，且 $\boldsymbol{A}^2=\boldsymbol{I}_n$，求证：$r(\boldsymbol{A}-\boldsymbol{I})+r(\boldsymbol{A}+\boldsymbol{I})=n$.

6. $\boldsymbol{A}$ 是 $m\times n$ 矩阵，$m>n$，证明：$|\boldsymbol{A}\boldsymbol{A}^{\mathrm{T}}|=0$.

# 2.7　用 MATLAB 进行矩阵的计算

运用 MATLAB 可进行矩阵的计算，相关命令如下(矩阵运算可进行的前提下)：

命令 A±B，kA，A * B，分别表示矩阵的加法(减法)、数乘、乘法；

命令 A\B(A/B)表示矩阵的左(右)除，即计算 $\boldsymbol{A}^{-1}\boldsymbol{B}(\boldsymbol{A}\boldsymbol{B}^{-1})$；

命令 A^n 表示计算方阵 $\boldsymbol{A}$ 的 $n$ 次幂；

命令 inv(A)用来计算方阵 $\boldsymbol{A}$ 的逆矩阵；

命令 transpose(A)或者 A′用来计算矩阵 $\boldsymbol{A}$ 的转置；

命令 rank(A)用来计算矩阵 $\boldsymbol{A}$ 的秩；

命令 rref(A)用来求矩阵 $\boldsymbol{A}$ 的行最简形矩阵.

**例 42**　设 $\boldsymbol{A}=\begin{pmatrix}1&-1&2\\1&0&3\\-1&2&-1\end{pmatrix}$，$\boldsymbol{B}=\begin{pmatrix}1&1\\2&-1\\3&2\end{pmatrix}$，求：(1) $2\boldsymbol{A}$；(2) $\boldsymbol{AB}$；(3) $\boldsymbol{A}^3$.

**解**　在 MATLAB 命令窗口输入

```
A=[1 -1 2 ;1 0 3 ;-1 2 -1];B=[1 1 ;2 -1;3 2];
ans1=2*A, ans2=A*B, ans3=A^3
```

运行后如图 2.4 所示.

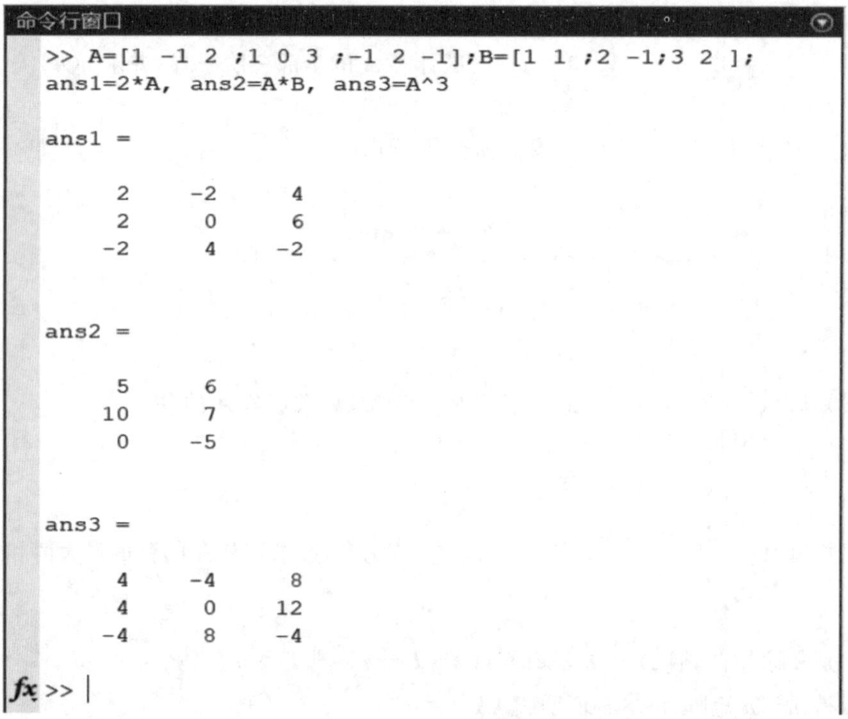


图 2.4

**例 43**　设 $\boldsymbol{A}=\begin{pmatrix}1&-1&0\\-1&0&1\\2&-2&1\end{pmatrix}$，求：(1) $\boldsymbol{A}^{\mathrm{T}}$；(2) $\boldsymbol{A}^{-1}$.

**解**　在 MATLAB 命令窗口输入

```
A=[1 -1 0 ;-1 0 1 ;2 -2 1];
ans1=transpose(A), ans2=inv(A)
```

运行后如图 2.5 所示.

在求解线性方程组和实际问题中，常常需要求矩阵的秩或将矩阵化为简化行阶梯形矩阵，矩阵的这一运算同样可以在 MATLAB 中实现.

```
命令行窗口
>> A=[1 -1 0 ;-1 0 1 ;2 -2 1];
ans1=transpose(A), ans2=inv(A)

ans1 =

     1    -1     2
    -1     0    -2
     0     1     1


ans2 =

    -2    -1     1
    -3    -1     1
    -2     0     1

fx >> |
```

图 2.5

**例 44**　设 $A=\begin{pmatrix}3 & 0 & -1 & 0\\0 & 2 & -2 & -1\\8 & 0 & 0 & -2\end{pmatrix}$,求 $A$ 的秩和行最简形矩阵.

**解**　在 MATLAB 命令窗口输入

```
a=[3 0 -1 0 ;0 2 -2 -1 ;8 0 0 -2];
b=sym(a);              % 为了精确求解,转化为符号矩阵
ans1=rank(a)           % 求矩阵的秩
ans2=rref(b)           % 求矩阵的行最简形
```

运行后如图 2.6 所示.

```
命令行窗口
>> a=[3 0 -1 0 ;0 2 -2 -1 ;8 0 0 -2];
b=sym(a); %为了精确求解，转化为符号矩阵
ans1=rank(a)      %求矩阵的秩
ans2=rref(b)   %求矩阵的行最简形

ans1 =

     3


ans2 =

[1, 0, 0, -1/4]
[0, 1, 0, -5/4]
[0, 0, 1, -3/4]

fx >> |
```

图 2.6

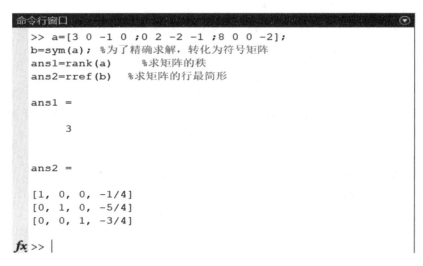

## 历年考研试题选讲 2

**试题 1**(2024 年,数二)　设 $\boldsymbol{A}$ 为三阶矩阵,$\boldsymbol{P}=\begin{pmatrix}1&0&0\\0&1&0\\1&0&1\end{pmatrix}$,$\boldsymbol{P}^{\mathrm{T}}\boldsymbol{A}\boldsymbol{P}^2=\begin{pmatrix}a+2c&0&c\\0&b&0\\2c&0&c\end{pmatrix}$,则 $\boldsymbol{A}=$(　　).

A. $\begin{pmatrix}c&0&0\\0&a&0\\0&0&b\end{pmatrix}$　　B. $\begin{pmatrix}b&0&0\\0&c&0\\0&0&a\end{pmatrix}$　　C. $\begin{pmatrix}a&0&0\\0&b&0\\0&0&c\end{pmatrix}$　　D. $\begin{pmatrix}c&0&0\\0&b&0\\0&0&a\end{pmatrix}$

**解**　直接计算可得

$$\boldsymbol{P}^{\mathrm{T}}=\begin{pmatrix}1&0&1\\0&1&0\\0&0&1\end{pmatrix},\boldsymbol{P}^2=\begin{pmatrix}1&0&0\\0&1&0\\2&0&1\end{pmatrix}.$$

由题中等式,可得

$$\boldsymbol{A}=(\boldsymbol{P}^{\mathrm{T}})^{-1}\begin{pmatrix}a+2c&0&c\\0&b&0\\2c&0&c\end{pmatrix}(\boldsymbol{P}^2)^{-1}.$$

又

$$(\boldsymbol{P}^{\mathrm{T}})^{-1}=\begin{pmatrix}1&0&-1\\0&1&0\\0&0&1\end{pmatrix},(\boldsymbol{P}^2)^{-1}=\begin{pmatrix}1&0&0\\0&1&0\\-2&0&1\end{pmatrix}.$$

将其代入上式,得

$$\boldsymbol{A}=\begin{pmatrix}1&0&-1\\0&1&0\\0&0&1\end{pmatrix}\begin{pmatrix}a+2c&0&c\\0&b&0\\2c&0&c\end{pmatrix}\begin{pmatrix}1&0&0\\0&1&0\\-2&0&1\end{pmatrix}=\begin{pmatrix}a&0&0\\0&b&0\\0&0&c\end{pmatrix}.$$

故选 C.

**试题 2**(2023 年,数二)　$\boldsymbol{A},\boldsymbol{B}$ 为 $n$ 阶可逆矩阵,$\boldsymbol{I}$ 为 $n$ 阶单位矩阵,$\boldsymbol{M}^*$ 为 $\boldsymbol{M}$ 的伴随矩阵,则 $\begin{pmatrix}\boldsymbol{A}&\boldsymbol{I}\\\boldsymbol{O}&\boldsymbol{B}\end{pmatrix}^*=$(　　).

A. $\begin{pmatrix}|\boldsymbol{A}|\boldsymbol{B}^*&-\boldsymbol{B}^*\boldsymbol{A}^*\\\boldsymbol{O}&|\boldsymbol{B}|\boldsymbol{A}^*\end{pmatrix}$　　B. $\begin{pmatrix}|\boldsymbol{B}|\boldsymbol{A}^*&-\boldsymbol{A}^*\boldsymbol{B}^*\\\boldsymbol{O}&|\boldsymbol{A}|\boldsymbol{B}^*\end{pmatrix}$

C. $\begin{pmatrix}|\boldsymbol{B}|\boldsymbol{A}^*&-\boldsymbol{B}^*\boldsymbol{A}^*\\\boldsymbol{O}&|\boldsymbol{A}|\boldsymbol{B}^*\end{pmatrix}$　　D. $\begin{pmatrix}|\boldsymbol{A}|\boldsymbol{B}^*&-\boldsymbol{A}^*\boldsymbol{B}^*\\\boldsymbol{O}&|\boldsymbol{B}|\boldsymbol{A}^*\end{pmatrix}$

**解**　由于

$$\begin{pmatrix}\boldsymbol{A}&\boldsymbol{I}\\\boldsymbol{O}&\boldsymbol{B}\end{pmatrix}\begin{pmatrix}\boldsymbol{A}&\boldsymbol{I}\\\boldsymbol{O}&\boldsymbol{B}\end{pmatrix}^*=\begin{vmatrix}\boldsymbol{A}&\boldsymbol{I}\\\boldsymbol{O}&\boldsymbol{B}\end{vmatrix}\begin{pmatrix}\boldsymbol{I}&\boldsymbol{O}\\\boldsymbol{O}&\boldsymbol{I}\end{pmatrix}=\begin{pmatrix}|\boldsymbol{A}||\boldsymbol{B}|&\boldsymbol{O}\\\boldsymbol{O}&|\boldsymbol{A}||\boldsymbol{B}|\end{pmatrix},$$

故

$$\begin{pmatrix} \boldsymbol{A} & \boldsymbol{I} \\ \boldsymbol{O} & \boldsymbol{B} \end{pmatrix}^* = \begin{pmatrix} \boldsymbol{A} & \boldsymbol{I} \\ \boldsymbol{O} & \boldsymbol{B} \end{pmatrix}^{-1} \begin{pmatrix} |\boldsymbol{A}||\boldsymbol{B}| & \boldsymbol{O} \\ \boldsymbol{O} & |\boldsymbol{A}||\boldsymbol{B}| \end{pmatrix}$$

$$= \begin{bmatrix} \boldsymbol{A}^{-1} & -\boldsymbol{A}^{-1}\boldsymbol{B}^{-1} \\ \boldsymbol{O} & \boldsymbol{B}^{-1} \end{bmatrix} \begin{pmatrix} |\boldsymbol{A}||\boldsymbol{B}| & \boldsymbol{O} \\ \boldsymbol{O} & |\boldsymbol{A}||\boldsymbol{B}| \end{pmatrix}$$

$$= \begin{bmatrix} |\boldsymbol{A}|\boldsymbol{A}^{-1}|\boldsymbol{B}| & -|\boldsymbol{A}|\boldsymbol{A}^{-1}|\boldsymbol{B}|\boldsymbol{B}^{-1} \\ \boldsymbol{O} & \boldsymbol{B}^{-1}|\boldsymbol{A}||\boldsymbol{B}| \end{bmatrix}$$

$$= \begin{bmatrix} \boldsymbol{A}^*|\boldsymbol{B}| & -\boldsymbol{A}^*\boldsymbol{B}^* \\ \boldsymbol{O} & \boldsymbol{B}^*|\boldsymbol{A}| \end{bmatrix}.$$

故选 B.

**试题 3**(2022 年,数一)　设 $\boldsymbol{A},\boldsymbol{A}-\boldsymbol{I}$ 可逆,若 $\boldsymbol{B}$ 满足 $(\boldsymbol{I}-(\boldsymbol{A}-\boldsymbol{I})^{-1})\boldsymbol{B}=\boldsymbol{A}$,则 $\boldsymbol{B}-\boldsymbol{A}$ =______.

**解**　由于 $(\boldsymbol{I}-(\boldsymbol{A}-\boldsymbol{I})^{-1})\boldsymbol{B}=\boldsymbol{A}$,又 $\boldsymbol{A}$ 可逆,因此

$$\boldsymbol{A}^{-1}(\boldsymbol{I}-(\boldsymbol{A}-\boldsymbol{I})^{-1})\boldsymbol{B}=\boldsymbol{I},$$

从而有 $\boldsymbol{B}$ 可逆

$$\boldsymbol{B}=(\boldsymbol{I}-(\boldsymbol{A}-\boldsymbol{I})^{-1})^{-1}\boldsymbol{A},$$

因此

$$\begin{aligned}\boldsymbol{B}-\boldsymbol{A} &= (\boldsymbol{I}-(\boldsymbol{A}-\boldsymbol{I})^{-1})^{-1}\boldsymbol{A}-\boldsymbol{A} \\ &= ((\boldsymbol{I}-(\boldsymbol{A}-\boldsymbol{I})^{-1})^{-1}-\boldsymbol{I})\boldsymbol{A}.\end{aligned}$$

**试题 4**(2021 年,数一)　设 $\boldsymbol{A},\boldsymbol{B}$ 为 $n$ 阶实矩阵,下列不成立的是(　　).

A. $r\begin{pmatrix} \boldsymbol{A} & \boldsymbol{O} \\ \boldsymbol{O} & \boldsymbol{A}^{\mathrm{T}}\boldsymbol{A} \end{pmatrix}=2r(\boldsymbol{A})$　　B. $r\begin{pmatrix} \boldsymbol{A} & \boldsymbol{AB} \\ \boldsymbol{O} & \boldsymbol{A}^{\mathrm{T}} \end{pmatrix}=2r(\boldsymbol{A})$

C. $r\begin{pmatrix} \boldsymbol{A} & \boldsymbol{BA} \\ \boldsymbol{O} & \boldsymbol{AA}^{\mathrm{T}} \end{pmatrix}=2r(\boldsymbol{A})$　　D. $r\begin{pmatrix} \boldsymbol{A} & \boldsymbol{O} \\ \boldsymbol{BA} & \boldsymbol{A}^{\mathrm{T}} \end{pmatrix}=2r(\boldsymbol{A})$

**解**　(1) 由对角分块矩阵性质,可知

$$r\begin{pmatrix} \boldsymbol{A} & \boldsymbol{O} \\ \boldsymbol{O} & \boldsymbol{A}^{\mathrm{T}}\boldsymbol{A} \end{pmatrix}=r(\boldsymbol{A})+r(\boldsymbol{A}^{\mathrm{T}}\boldsymbol{A})=2r(\boldsymbol{A}).$$

(2) $\boldsymbol{AB}$ 的列向量可由 $\boldsymbol{A}$ 的列向量线性表示,故

$$r\begin{pmatrix} \boldsymbol{A} & \boldsymbol{AB} \\ \boldsymbol{O} & \boldsymbol{A}^{\mathrm{T}} \end{pmatrix}=r\begin{pmatrix} \boldsymbol{A} & \boldsymbol{O} \\ \boldsymbol{O} & \boldsymbol{A}^{\mathrm{T}} \end{pmatrix}=r(\boldsymbol{A})+r(\boldsymbol{A}^{\mathrm{T}})=2r(\boldsymbol{A}).$$

(3) $\boldsymbol{BA}$ 的列向量不一定能由 $\boldsymbol{A}$ 的列向量线性表示.

(4) $\boldsymbol{BA}$ 的列向量可由 $\boldsymbol{A}$ 的行向量线性表示,故

$$r\begin{pmatrix} \boldsymbol{A} & \boldsymbol{O} \\ \boldsymbol{BA} & \boldsymbol{A}^{\mathrm{T}} \end{pmatrix}=r\begin{pmatrix} \boldsymbol{A} & \boldsymbol{O} \\ \boldsymbol{O} & \boldsymbol{A}^{\mathrm{T}} \end{pmatrix}=r(\boldsymbol{A})+r(\boldsymbol{A}^{\mathrm{T}})=2r(\boldsymbol{A}).$$

故选 C.

**试题 5**(2021 年,数二,数三)　已知矩阵 $\boldsymbol{A}=\begin{bmatrix} 1 & 0 & -1 \\ 2 & -1 & 1 \\ -1 & 2 & -5 \end{bmatrix}$,若下三角可逆矩阵 $\boldsymbol{P}$ 和

上三角可逆矩阵 $\boldsymbol{Q}$ 使 $\boldsymbol{PAQ}$ 为对角矩阵，则 $\boldsymbol{P},\boldsymbol{Q}$ 可分别取为（　　）.

A. $\begin{pmatrix}1&0&0\\0&1&0\\0&0&1\end{pmatrix},\begin{pmatrix}1&0&1\\0&1&3\\0&0&1\end{pmatrix}$　　B. $\begin{pmatrix}1&0&0\\2&-1&0\\-3&2&1\end{pmatrix},\begin{pmatrix}1&0&0\\0&1&0\\0&0&1\end{pmatrix}$

C. $\begin{pmatrix}1&0&0\\2&-1&0\\-3&2&1\end{pmatrix},\begin{pmatrix}1&0&1\\0&1&3\\0&0&1\end{pmatrix}$　　D. $\begin{pmatrix}1&0&0\\0&1&0\\1&3&1\end{pmatrix},\begin{pmatrix}1&2&-3\\0&-1&2\\0&0&1\end{pmatrix}$

**解**　思路一：直接代入 C 选项矩阵，得

$$\boldsymbol{PAQ}=\begin{pmatrix}1&0&0\\2&-1&0\\-3&2&1\end{pmatrix}\begin{pmatrix}1&0&-1\\2&-1&1\\-1&2&-5\end{pmatrix}\begin{pmatrix}1&0&1\\0&1&3\\0&0&1\end{pmatrix}$$

$$=\begin{pmatrix}1&0&0\\2&-1&0\\-3&2&1\end{pmatrix}\begin{pmatrix}1&0&0\\2&-1&0\\-1&2&0\end{pmatrix}=\begin{pmatrix}1&0&0\\0&1&0\\0&0&0\end{pmatrix}.$$

故选 C.

思路二：对组合矩阵 $(\boldsymbol{A},\boldsymbol{I})$ 实施初等变换，有

$$(\boldsymbol{A},\boldsymbol{I})=\begin{pmatrix}1&0&-1&1&0&0\\2&-1&1&0&1&0\\-1&2&-5&0&0&1\end{pmatrix}\longrightarrow\begin{pmatrix}1&0&-1&1&0&0\\0&-1&3&-2&1&0\\0&2&-6&1&0&1\end{pmatrix}$$

$$\longrightarrow\begin{pmatrix}1&0&-1&1&0&0\\0&1&-3&2&-1&0\\0&0&0&-3&2&1\end{pmatrix}=(\boldsymbol{F},\boldsymbol{P}),$$

则

$$\boldsymbol{P}=\begin{pmatrix}1&0&0\\2&-1&0\\-3&2&1\end{pmatrix}.$$

类似有

$$\begin{pmatrix}\boldsymbol{F}\\\boldsymbol{I}\end{pmatrix}=\begin{pmatrix}1&0&-1\\0&1&-3\\0&0&0\\1&0&0\\0&1&0\\0&0&1\end{pmatrix}\longrightarrow\begin{pmatrix}1&0&0\\0&1&0\\0&0&0\\1&0&1\\0&1&3\\0&0&1\end{pmatrix}=\begin{pmatrix}\boldsymbol{\Lambda}\\\boldsymbol{Q}\end{pmatrix},$$

故

$$\boldsymbol{Q}=\begin{pmatrix}1&0&1\\0&1&3\\0&0&1\end{pmatrix}.$$

即正确选项为 C.

## 总习题 2

1. 填空题.

(1) 设 $\boldsymbol{\alpha}$ 是三维向量. 若 $\boldsymbol{\alpha\alpha}^{\mathrm{T}}=\begin{pmatrix}1&-1&1\\-1&1&-1\\1&-1&1\end{pmatrix}$,则 $\boldsymbol{\alpha}^{\mathrm{T}}\boldsymbol{\alpha}=$______.

(2) 设三阶方阵 $\boldsymbol{A}\neq\boldsymbol{O},\boldsymbol{B}=\begin{pmatrix}1&3&5\\2&4&t\\3&5&3\end{pmatrix}$,且 $\boldsymbol{AB}=\boldsymbol{O}$,则 $t=$______.

(3) 使矩阵 $\boldsymbol{A}=\begin{pmatrix}1&2&4\\2&\lambda&1\\1&1&0\end{pmatrix}$ 的秩为最小的 $\lambda$ 的值是______.

(4) 设 $\boldsymbol{A}$ 为三阶矩阵,$\boldsymbol{A}^*$ 为 $\boldsymbol{A}$ 的伴随矩阵,$\boldsymbol{I}$ 为三阶单位矩阵. 若 $r(2\boldsymbol{I}-\boldsymbol{A})=1$, $r(\boldsymbol{I}+\boldsymbol{A})=2$, 则 $|\boldsymbol{A}^*|=$______.

2. 选择题.

(1) 设 $\boldsymbol{A}$ 为四阶矩阵,$\boldsymbol{A}^*$ 为 $\boldsymbol{A}$ 的伴随矩阵,若 $\boldsymbol{A}(\boldsymbol{A}-\boldsymbol{A}^*)=\boldsymbol{O}$,且 $\boldsymbol{A}\neq\boldsymbol{A}^*$,则 $r(\boldsymbol{A})$ 的取值为(　　).

A. 0 或 1　　B. 1 或 3　　C. 2 或 3　　D. 1 或 2

(2) 设 $n(n\geqslant 2)$ 阶矩阵 $\boldsymbol{A}$ 可逆,$\boldsymbol{A}^*$ 是 $\boldsymbol{A}$ 的伴随矩阵,则(　　).

A. $(\boldsymbol{A}^*)^*=|\boldsymbol{A}|^{n-1}\boldsymbol{A}$　　B. $(\boldsymbol{A}^*)^*=|\boldsymbol{A}|^{n+1}\boldsymbol{A}$

C. $(\boldsymbol{A}^*)^*=|\boldsymbol{A}|^{n-2}\boldsymbol{A}$　　D. $(\boldsymbol{A}^*)^*=|\boldsymbol{A}|^{n+2}\boldsymbol{A}$

(3) 设 $\boldsymbol{A}$ 为三阶矩阵,$\boldsymbol{P}=(\boldsymbol{\alpha}_1,\boldsymbol{\alpha}_2,\boldsymbol{\alpha}_3)$ 为可逆矩阵,使得 $\boldsymbol{P}^{-1}\boldsymbol{AP}=\begin{pmatrix}0&0&0\\0&1&0\\0&0&2\end{pmatrix}$,则 $\boldsymbol{A}(\boldsymbol{\alpha}_1+\boldsymbol{\alpha}_2+\boldsymbol{\alpha}_3)=$(　　).

A. $\boldsymbol{\alpha}_1+\boldsymbol{\alpha}_2$　　B. $\boldsymbol{\alpha}_2+2\boldsymbol{\alpha}_3$

C. $\boldsymbol{\alpha}_2+\boldsymbol{\alpha}_3$　　D. $\boldsymbol{\alpha}_1+2\boldsymbol{\alpha}_2$

(4) 设 $\boldsymbol{A}$ 为 $m\times n$ 矩阵,$\boldsymbol{B}$ 为 $n\times m$ 矩阵,$\boldsymbol{I}$ 为 $m$ 阶单位矩阵,若 $\boldsymbol{AB}=\boldsymbol{I}$,则(　　).

A. $r(\boldsymbol{A})=m,r(\boldsymbol{B})=m$　　B. $r(\boldsymbol{A})=m,r(\boldsymbol{B})=n$

C. $r(\boldsymbol{A})=n,r(\boldsymbol{B})=m$　　D. $r(\boldsymbol{A})=n,r(\boldsymbol{B})=n$

(5) 若矩阵 $\boldsymbol{A}$ 经初等列变换化成 $\boldsymbol{B}$,则(　　).

A. 存在矩阵 $\boldsymbol{P}$,使得 $\boldsymbol{PA}=\boldsymbol{B}$　　B. 存在矩阵 $\boldsymbol{P}$,使得 $\boldsymbol{BP}=\boldsymbol{A}$

C. 存在矩阵 $\boldsymbol{P}$,使得 $\boldsymbol{PB}=\boldsymbol{A}$　　D. 方程组 $\boldsymbol{Ax}=\boldsymbol{0}$ 与 $\boldsymbol{Bx}=\boldsymbol{0}$ 同解

3. 设 $\boldsymbol{A},\boldsymbol{B}$ 均为 $n$ 阶矩阵,下列命题成立吗? 为什么?

(1) $(\boldsymbol{A}+\boldsymbol{B})^3=\boldsymbol{A}^3+3\boldsymbol{A}^2\boldsymbol{B}+3\boldsymbol{AB}^2+\boldsymbol{B}^3$;

(2) 若 $\boldsymbol{A}^2=\boldsymbol{O}$,则 $\boldsymbol{A}=\boldsymbol{O}$;

(3) $(\boldsymbol{A}+\boldsymbol{I})^2=\boldsymbol{A}^2+2\boldsymbol{A}+\boldsymbol{I}$;

(4) 若 $\boldsymbol{A}^2=\boldsymbol{A}$,则 $\boldsymbol{A}=\boldsymbol{O}$ 或 $\boldsymbol{A}=\boldsymbol{I}$;

(5) 若 $\boldsymbol{A}\neq\boldsymbol{O}$,则 $|\boldsymbol{A}|\neq 0$;

(6) 若 $|\boldsymbol{A}|=0$,则 $\boldsymbol{A}=\boldsymbol{O}$;

(7) $|\boldsymbol{A}+\boldsymbol{B}|=|\boldsymbol{A}|+|\boldsymbol{B}|$;

(8) $|k\boldsymbol{A}|=k|\boldsymbol{A}|$;

(9) $|\boldsymbol{AB}|=|\boldsymbol{BA}|$;

(10) $\boldsymbol{A},\boldsymbol{B}$ 均可逆,则 $\boldsymbol{A}+\boldsymbol{B}$ 也可逆,且 $(\boldsymbol{A}+\boldsymbol{B})^{-1}=\boldsymbol{A}^{-1}+\boldsymbol{B}^{-1}$.

4. 设 $\boldsymbol{A},\boldsymbol{B}$ 均为三阶矩阵,且 $|\boldsymbol{A}|=3$, $|\boldsymbol{B}|=-2$,求 $|5\boldsymbol{AB}|$, $|2\boldsymbol{A}^*|$, $|(2\boldsymbol{A})^{-1}|$, $\begin{vmatrix}-2\boldsymbol{A} & \boldsymbol{O}\\ \boldsymbol{O} & \boldsymbol{B}\end{vmatrix}$, $\begin{vmatrix}\boldsymbol{O} & -2\boldsymbol{A}\\ -\boldsymbol{B} & \boldsymbol{O}\end{vmatrix}$.

5. 设 $\boldsymbol{A},\boldsymbol{B}$ 为三阶矩阵,$|\boldsymbol{A}|=3$,$|\boldsymbol{B}|=2$,$|\boldsymbol{A}^{-1}+\boldsymbol{B}|=2$,求 $|\boldsymbol{A}+\boldsymbol{B}^{-1}|$.

6. 求下列矩阵的逆矩阵:

(1) $\begin{pmatrix}2 & 3 & -1\\ 1 & 2 & 0\\ -1 & 2 & -2\end{pmatrix}$;  (2) $\begin{pmatrix}1 & 1 & 0 & 0\\ 0 & 1 & 1 & 0\\ 0 & 0 & 1 & 1\\ 0 & 0 & 0 & 1\end{pmatrix}$.

7. 设 $\boldsymbol{A}=\begin{pmatrix}3 & 0 & 0\\ 0 & 1 & -1\\ 0 & 1 & 4\end{pmatrix}$,$\boldsymbol{B}=\begin{pmatrix}3 & 6\\ 1 & 1\\ 2 & -3\end{pmatrix}$,且满足 $\boldsymbol{AX}=2\boldsymbol{X}+\boldsymbol{B}$,求 $\boldsymbol{X}$.

8. 设 $\boldsymbol{A},\boldsymbol{B}$ 是 $n$ 阶矩阵,$\boldsymbol{I}+\boldsymbol{AB}$ 可逆,证明 $(\boldsymbol{I}+\boldsymbol{BA})^{-1}=\boldsymbol{I}-\boldsymbol{B}(\boldsymbol{I}+\boldsymbol{AB})^{-1}\boldsymbol{A}$.

9. 设 $\boldsymbol{A},\boldsymbol{B}$ 是 $n$ 阶矩阵,且 $\boldsymbol{B},\boldsymbol{I}-\boldsymbol{AB}$ 均可逆,求证:$\boldsymbol{I}-\boldsymbol{BA}$ 可逆.

10. 设 $\boldsymbol{A}=\begin{pmatrix}a_{11} & a_{12} & a_{13}\\ a_{21} & a_{22} & a_{23}\\ a_{31} & a_{32} & a_{33}\end{pmatrix}$,$\boldsymbol{B}=\begin{pmatrix}a_{12} & a_{11} & a_{13}-2a_{11}\\ a_{22} & a_{21} & a_{23}-2a_{21}\\ a_{32} & a_{31} & a_{33}-2a_{31}\end{pmatrix}$,且 $|\boldsymbol{A}|=3$,求 $\boldsymbol{A}^*\boldsymbol{B}$.

11. 已知 $a$ 是常数,且矩阵 $\boldsymbol{A}=\begin{pmatrix}1 & 2 & a\\ 1 & 3 & 0\\ 2 & 7 & -a\end{pmatrix}$ 可经初等列变换化为矩阵 $\boldsymbol{B}=\begin{pmatrix}1 & a & 2\\ 0 & 1 & 1\\ -1 & 1 & 1\end{pmatrix}$.

(1) 求 $a$ 的值;

(2) 求满足 $\boldsymbol{AP}=\boldsymbol{B}$ 的可逆矩阵 $\boldsymbol{P}$.

12. 设矩阵 $\boldsymbol{A}=\begin{pmatrix}a & 1 & 0\\ 1 & a & -1\\ 0 & 1 & a\end{pmatrix}$,且 $\boldsymbol{A}^3=\boldsymbol{O}$.

(1) 求 $a$ 的值;

(2) 若矩阵 $\boldsymbol{X}$ 满足 $\boldsymbol{X}-\boldsymbol{XA}^2-\boldsymbol{AX}+\boldsymbol{AXA}^2=\boldsymbol{I}$,其中 $\boldsymbol{I}$ 为三阶单位矩阵,求 $\boldsymbol{X}$.

## 拓展阅读

### 矩　阵

矩阵是数学中的一个重要的基本概念，是代数学的一个主要研究对象，也是数学研究和应用的一个重要工具.

“矩阵”这个词是由英国数学家西尔维斯特首先使用的，他为了将数字的矩形阵列区别于行列式而发明了这个术语.“矩阵”这个词来源于拉丁语，代表一排数.

英国数学家凯莱一般被公认为矩阵论的创立者，因为他首先把矩阵作为一个独立的数学概念提出来，并首先发表了关于这个题目的一系列文章.凯莱为了研究线性变换下的不变量，首先引进矩阵以简化记号.1858 年，他发表了关于这一课题的第一篇论文《矩阵论的研究报告》，该文系统地阐述了关于矩阵的理论.文中他定义了矩阵的相等、矩阵的运算法则、矩阵的转置以及矩阵的逆等一系列基本概念，指出了矩阵加法的可交换性与可结合性.另外，凯莱还给出了方阵的特征方程和特征根（特征值）以及有关矩阵的一些基本结果.

1855 年，埃尔米特证明了别的数学家所发现的一些矩阵类的特征根的特殊性质，如现在称为埃尔米特矩阵的特征根性质等.后来，克莱伯施、布克海姆等证明了对称矩阵的特征根性质.泰伯引入了矩阵的迹的概念，并给出了一些有关的结论.

在矩阵论的发展史上，弗罗贝尼乌斯的贡献是不可磨灭的.他讨论了最小多项式问题，引进了矩阵的秩、不变因子、初等因子、正交矩阵、矩阵的相似变换、合同矩阵等概念，以合乎逻辑的形式整理了不变因子和初等因子的理论，并讨论了正交矩阵与合同矩阵的一些重要性质.1854 年，约当研究了将矩阵化为标准型的问题.1892 年，梅茨勒引进了矩阵的超越函数概念，并将其写成矩阵的幂级数的形式.傅里叶、西尔和庞加莱的著作中还讨论了无限阶矩阵问题，这主要是适应方程发展的需要而开始的.

矩阵本身所具有的性质依赖于元素的性质，经过两个多世纪的发展，矩阵由最初作为一种工具，到现在已成为独立的一门数学分支——矩阵论.而矩阵论又可分为矩阵方程论、矩阵分解论和广义逆矩阵论等矩阵的现代理论.矩阵及其理论现已广泛地应用于现代科技的各个领域.

# 第3章　线性方程组

## 知识目标

（1）了解 $n$ 维向量及 $n$ 维向量组的线性相关、线性无关的概念，掌握有关向量组的线性相关、线性无关的重要结论；熟悉向量组的极大线性无关组与向量组秩的概念，掌握向量组的极大线性无关组的求法，熟悉向量组的秩与矩阵秩的关系；熟悉矩阵运算后秩变化的一些简单关系式.

（2）掌握齐次线性方程组有非零解的充要条件及非齐次线性方程组有解的充要条件；熟悉线性方程组的解向量、齐次线性方程组的基础解系、通解等概念；掌握用初等行变换求线性方程组通解的方法.

## 能力目标

（1）鼓励学生将线性方程组应用于实际问题，如经济学中的投入产出、计算机中的线性规划等问题，能够提取问题中的关键信息转化为线性方程组问题进行建模，培养学生的建模能力.

（2）培养学生的软件应用能力，会用 MATLAB 软件求解向量组的秩、求解线性方程组，提升学生的信息技术应用能力.

## 素质目标

（1）鼓励学生探索线性方程组的新解法或者改进现有方法，并对不同的方法进行优劣分析.

（2）培养学生的创新思维、批判性思维和探索研究问题的能力.

在第1章中，已经研究过线性方程组的一种特殊情形，即线性方程组中所含方程的个数等于未知量的个数，且方程组的系数行列式不等于零的情形. 求解线性方程组的问题在科学技术与经济管理领域有着相当广泛的应用，因而有必要更普遍深入地讨论线性方程组的一般理论.

本章主要讨论一般线性方程组的解法、向量组的线性相关性、线性方程组解的存在性和线性方程组解的结构等内容.

# 3.1 消元法

消元法的基本思路是通过消元变形把方程组化成容易求解的同解方程组.在解决未知变量较多的线性方程组时,力求使消元步骤规范又简便.下面通过例子来说明消元法的具体做法.

**例1**　解线性方程组

$$\begin{cases}2x_1-2x_2+6x_4=-2,\\2x_1-x_2+2x_3+4x_4=-2,\\3x_1-x_2+4x_3+4x_4=-3,\\5x_1-3x_2+x_3+20x_4=-2.\end{cases}\tag{3.1}$$

**解**　将第1个方程乘以$\frac{1}{2}$,得

$$\begin{cases}x_1-x_2+3x_4=-1, & ①\\2x_1-x_2+2x_3+4x_4=-2, & ②\\3x_1-x_2+4x_3+4x_4=-3, & ③\\5x_1-3x_2+x_3+20x_4=-2. & ④\end{cases}$$

将方程①乘$-2$,$-3$,$-5$,并分别加到方程②,③,④上,消去②,③,④中的$x_1$,得

$$\begin{cases}x_1-x_2+3x_4=-1,\\x_2+2x_3-2x_4=0, & ⑤\\2x_2+4x_3-5x_4=0, & ⑥\\2x_2+x_3+5x_4=3. & ⑦\end{cases}$$

再将方程⑤乘$-2$,并加到方程⑥,⑦上,消去方程⑥,⑦中的$x_2$,得

$$\begin{cases}x_1-x_2+3x_4=-1,\\x_2+2x_3-2x_4=0,\\-x_4=0, & ⑧\\-3x_3+9x_4=3. & ⑨\end{cases}$$

再将方程⑧乘$-1$,方程⑨乘$\left(-\frac{1}{3}\right)$,并把方程⑧,⑨交换位置,得

$$\begin{cases}x_1-x_2+3x_4=-1,\\x_2+2x_3-2x_4=0,\\x_3-3x_4=-1,\\x_4=0.\end{cases}\tag{3.2}$$

容易证明,线性方程组(3.2)与原线性方程组(3.1)是同解的.由方程组(3.2)知$x_4=0$,将其代入方程⑨,得$x_3=-1$,再代回方程组(3.2)的前两个方程,分别得$x_2=2$,$x_1=1$.所以$(1,2,-1,0)^{\mathrm{T}}$是原线性方程组(3.1)的解.

形如式(3.2)的方程组称为行阶梯形方程组.

从上述解题过程中可以看出,用消元法求解线性方程组的具体做法就是对方程组反复实施以下三种变换:

(1) 交换某两个方程的位置;

(2) 用一个非零数乘以一个方程的两边;

(3) 将一个方程的倍数加到另一个方程上去.

以上三种变换称为线性方程组的初等变换.而消元法的目的就是利用方程组的初等变换将原方程组化为同解的阶梯形方程组.解这个阶梯形方程组即可得到原方程组的解.如果用矩阵表示其系数及常数项,则将原方程组化为阶梯形方程组的过程就是将对应矩阵化为阶梯形矩阵的过程.这个结论对一般线性方程组也是成立的.下面就一般线性方程组求解的问题进行讨论.

设有线性方程组

$$\begin{cases} a_{11}x_1+a_{12}x_2+\cdots+a_{1n}x_n=b_1, \\ a_{21}x_1+a_{22}x_2+\cdots+a_{2n}x_n=b_2, \\ \qquad\qquad\vdots \\ a_{m1}x_1+a_{m2}x_2+\cdots+a_{mn}x_n=b_m. \end{cases} \tag{3.3}$$

**注** 这是一个有 $m$ 个方程、$n$ 个未知量的线性方程组,其中 $m$ 不一定等于 $n$,即方程的个数不一定等于未知量的个数.

将式(3.3)写成矩阵为

$$\boldsymbol{Ax}=\boldsymbol{b},$$

其中

$$\boldsymbol{A}=\begin{pmatrix} a_{11} & a_{12} & \cdots & a_{1n} \\ a_{21} & a_{22} & \cdots & a_{2n} \\ \vdots & \vdots & & \vdots \\ a_{m1} & a_{m2} & \cdots & a_{mn} \end{pmatrix},\quad \boldsymbol{x}=\begin{pmatrix} x_1 \\ x_2 \\ \vdots \\ x_n \end{pmatrix},\quad \boldsymbol{b}=\begin{pmatrix} b_1 \\ b_2 \\ \vdots \\ b_m \end{pmatrix},$$

$\boldsymbol{A}$ 为线性方程组(3.3)的系数矩阵,称 $\overline{\boldsymbol{A}}=(\boldsymbol{A} \mid \boldsymbol{b})$ 为线性方程组(3.3)的增广矩阵.

用消元法解线性方程组的一般步骤如下.

首先写出线性方程组(3.3)的增广矩阵 $(\boldsymbol{A} \mid \boldsymbol{b})$.

第一步,设 $a_{11}\neq 0$,否则,将 $(\boldsymbol{A} \mid \boldsymbol{b})$ 的第 1 行与另一行交换,使第 1 行第 1 列的元素不为 0.

第二步,第 1 行乘 $-\frac{a_{i1}}{a_{11}}$ 再加到第 $i(i=2,3,\cdots,m)$ 行上,使 $(\boldsymbol{A} \mid \boldsymbol{b})$ 成为

$$\begin{pmatrix} a_{11} & a_{12} & \cdots & a_{1n} & b_1 \\ 0 & a_{22}^{(1)} & \cdots & a_{2n}^{(1)} & b_2^{(1)} \\ \vdots & \vdots & & \vdots & \vdots \\ 0 & a_{m2}^{(1)} & \cdots & a_{mn}^{(1)} & b_m^{(1)} \end{pmatrix},$$

然后对这个矩阵的第 2 行到第 $m$ 行、第 2 列到第 $n$ 列再按以上步骤进行,如果有必要,可重新安排方程中的未知量的次序,最后可以得到如下阶梯形矩阵

$$\begin{pmatrix} a'_{11} & a'_{12} & \cdots & a'_{1r} & a'_{1,r+1} & \cdots & a'_{1n} & d_1 \\ 0 & a'_{22} & \cdots & a'_{2r} & a'_{2,r+1} & \cdots & a'_{2n} & d_2 \\ \vdots & \vdots & & \vdots & \vdots & & \vdots & \vdots \\ 0 & 0 & \cdots & a'_{rr} & a'_{r,r+1} & \cdots & a'_{rn} & d_r \\ 0 & 0 & \cdots & 0 & \cdots & & 0 & d_{r+1} \\ 0 & 0 & \cdots & 0 & \cdots & \cdots & 0 & 0 \\ \vdots & \vdots & & \vdots & & & \vdots & \vdots \\ 0 & 0 & \cdots & 0 & \cdots & \cdots & 0 & 0 \end{pmatrix}, \tag{3.4}$$

其中 $a'_{ii}\neq 0(i=1,2,\cdots,r)$.

式(3.4)相应的阶梯形方程组为

$$\begin{cases} a'_{11}x_1+a'_{12}x_2+\cdots+a'_{1r}x_r+a'_{1,r+1}x_{r+1}+\cdots+a'_{1n}x_n=d_1, \\ \qquad a'_{22}x_2+\cdots+a'_{2r}x_r+a'_{2,r+1}x_{r+1}+\cdots+a'_{2n}x_n=d_2, \\ \qquad\qquad \vdots \\ \qquad\qquad a'_{rr}x_r+a'_{r,r+1}x_{r+1}+\cdots+a'_{rn}x_n=d_r, \\ \qquad\qquad\qquad 0=d_{r+1}, \\ \qquad\qquad\qquad 0=0, \\ \qquad\qquad\qquad \vdots \\ \qquad\qquad\qquad 0=0. \end{cases} \tag{3.5}$$

其中 $a'_{ii}\neq 0(i=1,2,\cdots,r)$.

从上面讨论易知,方程组(3.5)与原方程组(3.3)是同解的方程组.

由方程组(3.5)可知,化为"0=0"形式的方程是多余的方程,去掉它们不影响方程组的解.因此,只需讨论阶梯形方程组(3.5)的解的各种情况,便可知原方程组(3.3)的解的情形.

(1) 如果方程组(3.5)中 $d_{r+1}\neq 0$,则满足前 $r$ 个方程的任何一组数 $k_1,k_2,\cdots,k_n$ 都不能满足"$0=d_{r+1}$"这个方程,所以方程组(3.5)无解,从而方程组(3.3)也无解.

(2) 如果方程组(3.5)中 $d_{r+1}=0$,又有以下两种情况.

① 当 $r=n$ 时,方程组(3.5)可以写成

$$\begin{cases} a'_{11}x_1+a'_{12}x_2+\cdots+a'_{1n}x_n=d_1, \\ \qquad a'_{22}x_2+\cdots+a'_{2n}x_n=d_2, \\ \qquad\qquad \vdots \\ \qquad\qquad a'_{nn}x_n=d_n. \end{cases} \tag{3.6}$$

因 $a'_{ii}\neq 0(i=1,2,\cdots,n)$,所以它有唯一解(克莱姆定理).从方程组(3.6)中最后一个方程解出 $x_n$,再代入第 $n-1$ 个方程,求出 $x_{n-1}$.如此继续下去,则可以求出其他未知量,得出它的唯一解,从而得出方程组(3.3)的唯一解.

② 当 $r<n$ 时,方程组(3.5)可以写成

$$\begin{cases} a'_{11}x_1+a'_{12}x_2+\cdots+a'_{1r}x_r=d_1-a'_{1,r+1}x_{r+1}-\cdots-a'_{1n}x_n, \\ \qquad a'_{22}x_2+\cdots+a'_{2r}x_r=d_2-a'_{2,r+1}x_{r+1}-\cdots-a'_{2n}x_n, \\ \qquad\qquad \vdots \\ \qquad\qquad a'_{rr}x_r=d_r-a'_{r,r+1}x_{r+1}-\cdots-a'_{rn}x_n. \end{cases} \tag{3.7}$$

同样对它进行回代过程，则可求出 $x_1,x_2,\cdots,x_r$，它们是含有 $n-r$ 个未知量 $x_{r+1},\cdots,x_n$ 的表达式：

$$\begin{cases}x_1=k_1-k_{1,r+1}x_{r+1}-\cdots-k_{1n}x_n,\\x_2=k_2-k_{2,r+1}x_{r+1}-\cdots-k_{2n}x_n,\\\quad\vdots\\x_r=k_r-k_{r,r+1}x_{r+1}-\cdots-k_{rn}x_n.\end{cases}\tag{3.8}$$

这样一组表达式称为原方程组(3.3)的一般解，而 $x_{r+1},x_{r+2},\cdots,x_n$ 称为自由未知量($x_{r+1},x_{r+2},\cdots,x_n$ 可以任意取值). 任意给出 $x_{r+1},\cdots,x_n$ 的一组值，就唯一地定出 $x_1,x_2,\cdots,x_r$ 的值，也就得到方程组(3.7)(亦即原方程组(3.3))的一个解. 可见，此时方程组有无穷多解. 如果取 $x_{r+1}=c_1,x_{r+2}=c_2,\cdots,x_n=c_{n-r}$，其中 $c_1,c_2,\cdots,c_{n-r}$ 为任意常数，则这无穷多解可以表示为

$$\begin{cases}x_1=k_1-k_{1,r+1}c_1-\cdots-k_{1n}c_{n-r},\\x_2=k_2-k_{2,r+1}c_1-\cdots-k_{2n}c_{n-r},\\\quad\vdots\\x_r=k_r-k_{r,r+1}c_1-\cdots-k_{rn}c_{n-r},\\x_{r+1}=c_1,\\x_{r+2}=c_2,\\\quad\vdots\\x_n=c_{n-r}.\end{cases}\tag{3.9}$$

综上所述，解线性方程组的步骤是：用初等变换法将方程组(3.3)的增广矩阵转化为阶梯形矩阵，根据 $d_{r+1}=0$ 或 $d_{r+1}\neq0$ 来判断原方程组是否有解. 如果 $d_{r+1}\neq0$，则有 $r(\boldsymbol{A})=r$，而 $r(\boldsymbol{A}\mid\boldsymbol{b})=r+1$，即 $r(\boldsymbol{A})\neq r(\boldsymbol{A}\mid\boldsymbol{b})$，此时方程组(3.3)无解；如果 $d_{r+1}=0$，则有 $r(\boldsymbol{A})=r(\boldsymbol{A}\mid\boldsymbol{b})=r$，此时方程组(3.3)有解. 而当 $r=n$ 时，有唯一解；当 $r<n$ 时，有无穷多个解. 然后回代求解. 由以上讨论可以得出以下定理.

**定理 1** 线性方程组(3.3)有解的充分必要条件是：$r(\boldsymbol{A}\mid\boldsymbol{b})=r(\boldsymbol{A})$. 当 $r(\boldsymbol{A}\mid\boldsymbol{b})=r(\boldsymbol{A})=n$ 时，有唯一解；$r(\boldsymbol{A}\mid\boldsymbol{b})=r(\boldsymbol{A})<n$ 时，有无穷多解.

**例 2** 解线性方程组

$$\begin{cases}-3x_1+2x_2-8x_3=17,\\2x_1-5x_2+3x_2=3,\\x_1+7x_2-5x_3=2.\end{cases}$$

**解** 对增广矩阵 $\overline{\boldsymbol{A}}=(\boldsymbol{A}\mid\boldsymbol{b})$ 作初等行变换，得

$$\overline{\boldsymbol{A}}=\left(\begin{array}{ccc|c}-3&2&-8&17\\2&-5&3&3\\1&7&-5&2\end{array}\right)\xrightarrow{r_1\leftrightarrow r_3}\left(\begin{array}{ccc|c}1&7&-5&2\\2&-5&3&3\\-3&2&-8&17\end{array}\right)$$

$$\xrightarrow[r_3+3r_1]{r_2-2r_1}\left(\begin{array}{ccc|c}1&7&-5&2\\0&-19&13&-1\\0&23&-23&23\end{array}\right)\xrightarrow{r_3\times\frac{1}{23}}\left(\begin{array}{ccc|c}1&7&-5&2\\0&-19&13&-1\\0&1&-1&1\end{array}\right)$$

$$\xrightarrow{r_2\leftrightarrow r_3}\left(\begin{array}{ccc:c}1&7&-5&2\\0&1&-1&1\\0&-19&13&-1\end{array}\right)\xrightarrow{r_3+19r_2}\left(\begin{array}{ccc:c}1&7&-5&2\\0&1&-1&1\\0&0&-6&18\end{array}\right).$$

因为 $r(\boldsymbol{A}\ \vdots\ \boldsymbol{b})=r(\boldsymbol{A})=3=n$,故方程组有唯一解.

与原方程组解相同的阶梯形方程组为

$$\begin{cases}x_1+7x_2-5x_3=2,\\x_2-x_3=1,\\-6x_3=18.\end{cases}$$

由 $-6x_3=18$,得 $x_3=-3$,回代求解可得 $x_2=-2$,$x_1=1$. 所以,原方程组的唯一解为

$$\begin{cases}x_1=1,\\x_2=-2,\\x_3=-3.\end{cases}$$

**例 3**　解线性方程组

$$\begin{cases}x_1+3x_2-5x_3=-1,\\2x_1+6x_2-3x_3=5,\\3x_1+9x_2-10x_3=2.\end{cases}$$

**解**　对增广矩阵 $\overline{\boldsymbol{A}}=(\boldsymbol{A}\ \vdots\ \boldsymbol{b})$作初等行变换,得

$$\overline{\boldsymbol{A}}=\left(\begin{array}{ccc:c}1&3&-5&-1\\2&6&-3&5\\3&9&-10&2\end{array}\right)\to\left(\begin{array}{ccc:c}1&3&-5&-1\\0&0&7&7\\0&0&5&5\end{array}\right)\to\left(\begin{array}{ccc:c}1&3&-5&-1\\0&0&1&1\\0&0&0&0\end{array}\right).$$

因为 $r(\boldsymbol{A}\ \vdots\ \boldsymbol{b})=r(\boldsymbol{A})=2<3$,故方程组有无穷多解. 同解的阶梯形方程组为

$$\begin{cases}x_1+3x_2-5x_3=-1,\\x_3=1.\end{cases}$$

取 $x_2$ 为自由未知量,令 $x_2=t$($t$ 为任意常数),则方程组的全部解为

$$\begin{cases}x_1=4-3t,\\x_2=t,\\x_3=1.\end{cases}$$

**例 4**　解线性方程组

$$\begin{cases}x_1+x_2+2x_3+3x_4=1,\\x_2+x_3-4x_4=1,\\x_1+2x_2+3x_3-x_4=4,\\2x_1+3x_2-x_3-x_4=-6.\end{cases}$$

**解**　$$(\boldsymbol{A}\ \vdots\ \boldsymbol{b})=\left(\begin{array}{cccc:c}1&1&2&3&1\\0&1&1&-4&1\\1&2&3&-1&4\\2&3&-1&-1&-6\end{array}\right)\to\left(\begin{array}{cccc:c}1&1&2&3&1\\0&1&1&-4&1\\0&1&1&-4&3\\0&1&-5&-7&-8\end{array}\right)$$

$$\rightarrow\left(\begin{array}{cccc:c}1&1&2&3&1\\0&1&1&-4&1\\0&0&0&0&2\\0&0&-6&-3&-9\end{array}\right)\rightarrow\left(\begin{array}{cccc:c}1&1&2&3&1\\0&1&1&-4&1\\0&0&2&1&3\\0&0&0&0&2\end{array}\right).$$

因为 $r(\boldsymbol{A}\ \vdots\ \boldsymbol{b})=4, r(\boldsymbol{A})=3, r(\boldsymbol{A}\ \vdots\ \boldsymbol{b})\neq r(\boldsymbol{A})$，所以原方程组无解.

**例 5** 对于线性方程组

$$\begin{cases}x_1+x_2+2x_3+3x_4=1,\\x_1+3x_2+6x_3+x_4=3,\\3x_1-x_2-px_3+15x_4=3,\\x_1-5x_2-10x_3+12x_4=q,\end{cases}$$

当 $p,q$ 取何值时，方程组无解？有唯一解？有无穷多解？在方程组有无穷多解的情况下，求出全部解.

**解** $$\overline{\boldsymbol{A}}=\left(\begin{array}{cccc:c}1&1&2&3&1\\1&3&6&1&3\\3&-1&-p&15&3\\1&-5&-10&12&q\end{array}\right)\rightarrow\left(\begin{array}{cccc:c}1&1&2&3&1\\0&2&4&-2&2\\0&-4&-p-6&6&0\\0&-6&-12&9&q-1\end{array}\right)$$

$$\rightarrow\left(\begin{array}{cccc:c}1&1&2&3&1\\0&1&2&-1&1\\0&0&-p+2&2&4\\0&0&0&3&q+5\end{array}\right).$$

(1) 当 $p\neq2$ 时，$r(\boldsymbol{A})=r(\overline{\boldsymbol{A}})=4$，方程组有唯一解.

(2) 当 $p=2$ 时，有

$$\overline{\boldsymbol{A}}=\left(\begin{array}{cccc:c}1&1&2&3&1\\0&1&2&-1&1\\0&0&0&2&4\\0&0&0&3&q+5\end{array}\right)\longrightarrow\left(\begin{array}{cccc:c}1&1&2&3&1\\0&1&2&-1&1\\0&0&0&1&2\\0&0&0&0&q-1\end{array}\right).$$

当 $q\neq1$ 时，$r(\boldsymbol{A})=3<r(\overline{\boldsymbol{A}})=4$，方程组无解.

当 $q=1$ 时，$r(\boldsymbol{A})=r(\overline{\boldsymbol{A}})=3<4$，方程组有无穷多解. 此时，同解的阶梯形方程组为

$$\begin{cases}x_1+x_2+2x_3+3x_4=1,\\x_2+2x_3-x_4=1,\\x_4=2.\end{cases}$$

取 $x_3$ 为自由未知量，令 $x_3=t$（$t$ 为任意常数)，则原方程组的全部解为

$$\begin{cases}x_1=-8,\\x_2=3-2t,\\x_3=t,\\x_4=2.\end{cases}$$

下面讨论齐次线性方程组解的情况.

当线性方程组(3.3)中常数项均为零时,这样的线性方程组称为齐次线性方程组,其一般形式为

$$\begin{cases} a_{11}x_1+a_{12}x_2+\cdots+a_{1n}x_n=0, \\ a_{21}x_1+a_{22}x_2+\cdots+a_{2n}x_n=0, \\ \qquad\qquad\qquad\vdots \\ a_{m1}x_1+a_{m2}x_2+\cdots+a_{mn}x_n=0. \end{cases} \tag{3.10}$$

将方程组(3.10)写成矩阵形式便是

$$\boldsymbol{Ax}=\boldsymbol{0},$$

其中,$\boldsymbol{A}=\begin{pmatrix} a_{11} & a_{12} & \cdots & a_{1n} \\ a_{21} & a_{22} & \cdots & a_{2n} \\ \vdots & \vdots & & \vdots \\ a_{m1} & a_{m2} & \cdots & a_{mn} \end{pmatrix}$为系数矩阵,$\boldsymbol{0}=\begin{pmatrix} 0 \\ 0 \\ \vdots \\ 0 \end{pmatrix}$为常数项.

方程组(3.10)恒有解,因为它至少有零解,即 $x_i=0(i=1,2,\cdots,n)$,这一结论也可由定理 1 推出(即 $r(\boldsymbol{A} \,\vdots\, \boldsymbol{0})=r(\boldsymbol{A})$).又由定理 1 可知,当 $r(\boldsymbol{A})=n$ 时,方程组(3.10)只有零解;当$r(\boldsymbol{A})<n$ 时,方程组(3.10)有无穷多解,即除零解外还有非零解.于是有以下定理.

**定理 2**　齐次线性方程组(3.10)有非零解的充分必要条件是 $r(\boldsymbol{A})<n$.

**推论**　当 $m<n$ 时,齐次线性方程组 (3.10)有非零解.

**证明**　因为 $r(\boldsymbol{A})\leqslant\min\{m,n\}=m<n$,由定理 2 知,齐次线性方程组(3.10)有非零解.

当齐次线性方程组(3.10)的系数矩阵与非齐次线性方程组(3.3)的系数矩阵相同时,称齐次线性方程组(3.10)是与非齐次线性方程组(3.3)相对应的齐次方程组(或方程组(3.10)是方程组(3.3)的导出组).

由于齐次线性方程组的增广矩阵 $\overline{\boldsymbol{A}}$ 的最后一列全为 0,而对 $\overline{\boldsymbol{A}}$ 作任何初等行变换后,其最后一列总为 0,因此,解齐次线性方程组时只需对其系数矩阵 $\boldsymbol{A}$ 作初等行变换.

**例 6**　解齐次线性方程组

$$\begin{cases} x_1-x_2+5x_3-x_4=0, \\ x_1+x_2-2x_3+3x_4=0, \\ 3x_1-x_2+8x_3+x_4=0, \\ x_1+3x_2-9x_3+7x_4=0. \end{cases}$$

**解**　$\boldsymbol{A}=\begin{pmatrix} 1 & -1 & 5 & -1 \\ 1 & 1 & -2 & 3 \\ 3 & -1 & 8 & 1 \\ 1 & 3 & -9 & 7 \end{pmatrix}\longrightarrow\begin{pmatrix} 1 & -1 & 5 & -1 \\ 0 & 2 & -7 & 4 \\ 0 & 2 & -7 & 4 \\ 0 & 4 & -14 & 8 \end{pmatrix}\longrightarrow\begin{pmatrix} 1 & -1 & 5 & -1 \\ 0 & 2 & -7 & 4 \\ 0 & 0 & 0 & 0 \\ 0 & 0 & 0 & 0 \end{pmatrix}.$

因 $r(\boldsymbol{A})=2<4$,所以方程组有非零解.

同解的阶梯形方程组为

$$\begin{cases} x_1-x_2+5x_3-x_4=0, \\ 2x_2-7x_3+4x_4=0. \end{cases}$$

取 $x_3,x_4$ 为自由未知量，令 $x_3=t_1,x_4=t_2$（$t_1,t_2$ 为任意常数），则原方程组的全部解为

$$\begin{cases}x_1=-\dfrac{3}{2}t_1-t_2,\\ x_2=\dfrac{7}{2}t_1-2t_2,\\ x_3=t_1,\\ x_4=t_2.\end{cases}$$

## 习题 3.1

1. 选择题.

(1) 设 $\boldsymbol{A}$ 为 $m\times n$ 矩阵，齐次线性方程组 $\boldsymbol{Ax}=\boldsymbol{0}$ 仅有零解的充分必要条件是系数矩阵的秩 $r(\boldsymbol{A})$（　　）.

A. 小于 $m$　　B. 小于 $n$　　C. 等于 $m$　　D. 等于 $n$

(2) 设非齐次线性方程组 $\boldsymbol{Ax}=\boldsymbol{b}$ 对应的齐次线性方程组为 $\boldsymbol{Ax}=\boldsymbol{0}$，如果 $\boldsymbol{Ax}=\boldsymbol{0}$ 仅有零解，则 $\boldsymbol{Ax}=\boldsymbol{b}$（　　）.

A. 必有无穷多解　　B. 必有唯一解

C. 必定无解　　D. 选项 A,B,C 均不对

(3) 设 $\boldsymbol{A}$ 是 $m\times n$ 矩阵，非齐次线性方程组 $\boldsymbol{Ax}=\boldsymbol{b}$ 对应的齐次线性方程组为 $\boldsymbol{Ax}=\boldsymbol{0}$，如果 $m<n$，则（　　）.

A. $\boldsymbol{Ax}=\boldsymbol{b}$ 必有无穷多组解　　B. $\boldsymbol{Ax}=\boldsymbol{b}$ 必有唯一解

C. $\boldsymbol{Ax}=\boldsymbol{0}$ 必有非零解　　D. $\boldsymbol{Ax}=\boldsymbol{0}$ 必有唯一解

2. 用消元法解下列齐次线性方程组：

(1) $\begin{cases}x_1+x_2+2x_3-x_4=0,\\ 2x_1+x_2+x_3-x_4=0,\\ 2x_1+2x_2+x_3+2x_4=0;\end{cases}$　　(2) $\begin{cases}2x_1+3x_2-x_3+5x_4=0,\\ 3x_1+x_2+2x_3-7x_4=0,\\ 4x_1+x_2-3x_3+6x_4=0,\\ x_1-2x_2+4x_3-7x_4=0.\end{cases}$

3. 用消元法解下列非齐次线性方程组：

(1) $\begin{cases}4x_1+2x_2-x_3=2,\\ 3x_1-x_2+2x_3=10,\\ 11x_1+3x_2=8;\end{cases}$　　(2) $\begin{cases}2x+y-z+w=1,\\ 3x-2y+z-3w=4,\\ x+4y-3z+5w=-2.\end{cases}$

4. 确定 $a,b$ 的值使下列齐次线性方程组有非零解，并在有非零解时求其全部解.

(1) $\begin{cases}ax_1+x_2+x_3=0,\\ x_1+ax_2+x_3=0,\\ x_1+x_2+ax_3=0;\end{cases}$　　(2) $\begin{cases}ax_1+x_2+x_3=0,\\ x_1+bx_2+x_3=0,\\ x_1+2bx_2+x_3=0.\end{cases}$

5. $\lambda$ 取何值时，下列非齐次线性方程组无解？有唯一解？有无穷多解？并在有无穷多解时求出全部解.

(1) $\begin{cases}\lambda x_1+x_2+x_3=1,\\ x_1+\lambda x_2+x_3=\lambda,\\ x_1+x_2+\lambda x_3=\lambda^2;\end{cases}$　　(2) $\begin{cases}(2-\lambda)x_1+2x_2-2x_3=1,\\ 2x_1+(5-\lambda)x_2-4x_3=2,\\ -2x_1-4x_2+(5-\lambda)x_3=-\lambda-1.\end{cases}$

## 3.2　向量组的线性组合

消元法解决了一般线性方程组何时无解、何时有解和如何求解的问题.为了更进一步讨论线性方程组解的结构,需要引入 $n$ 维向量、向量组的线性相关性及向量组的秩等概念.

### 3.2.1　$n$ 维向量及其线性运算

**定义 1**　$n$ 个数 $a_1,a_2,\cdots,a_n$ 所组成的有序数组 $(a_1,a_2,\cdots,a_n)$ 或 $(a_1,a_2,\cdots,a_n)^{\mathrm{T}}$ 称为 $n$ 维向量,这 $n$ 个数称为该向量的 $n$ 个分量,$a_i$ 称为第 $i$ 个分量.

分量全为实数的向量称为实向量,分量全为复数的向量称为复向量.除非特别声明,本书一般只讨论实向量.

$n$ 维向量可写成一行,也可写成一列,按第 2 章的规定,分别称为行向量和列向量,即 $\boldsymbol{\alpha}=\begin{pmatrix}a_1\\a_2\\\vdots\\a_n\end{pmatrix}$ 为 $n$ 维列向量,$\boldsymbol{\alpha}^{\mathrm{T}}=(a_1,a_2,\cdots,a_n)$ 为 $n$ 维行向量.行向量和列向量也就是行矩阵和列矩阵,并规定行向量和列向量都可以按矩阵的运算法则进行运算.

本书中,常用小写黑体字母 $\boldsymbol{\alpha},\boldsymbol{\beta},\boldsymbol{a},\boldsymbol{b}$ 等表示列向量,用 $\boldsymbol{\alpha}^{\mathrm{T}},\boldsymbol{\beta}^{\mathrm{T}},\boldsymbol{a}^{\mathrm{T}},\boldsymbol{b}^{\mathrm{T}}$ 等表示行向量,所讨论的向量在没有特别指明的情况下一般都视为列向量.

若干个同维数的列向量(或行向量)所组成的集合一般称为向量组.

例如,一个 $m\times n$ 矩阵

$$\boldsymbol{A}=\begin{pmatrix}a_{11}&a_{12}&\cdots&a_{1n}\\a_{21}&a_{22}&\cdots&a_{2n}\\\vdots&\vdots&&\\a_{m1}&a_{m2}&\cdots&a_{mn}\end{pmatrix}$$

的每一列 $\boldsymbol{\alpha}_j=\begin{pmatrix}a_{1j}\\a_{2j}\\\vdots\\a_{mj}\end{pmatrix}(j=1,2,\cdots,n)$ 组成的向量组 $\boldsymbol{\alpha}_1,\boldsymbol{\alpha}_2,\cdots,\boldsymbol{\alpha}_n$ 称为矩阵 $\boldsymbol{A}$ 的列向量组;而由矩阵 $\boldsymbol{A}$ 的每一行 $\boldsymbol{\beta}_i^{\mathrm{T}}=(a_{i1},a_{i2},\cdots,a_{in})(i=1,2,\cdots,m)$ 组成的向量组 $\boldsymbol{\beta}_1^{\mathrm{T}},\boldsymbol{\beta}_2^{\mathrm{T}},\cdots,\boldsymbol{\beta}_m^{\mathrm{T}}$ 称为矩阵 $\boldsymbol{A}$ 的行向量组.

根据以上讨论,矩阵 $\boldsymbol{A}$ 可记为

$$\boldsymbol{A}=(\boldsymbol{\alpha}_1,\boldsymbol{\alpha}_2,\cdots,\boldsymbol{\alpha}_n) \quad 或 \quad \boldsymbol{A}=\begin{pmatrix}\boldsymbol{\beta}_1^{\mathrm{T}}\\ \boldsymbol{\beta}_2^{\mathrm{T}}\\ \vdots\\ \boldsymbol{\beta}_m^{\mathrm{T}}\end{pmatrix}.$$

**定义 2** 设有两个 $n$ 维向量 $\boldsymbol{\alpha}=(a_1,a_2,\cdots,a_n)^{\mathrm{T}}$ 与 $\boldsymbol{\beta}=(b_1,b_2,\cdots,b_n)^{\mathrm{T}}$，则

$$\boldsymbol{\alpha}=\boldsymbol{\beta}\Leftrightarrow a_i=b_i \quad (i=1,2,\cdots,n);$$

$$\boldsymbol{\alpha}=\boldsymbol{0}\Leftrightarrow a_i=0 \quad (i=1,2,\cdots,n);$$

$$\boldsymbol{\alpha}+\boldsymbol{\beta}\overset{\text{定义}}{=\!=}(a_1+b_1,a_2+b_2,\cdots,a_n+b_n)^{\mathrm{T}};$$

$$k\boldsymbol{\alpha}\overset{\text{定义}}{=\!=}(ka_1,ka_2,\cdots,ka_n)^{\mathrm{T}};$$

$$-\boldsymbol{\alpha}\overset{\text{定义}}{=\!=}(-a_1,-a_2,\cdots,-a_n)^{\mathrm{T}}.$$

由向量加法及负向量定义，可定义向量减法：

$$\boldsymbol{\alpha}-\boldsymbol{\beta}=\boldsymbol{\alpha}+(-\boldsymbol{\beta})=(a_1-b_1,a_2-b_2,\cdots,a_n-b_n)^{\mathrm{T}}.$$

向量的加法及数乘统称为向量的线性运算.

容易验证，向量的线性运算满足下列八条运算规律（$\boldsymbol{\alpha},\boldsymbol{\beta},\boldsymbol{\gamma}$ 为 $n$ 维向量，$k,l$ 为常数）.

(1) $\boldsymbol{\alpha}+\boldsymbol{\beta}=\boldsymbol{\beta}+\boldsymbol{\alpha}$;

(2) $\boldsymbol{\alpha}+(\boldsymbol{\beta}+\boldsymbol{\gamma})=(\boldsymbol{\alpha}+\boldsymbol{\beta})+\boldsymbol{\gamma}$;

(3) $\boldsymbol{\alpha}+\boldsymbol{0}=\boldsymbol{0}+\boldsymbol{\alpha}=\boldsymbol{\alpha}$;

(4) $\boldsymbol{\alpha}+(-\boldsymbol{\alpha})=\boldsymbol{0}$;

(5) $1\cdot\boldsymbol{\alpha}=\boldsymbol{\alpha}$;

(6) $k(l\boldsymbol{\alpha})=l(k\boldsymbol{\alpha})=(kl)\boldsymbol{\alpha}$;

(7) $k(\boldsymbol{\alpha}+\boldsymbol{\beta})=k\boldsymbol{\alpha}+k\boldsymbol{\beta}$;

(8) $(k+l)\boldsymbol{\alpha}=k\boldsymbol{\alpha}+l\boldsymbol{\alpha}$.

**例 7** 设向量 $\boldsymbol{\alpha},\boldsymbol{\beta},\boldsymbol{\gamma}$ 满足关系式 $5\boldsymbol{\gamma}-2\boldsymbol{\alpha}=3(\boldsymbol{\beta}+\boldsymbol{\gamma})$，其中 $\boldsymbol{\alpha}=(2,-1,3,-8)^{\mathrm{T}}$，$\boldsymbol{\beta}=(-1,0,2,4)^{\mathrm{T}}$，求向量 $\boldsymbol{\gamma}$.

**解** 由题设知 $2\boldsymbol{\gamma}=2\boldsymbol{\alpha}+3\boldsymbol{\beta}$，所以

$$\begin{aligned}\boldsymbol{\gamma}&=\frac{1}{2}(2\boldsymbol{\alpha}+3\boldsymbol{\beta})=\frac{1}{2}[(4,-2,6,-16)^{\mathrm{T}}+(-3,0,6,12)^{\mathrm{T}}]\\&=\frac{1}{2}(1,-2,12,-4)^{\mathrm{T}}=\left(\frac{1}{2},-1,6,-2\right)^{\mathrm{T}}.\end{aligned}$$

### 3.2.2 向量组的线性组合运算

考察线性方程组

$$\begin{cases}a_{11}x_1+a_{12}x_2+\cdots+a_{1n}x_n=b_1,\\ a_{21}x_1+a_{22}x_2+\cdots+a_{2n}x_n=b_2,\\ \qquad\vdots\\ a_{m1}x_1+a_{m2}x_2+\cdots+a_{mn}x_n=b_m.\end{cases} \tag{3.11}$$

令
$$\boldsymbol{\alpha}_j=\begin{pmatrix}a_{1j}\\a_{2j}\\\vdots\\a_{mj}\end{pmatrix}\quad(j=1,2,\cdots,n),\quad\boldsymbol{\beta}=\begin{pmatrix}b_1\\b_2\\\vdots\\b_m\end{pmatrix}.$$
则线性方程组(3.11)可表示为如下向量形式
$$\boldsymbol{\alpha}_1x_1+\boldsymbol{\alpha}_2x_2+\cdots+\boldsymbol{\alpha}_nx_n=\boldsymbol{\beta}.\tag{3.12}$$

于是线性方程组(3.11)是否有解，就相当于是否存在一组数 $k_1,k_2,\cdots,k_n$，使得下列线性关系式成立
$$\boldsymbol{\beta}=k_1\boldsymbol{\alpha}_1+k_2\boldsymbol{\alpha}_2+\cdots+k_n\boldsymbol{\alpha}_n.$$

在探讨这一问题之前，先介绍几个有关向量组的概念.

**定义 3**　设 $\boldsymbol{\alpha}_1,\boldsymbol{\alpha}_2,\cdots,\boldsymbol{\alpha}_s$ 是 $s$ 个 $n$ 维向量，$k_1,k_2,\cdots,k_s$ 是 $s$ 个常数，则称向量 $k_1\boldsymbol{\alpha}_1+k_2\boldsymbol{\alpha}_2+\cdots+k_s\boldsymbol{\alpha}_s$ 为向量组 $\boldsymbol{\alpha}_1,\boldsymbol{\alpha}_2,\cdots,\boldsymbol{\alpha}_s$ 的一个线性组合，称 $k_1,k_2,\cdots,k_s$ 为该线性组合的系数.

**定义 4**　给定向量组 $\boldsymbol{\alpha}_1,\boldsymbol{\alpha}_2,\cdots,\boldsymbol{\alpha}_s$ 和向量 $\boldsymbol{\beta}$，若存在一组数 $k_1,k_2,\cdots,k_s$，使得 $\boldsymbol{\beta}=k_1\boldsymbol{\alpha}_1+k_2\boldsymbol{\alpha}_2+\cdots+k_s\boldsymbol{\alpha}_s$，则称向量 $\boldsymbol{\beta}$ 是向量组 $\boldsymbol{\alpha}_1,\boldsymbol{\alpha}_2,\cdots,\boldsymbol{\alpha}_s$ 的线性组合，也称向量 $\boldsymbol{\beta}$ 能由向量组 $\boldsymbol{\alpha}_1,\boldsymbol{\alpha}_2,\cdots,\boldsymbol{\alpha}_s$ 线性表出(或线性表示).

容易明白，向量组的线性组合、线性表出这些概念可用前面所讨论的线性方程组的结论来表述.

例如：

(1) $\boldsymbol{\beta}$ 能由向量组 $\boldsymbol{\alpha}_1,\boldsymbol{\alpha}_2,\cdots,\boldsymbol{\alpha}_s$ 唯一线性表出的充分必要条件是线性方程组 $\boldsymbol{\alpha}_1x_1+\boldsymbol{\alpha}_2x_2+\cdots+\boldsymbol{\alpha}_sx_s=\boldsymbol{\beta}$ 有唯一解；

(2) $\boldsymbol{\beta}$ 能由向量组 $\boldsymbol{\alpha}_1,\boldsymbol{\alpha}_2,\cdots,\boldsymbol{\alpha}_s$ 线性表出且表出不唯一的充分必要条件是线性方程组 $\boldsymbol{\alpha}_1x_1+\boldsymbol{\alpha}_2x_2+\cdots+\boldsymbol{\alpha}_sx_s=\boldsymbol{\beta}$ 有无穷多个解；

(3) $\boldsymbol{\beta}$ 不能由向量组 $\boldsymbol{\alpha}_1,\boldsymbol{\alpha}_2,\cdots,\boldsymbol{\alpha}_s$ 线性表出的充分必要条件是线性方程组 $\boldsymbol{\alpha}_1x_1+\boldsymbol{\alpha}_2x_2+\cdots+\boldsymbol{\alpha}_sx_s=\boldsymbol{\beta}$ 无解.

另外，零向量是任何同维向量组的线性组合(这时组合系数可全取为 0)，它对应着齐次线性方程组总有零解.

**定理 3**　设向量
$$\boldsymbol{\beta}=\begin{pmatrix}b_1\\b_2\\\vdots\\b_m\end{pmatrix},\quad\boldsymbol{\alpha}_j=\begin{pmatrix}a_{1j}\\a_{2j}\\\vdots\\a_{mj}\end{pmatrix}\quad(j=1,2,\cdots,s),$$
则向量 $\boldsymbol{\beta}$ 能由向量组 $\boldsymbol{\alpha}_1,\boldsymbol{\alpha}_2,\cdots,\boldsymbol{\alpha}_s$ 线性表出的充分必要条件是矩阵 $\boldsymbol{A}=(\boldsymbol{\alpha}_1,\boldsymbol{\alpha}_2,\cdots,\boldsymbol{\alpha}_s)$ 与矩阵 $\overline{\boldsymbol{A}}=(\boldsymbol{\alpha}_1,\boldsymbol{\alpha}_2,\cdots,\boldsymbol{\alpha}_s\ \vdots\ \boldsymbol{\beta})$ 的秩相等.

**证明**　按照定理 1，线性方程组 $x_1\boldsymbol{\alpha}_1+x_2\boldsymbol{\alpha}_2+\cdots+x_s\boldsymbol{\alpha}_s=\boldsymbol{\beta}$ 有解的充分必要条件是：其系数矩阵与对应的增广矩阵的秩相等. 即 $\boldsymbol{\beta}$ 能由向量组 $\boldsymbol{\alpha}_1,\boldsymbol{\alpha}_2,\cdots,\boldsymbol{\alpha}_s$ 线性表出的充分必要条件是：以 $\boldsymbol{\alpha}_1,\boldsymbol{\alpha}_2,\cdots,\boldsymbol{\alpha}_s$ 为列向量的矩阵与以 $\boldsymbol{\alpha}_1,\boldsymbol{\alpha}_2,\cdots,\boldsymbol{\alpha}_s,\boldsymbol{\beta}$ 为列向量的矩阵有相同的秩.

**例 8** 任何一个 $n$ 维向量 $\boldsymbol{\alpha}=(a_1,a_2,\cdots,a_n)^{\mathrm{T}}$ 都是 $n$ 维单位向量组 $\boldsymbol{\varepsilon}_1=(1,0,\cdots,0)^{\mathrm{T}}$，$\boldsymbol{\varepsilon}_2=(0,1,0,\cdots,0)^{\mathrm{T}},\cdots,\boldsymbol{\varepsilon}_n=(0,\cdots,0,1)^{\mathrm{T}}$ 的线性组合.

**解** 因为 $\boldsymbol{\alpha}=a_1\boldsymbol{\varepsilon}_1+a_2\boldsymbol{\varepsilon}_2+\cdots+a_n\boldsymbol{\varepsilon}_n$.

**例 9** 零向量是任一向量组的线性组合.

**解** 因为 $\mathbf{0}=0\cdot\boldsymbol{\alpha}_1+0\cdot\boldsymbol{\alpha}_2+\cdots+0\cdot\boldsymbol{\alpha}_s$.

**例 10** 向量组 $\boldsymbol{\alpha}_1,\boldsymbol{\alpha}_2,\cdots,\boldsymbol{\alpha}_s$ 中任何一个向量 $\boldsymbol{\alpha}_j(1\leqslant j\leqslant s)$都是此向量组的线性组合.

**解** 因为 $\boldsymbol{\alpha}_j=0\cdot\boldsymbol{\alpha}_1+0\cdot\boldsymbol{\alpha}_2+\cdots+1\cdot\boldsymbol{\alpha}_j+\cdots+0\cdot\boldsymbol{\alpha}_s(1\leqslant j\leqslant s)$.

**例 11** 判断向量 $\boldsymbol{\beta}_1=(4,3,-1,11)^{\mathrm{T}}$ 与 $\boldsymbol{\beta}_2=(4,3,0,11)^{\mathrm{T}}$ 是否都为向量组 $\boldsymbol{\alpha}_1=(1,2,-1,5)^{\mathrm{T}},\boldsymbol{\alpha}_2=(2,-1,1,1)^{\mathrm{T}}$ 的线性组合.若是，写出其表达式.

**解** 对矩阵$(\boldsymbol{\alpha}_1,\boldsymbol{\alpha}_2,\boldsymbol{\beta}_1)$施以初等行变换得

$$\begin{pmatrix}1&2&4\\2&-1&3\\-1&1&-1\\5&1&11\end{pmatrix}\longrightarrow\begin{pmatrix}1&2&4\\0&-5&-5\\0&3&3\\0&-9&-9\end{pmatrix}\longrightarrow\begin{pmatrix}1&2&4\\0&1&1\\0&0&0\\0&0&0\end{pmatrix}\longrightarrow\begin{pmatrix}1&0&2\\0&1&1\\0&0&0\\0&0&0\end{pmatrix}.$$

易见，$r(\boldsymbol{\alpha}_1,\boldsymbol{\alpha}_2,\boldsymbol{\beta}_1)=r(\boldsymbol{\alpha}_1,\boldsymbol{\alpha}_2)=2$，故 $\boldsymbol{\beta}_1$ 可由 $\boldsymbol{\alpha}_1,\boldsymbol{\alpha}_2$ 线性表出，且由上面最后一个矩阵知 $\boldsymbol{\beta}_1=2\boldsymbol{\alpha}_1+\boldsymbol{\alpha}_2$.

类似地，对矩阵$(\boldsymbol{\alpha}_1,\boldsymbol{\alpha}_2,\boldsymbol{\beta}_2)$施以初等行变换得

$$\begin{pmatrix}1&2&4\\2&-1&3\\-1&1&0\\5&1&11\end{pmatrix}\longrightarrow\begin{pmatrix}1&2&4\\0&-5&-5\\0&3&4\\0&-9&-9\end{pmatrix}\longrightarrow\begin{pmatrix}1&2&4\\0&1&1\\0&0&1\\0&0&0\end{pmatrix}.$$

易见，$r(\boldsymbol{\alpha}_1,\boldsymbol{\alpha}_2,\boldsymbol{\beta}_2)=3$，而 $r(\boldsymbol{\alpha}_1,\boldsymbol{\alpha}_2)=2$，因此 $\boldsymbol{\beta}_2$ 不能由 $\boldsymbol{\alpha}_1,\boldsymbol{\alpha}_2$ 线性表出.

**注** 由本例可知，矩阵经初等行变换之后，其线性表示关系不变.该结论的证明见 3.4 节中的定理 12.

## 习题 3.2

1. 设 $3(\boldsymbol{\alpha}_1-\boldsymbol{\alpha})+2(\boldsymbol{\alpha}_2+\boldsymbol{\alpha})=5(\boldsymbol{\alpha}_3+\boldsymbol{\alpha})$，其中 $\boldsymbol{\alpha}_1=(2,5,1,3)^{\mathrm{T}},\boldsymbol{\alpha}_2=(10,1,5,10)^{\mathrm{T}},\boldsymbol{\alpha}_3=(4,1,-1,1)^{\mathrm{T}}$，求 $\boldsymbol{\alpha}$.

2. 将下列各题中向量 $\boldsymbol{\beta}$ 表示为其他向量的线性组合：

(1) $\boldsymbol{\beta}=(3,5,-6)^{\mathrm{T}},\boldsymbol{\alpha}_1=(1,0,1)^{\mathrm{T}},\boldsymbol{\alpha}_2=(1,1,1)^{\mathrm{T}},\boldsymbol{\alpha}_3=(0,-1,-1)^{\mathrm{T}}$；

(2) $\boldsymbol{\beta}=(2,-1,5,1)^{\mathrm{T}},\boldsymbol{\varepsilon}_1=(1,0,0,0)^{\mathrm{T}},\boldsymbol{\varepsilon}_2=(0,1,0,0)^{\mathrm{T}},\boldsymbol{\varepsilon}_3=(0,0,1,0)^{\mathrm{T}},\boldsymbol{\varepsilon}_4=(0,0,0,1)^{\mathrm{T}}$.

3. 已知向量组 $\boldsymbol{\alpha}_1=(1,0,2,3)^{\mathrm{T}},\boldsymbol{\alpha}_2=(-1,3,0,2)^{\mathrm{T}},\boldsymbol{\alpha}_3=(0,2,-1,0)^{\mathrm{T}}$，分别求满足下列条件的向量 $\boldsymbol{\beta},\boldsymbol{\gamma}$：

(1) $\frac{1}{2}(2\boldsymbol{\beta}-\boldsymbol{\alpha}_1+\boldsymbol{\alpha}_3)=\frac{1}{3}(3\boldsymbol{\alpha}_2-\boldsymbol{\beta}+2\boldsymbol{\alpha}_1)$；

(2) $\begin{cases}\boldsymbol{\beta}-2\boldsymbol{\gamma}=\boldsymbol{\alpha}_1+\boldsymbol{\alpha}_2,\\3\boldsymbol{\beta}+4\boldsymbol{\gamma}=2\boldsymbol{\alpha}_1-\boldsymbol{\alpha}_2-\boldsymbol{\alpha}_3.\end{cases}$

4. 设有向量

$$\boldsymbol{\alpha}_1=\begin{pmatrix}1\\4\\0\\2\end{pmatrix},\quad \boldsymbol{\alpha}_2=\begin{pmatrix}2\\7\\1\\3\end{pmatrix},\quad \boldsymbol{\alpha}_3=\begin{pmatrix}0\\1\\-1\\a\end{pmatrix},\quad \boldsymbol{\beta}=\begin{pmatrix}3\\10\\b\\4\end{pmatrix},$$

试问当 $a,b$ 为何值时：

(1) $\boldsymbol{\beta}$ 不能由 $\boldsymbol{\alpha}_1,\boldsymbol{\alpha}_2,\boldsymbol{\alpha}_3$ 线性表出？

(2) $\boldsymbol{\beta}$ 可由 $\boldsymbol{\alpha}_1,\boldsymbol{\alpha}_2,\boldsymbol{\alpha}_3$ 线性表出？并写出该表示式.

5. 已知向量组

$$\boldsymbol{\beta}_1=\begin{pmatrix}0\\1\\-1\end{pmatrix},\boldsymbol{\beta}_2=\begin{pmatrix}a\\2\\1\end{pmatrix},\boldsymbol{\beta}_3=\begin{pmatrix}b\\1\\0\end{pmatrix},$$

与向量组

$$\boldsymbol{\alpha}_1=\begin{pmatrix}1\\2\\-3\end{pmatrix},\boldsymbol{\alpha}_2=\begin{pmatrix}3\\0\\1\end{pmatrix},\boldsymbol{\alpha}_3=\begin{pmatrix}9\\6\\-7\end{pmatrix},$$

有相同的秩，且 $\boldsymbol{\beta}_3$ 可由 $\boldsymbol{\alpha}_1,\boldsymbol{\alpha}_2,\boldsymbol{\alpha}_3$ 线性表示，求 $a,b$ 的值.

## 3.3　向量组的线性相关性

**定义 5**　设 $\boldsymbol{\alpha}_1,\boldsymbol{\alpha}_2,\cdots,\boldsymbol{\alpha}_s$ 是 $s$ 个 $n$ 维向量，若存在一组不全为零的数 $k_1,k_2,\cdots,k_s$，使得

$$k_1\boldsymbol{\alpha}_1+k_2\boldsymbol{\alpha}_2+\cdots k_s\boldsymbol{\alpha}_s=\mathbf{0},\tag{3.13}$$

则称向量组 $\boldsymbol{\alpha}_1,\boldsymbol{\alpha}_2,\cdots,\boldsymbol{\alpha}_s$ 线性相关. 若式(3.13)当且仅当 $k_1=k_2=\cdots=k_s=0$ 时成立，则称向量组 $\boldsymbol{\alpha}_1,\boldsymbol{\alpha}_2,\cdots,\boldsymbol{\alpha}_s$ 线性无关.

**注**　(1) 一个向量组要么线性相关，要么线性无关.

(2) 包含零向量的任何向量组都是线性相关的.

例如，设向量组的 $\boldsymbol{\alpha}_1,\boldsymbol{\alpha}_2,\cdots,\mathbf{0},\cdots,\boldsymbol{\alpha}_s$，显然有 $0\cdot\boldsymbol{\alpha}_1+0\cdot\boldsymbol{\alpha}_2+\cdots+1\cdot\mathbf{0}+\cdots+0\cdot\boldsymbol{\alpha}_s=\mathbf{0}$，由定义知该向量组线性相关.

(3) 含有两个相同向量的向量组必然线性相关.

例如，向量组 $\boldsymbol{\alpha}_1,\boldsymbol{\alpha}_2,\cdots,\boldsymbol{\alpha}_s$，其中 $\boldsymbol{\alpha}_1=\boldsymbol{\alpha}_2$，则 $1\cdot\boldsymbol{\alpha}_1+(-1)\cdot\boldsymbol{\alpha}_2+0\cdot\boldsymbol{\alpha}_3+\cdots+0\cdot\boldsymbol{\alpha}_s=\mathbf{0}$，由定义知该向量组线性相关.

(4) 向量组只含有一个向量 $\boldsymbol{\alpha}$ 时，当 $\boldsymbol{\alpha}=\mathbf{0}$ 时，线性相关；当 $\boldsymbol{\alpha}\neq\mathbf{0}$ 时，线性无关.

**例 12**　设 $\boldsymbol{\alpha}_1=\begin{pmatrix}1\\0\\0\end{pmatrix},\boldsymbol{\alpha}_2=\begin{pmatrix}0\\1\\1\end{pmatrix},\boldsymbol{\alpha}_3=\begin{pmatrix}0\\2\\2\end{pmatrix}$，判断 $\boldsymbol{\alpha}_1,\boldsymbol{\alpha}_2,\boldsymbol{\alpha}_3$ 是否线性相关.

**解** 由于 $0\cdot\begin{pmatrix}1\\0\\0\end{pmatrix}+2\cdot\begin{pmatrix}0\\1\\1\end{pmatrix}-\begin{pmatrix}0\\2\\2\end{pmatrix}=\begin{pmatrix}0\\0\\0\end{pmatrix}$，即 $0\cdot\boldsymbol{\alpha}_1+2\cdot\boldsymbol{\alpha}_2-\boldsymbol{\alpha}_3=\mathbf{0}$，故向量组 $\boldsymbol{\alpha}_1,\boldsymbol{\alpha}_2,\boldsymbol{\alpha}_3$ 线性相关.

**例 13** 证明：线性相关的向量组增加向量的个数仍然线性相关，相应的线性无关的向量组减少向量的个数仍然线性无关.

**证明** 设 $\boldsymbol{\alpha}_1,\boldsymbol{\alpha}_2,\cdots,\boldsymbol{\alpha}_s$ 线性相关，即存在不全为零的数 $k_1,k_2,\cdots,k_s$，使 $k_1\boldsymbol{\alpha}_1+k_2\boldsymbol{\alpha}_2+\cdots+k_s\boldsymbol{\alpha}_s=\mathbf{0}$ 成立，现增加一个向量 $\boldsymbol{\alpha}_{s+1}$，则有 $k_1\boldsymbol{\alpha}_1+k_2\boldsymbol{\alpha}_2+\cdots+k_s\boldsymbol{\alpha}_s+0\cdot\boldsymbol{\alpha}_{s+1}=\mathbf{0}$，而系数 $k_1,k_2,\cdots,k_s,0$ 仍不全为 0，故向量组 $\boldsymbol{\alpha}_1,\boldsymbol{\alpha}_2,\cdots,\boldsymbol{\alpha}_s,\boldsymbol{\alpha}_{s+1}$ 仍然线性相关.

设 $\boldsymbol{\alpha}_1,\boldsymbol{\alpha}_2,\cdots,\boldsymbol{\alpha}_{t-1},\boldsymbol{\alpha}_t$ 线性无关，假设 $\boldsymbol{\alpha}_1,\boldsymbol{\alpha}_2,\cdots,\boldsymbol{\alpha}_{t-1}$ 线性相关，则由以上结论知 $\boldsymbol{\alpha}_1,\boldsymbol{\alpha}_2,\cdots,\boldsymbol{\alpha}_{t-1},\boldsymbol{\alpha}_t$ 线性相关，与已知矛盾，故 $\boldsymbol{\alpha}_1,\boldsymbol{\alpha}_2,\cdots,\boldsymbol{\alpha}_{t-1}$ 仍线性无关.

**注** (1) 线性相关的向量组减少向量的个数之后可能线性相关，也可能线性无关.

例如，$\boldsymbol{\alpha}_1=\begin{pmatrix}1\\0\\0\end{pmatrix}$，$\boldsymbol{\alpha}_2=\begin{pmatrix}0\\1\\0\end{pmatrix}$，$\boldsymbol{\alpha}_3=\begin{pmatrix}0\\2\\0\end{pmatrix}$，易知 $0\cdot\boldsymbol{\alpha}_1+2\cdot\boldsymbol{\alpha}_2-\boldsymbol{\alpha}_3=\mathbf{0}$，即 $\boldsymbol{\alpha}_1,\boldsymbol{\alpha}_2,\boldsymbol{\alpha}_3$ 线性相关，但 $\boldsymbol{\alpha}_1,\boldsymbol{\alpha}_2$ 线性无关，而 $\boldsymbol{\alpha}_2,\boldsymbol{\alpha}_3$ 线性相关.

(2) 线性无关的向量组增加向量个数之后可能线性相关，也可能线性无关.

例如，$\boldsymbol{\beta}_1=\begin{pmatrix}1\\0\\0\end{pmatrix}$，$\boldsymbol{\beta}_2=\begin{pmatrix}1\\1\\0\end{pmatrix}$，易知 $\boldsymbol{\beta}_1,\boldsymbol{\beta}_2$ 线性无关，现增加 $\boldsymbol{\beta}_3=\begin{pmatrix}1\\1\\1\end{pmatrix}$，由定义知 $\boldsymbol{\beta}_1,\boldsymbol{\beta}_2,\boldsymbol{\beta}_3$ 仍然线性无关；若增加 $\boldsymbol{\beta}_4=\begin{pmatrix}2\\2\\0\end{pmatrix}$，则 $0\cdot\boldsymbol{\beta}_1-2\cdot\boldsymbol{\beta}_2+\boldsymbol{\beta}_4=\mathbf{0}$，故 $\boldsymbol{\beta}_1,\boldsymbol{\beta}_2,\boldsymbol{\beta}_4$ 线性相关.

除了定义之外，如何判断向量组的线性相关性呢？

设有列向量组 $\boldsymbol{\alpha}_1,\boldsymbol{\alpha}_2,\cdots,\boldsymbol{\alpha}_s$ 及由该向量组组成的矩阵 $\boldsymbol{A}=(\boldsymbol{\alpha}_1,\boldsymbol{\alpha}_2,\cdots,\boldsymbol{\alpha}_s)$，若向量组 $\boldsymbol{\alpha}_1,\boldsymbol{\alpha}_2,\cdots,\boldsymbol{\alpha}_s$ 线性相关，也就是说，齐次线性方程组 $x_1\boldsymbol{\alpha}_1+x_2\boldsymbol{\alpha}_2+\cdots+x_s\boldsymbol{\alpha}_s=\mathbf{0}(\boldsymbol{Ax}=\mathbf{0})$ 有非零解，由定理 2 即得如下结论.

**定理 4** $n$ 维列向量组 $\boldsymbol{\alpha}_1,\boldsymbol{\alpha}_2,\cdots,\boldsymbol{\alpha}_s$ 线性相关的充分必要条件是：矩阵 $\boldsymbol{A}=(\boldsymbol{\alpha}_1,\boldsymbol{\alpha}_2,\cdots,\boldsymbol{\alpha}_s)$ 的秩小于向量的个数 $s$.

**证明** 由齐次线性方程组 $x_1\boldsymbol{\alpha}_1+x_2\boldsymbol{\alpha}_2+\cdots+x_s\boldsymbol{\alpha}_s=\mathbf{0}$ 有非零解的充分必要条件：其系数矩阵的秩小于未知量的个数，定理得证.

**推论 1** $n$ 维列向量组 $\boldsymbol{\alpha}_1,\boldsymbol{\alpha}_2,\cdots,\boldsymbol{\alpha}_s$ 线性无关的充分必要条件：矩阵 $\boldsymbol{A}=(\boldsymbol{\alpha}_1,\boldsymbol{\alpha}_2,\cdots,\boldsymbol{\alpha}_s)$ 的秩等于向量个数 $s$.

**推论 2** $n$ 个 $n$ 维列向量组 $\boldsymbol{\alpha}_1,\boldsymbol{\alpha}_2,\cdots,\boldsymbol{\alpha}_n$ 线性无关（线性相关）的充分必要条件是：矩阵 $\boldsymbol{A}=(\boldsymbol{\alpha}_1,\boldsymbol{\alpha}_2,\cdots,\boldsymbol{\alpha}_n)$ 的行列式不等于（等于）零.

**推论 3** 当向量组中所含向量的个数大于向量的维数时，此向量组必然线性相关.

**例 14** 设 $\boldsymbol{\alpha}_1=(1,0,2,3)^{\mathrm{T}}$，$\boldsymbol{\alpha}_2=(1,1,3,5)^{\mathrm{T}}$，$\boldsymbol{\alpha}_3=(1,-1,a,1)^{\mathrm{T}}$，问 $a$ 为何值时，$\boldsymbol{\alpha}_1,\boldsymbol{\alpha}_2,\boldsymbol{\alpha}_3$ 线性相关？

**解**　对 $\boldsymbol{A}=(\boldsymbol{\alpha}_1,\boldsymbol{\alpha}_2,\boldsymbol{\alpha}_3)$ 施以初等行变换，得

$$\boldsymbol{A}=\begin{pmatrix}1&1&1\\0&1&-1\\2&3&a\\3&5&1\end{pmatrix}\longrightarrow\begin{pmatrix}1&1&1\\0&1&-1\\0&1&a-2\\0&2&-2\end{pmatrix}\longrightarrow\begin{pmatrix}1&1&1\\0&1&-1\\0&0&a-1\\0&0&0\end{pmatrix}.$$

当 $a=1$ 时，$r(\boldsymbol{A})=2<3$，由定理 4 知，$\boldsymbol{\alpha}_1,\boldsymbol{\alpha}_2,\boldsymbol{\alpha}_3$ 线性相关.

**例 15**　证明 $n$ 维单位向量组 $\boldsymbol{\varepsilon}_1=(1,0,\cdots,0)^{\mathrm{T}},\boldsymbol{\varepsilon}_2=(0,1,0,\cdots,0)^{\mathrm{T}},\cdots,\boldsymbol{\varepsilon}_n=(0,0,\cdots,1)^{\mathrm{T}}$ 线性无关.

**证明**　因为

$$|(\boldsymbol{\varepsilon}_1,\boldsymbol{\varepsilon}_2,\cdots,\boldsymbol{\varepsilon}_n)|=\begin{vmatrix}1&0&\cdots&0\\0&1&\cdots&0\\\vdots&\vdots&&\vdots\\0&0&\cdots&1\end{vmatrix}=1\neq0,$$

由推论 2 知，$\boldsymbol{\varepsilon}_1,\boldsymbol{\varepsilon}_2,\cdots,\boldsymbol{\varepsilon}_n$ 线性无关.

**例 16**　已知向量组 $\boldsymbol{\alpha}_1=(a_{11},a_{21},a_{31})^{\mathrm{T}},\boldsymbol{\alpha}_2=(a_{12},a_{22},a_{32})^{\mathrm{T}},\boldsymbol{\alpha}_3=(a_{13},a_{23},a_{33})^{\mathrm{T}}$ 线性无关，求证向量组 $\boldsymbol{\beta}_1=(a_{11},a_{21},a_{31},b_1)^{\mathrm{T}},\boldsymbol{\beta}_2=(a_{12},a_{22},a_{32},b_2)^{\mathrm{T}},\boldsymbol{\beta}_3=(a_{13},a_{23},a_{33},b_3)^{\mathrm{T}}$ 也线性无关.

**证明**　已知 $\boldsymbol{\alpha}_1,\boldsymbol{\alpha}_2,\boldsymbol{\alpha}_3$ 线性无关等价于齐次线性方程组

$$\begin{cases}a_{11}x_1+a_{12}x_2+a_{13}x_3=0,\\a_{21}x_1+a_{22}x_2+a_{23}x_3=0,\\a_{31}x_1+a_{32}x_2+a_{33}x_3=0\end{cases}\tag{3.14}$$

只有零解.

欲证 $\boldsymbol{\beta}_1,\boldsymbol{\beta}_2,\boldsymbol{\beta}_3$ 线性无关，只需证线性方程组 $x_1\boldsymbol{\beta}_1+x_2\boldsymbol{\beta}_2+x_3\boldsymbol{\beta}_3=\boldsymbol{0}$，即

$$\begin{cases}a_{11}x_1+a_{12}x_2+a_{13}x_3=0,\\a_{21}x_1+a_{22}x_2+a_{23}x_3=0,\\a_{31}x_1+a_{32}x_2+a_{33}x_3=0,\\b_1x_1+b_2x_2+b_3x_3=0\end{cases}\tag{3.15}$$

只有零解. 这是显然的，因为若方程组(3.15)有非零解，则其前三个方程必有非零解，则与方程组(3.14)只有零解矛盾. 因此，$\boldsymbol{\beta}_1,\boldsymbol{\beta}_2,\boldsymbol{\beta}_3$ 线性无关.

**注**　这个结论推广到一般情况得到如下结论：线性无关的向量组增加各向量组的维数(注意：增加各向量的同维分量)后的向量组仍然线性无关；而线性相关的向量组减少各向量的维数(注意：减少各向量的同维分量)后的向量组仍然线性相关. 简而言之，增加维数不改变线性无关性，而减少维数不改变线性相关性(逆否命题). 后一结论也可以从前面的方程组(3.15)有非零解时，方程组(3.14)也必有非零解得出.

**例 17**　已知向量组 $\boldsymbol{\alpha}_1,\boldsymbol{\alpha}_2,\boldsymbol{\alpha}_3$ 线性无关，证明向量 $\boldsymbol{\alpha}_1+2\boldsymbol{\alpha}_2,2\boldsymbol{\alpha}_2+3\boldsymbol{\alpha}_3,3\boldsymbol{\alpha}_3+\boldsymbol{\alpha}_1$ 也线性无关.

**证明**　令

$$k_1(\boldsymbol{\alpha}_1+2\boldsymbol{\alpha}_2)+k_2(2\boldsymbol{\alpha}_2+3\boldsymbol{\alpha}_3)+k_3(3\boldsymbol{\alpha}_3+\boldsymbol{\alpha}_1)=\mathbf{0},$$

整理得

$$(k_1+k_3)\boldsymbol{\alpha}_1+2(k_1+k_2)\boldsymbol{\alpha}_2+3(k_2+k_3)\boldsymbol{\alpha}_3=\mathbf{0}.$$

因为 $\boldsymbol{\alpha}_1,\boldsymbol{\alpha}_2,\boldsymbol{\alpha}_3$ 线性无关，所以

$$\begin{cases}k_1+k_3=0,\\k_1+k_2=0,\\k_2+k_3=0.\end{cases}$$

由于系数行列式 $\begin{vmatrix}1&0&1\\1&1&0\\0&1&1\end{vmatrix}=2\neq0$，所以 $k_1=k_2=k_3=0$，故 $\boldsymbol{\alpha}_1+2\boldsymbol{\alpha}_2,2\boldsymbol{\alpha}_2+3\boldsymbol{\alpha}_3,3\boldsymbol{\alpha}_3+\boldsymbol{\alpha}_1$ 也线性无关.

**定理 5** 向量组 $\boldsymbol{\alpha}_1,\boldsymbol{\alpha}_2,\cdots,\boldsymbol{\alpha}_s(s\geqslant2)$ 线性相关的充分必要条件是向量组中至少有一个向量可由其余 $s-1$ 个向量线性表出.

**证明** 先证必要性. 设 $\boldsymbol{\alpha}_1,\boldsymbol{\alpha}_2,\cdots,\boldsymbol{\alpha}_s$ 线性相关，则存在 $s$ 个不全为零的数 $k_1,k_2,\cdots,k_s$，使得 $k_1\boldsymbol{\alpha}_1+k_2\boldsymbol{\alpha}_2+\cdots+k_s\boldsymbol{\alpha}_s=\mathbf{0}$ 成立. 不妨设 $k_1\neq0$，于是有

$$\boldsymbol{\alpha}_1=\left(-\frac{k_2}{k_1}\right)\boldsymbol{\alpha}_2+\cdots+\left(-\frac{k_s}{k_1}\right)\boldsymbol{\alpha}_s,$$

即 $\boldsymbol{\alpha}_1$ 可由其余向量线性表出.

再证充分性. 设 $\boldsymbol{\alpha}_1,\boldsymbol{\alpha}_2,\cdots,\boldsymbol{\alpha}_s$ 中至少有一个向量能由其余向量线性表出，不妨设 $\boldsymbol{\alpha}_1=k_2\boldsymbol{\alpha}_2+\cdots+k_s\boldsymbol{\alpha}$，即 $(-1)\boldsymbol{\alpha}_1+k_2\boldsymbol{\alpha}_2+\cdots+k_s\boldsymbol{\alpha}_s=\mathbf{0}$，故向量组 $\boldsymbol{\alpha}_1,\boldsymbol{\alpha}_2,\cdots,\boldsymbol{\alpha}_s$ 线性相关.

**注** 线性相关的向量组中至少有一个向量能被其余向量线性表出，但并不是每一个向量都能被其余向量线性表出.

例如，设 $\boldsymbol{\alpha}_1=(1,-2,0)^{\mathrm{T}},\boldsymbol{\alpha}_2=\left(-\frac{1}{2},1,0\right)^{\mathrm{T}},\boldsymbol{\alpha}_3=(0,0,-1)^{\mathrm{T}}$，易知 $\boldsymbol{\alpha}_1+2\cdot\boldsymbol{\alpha}_2+0\cdot\boldsymbol{\alpha}_3=\mathbf{0}$，故 $\boldsymbol{\alpha}_1,\boldsymbol{\alpha}_2,\cdots,\boldsymbol{\alpha}_s$ 线性相关，其中 $\boldsymbol{\alpha}_1=-2\boldsymbol{\alpha}_2+0\cdot\boldsymbol{\alpha}_3$，但 $\boldsymbol{\alpha}_3$ 不能由 $\boldsymbol{\alpha}_1,\boldsymbol{\alpha}_2$ 线性表出.

**定理 6** 若 $n$ 维向量组 $\boldsymbol{\alpha}_1,\boldsymbol{\alpha}_2,\cdots,\boldsymbol{\alpha}_s$ 线性无关，而 $\boldsymbol{\alpha}_1,\boldsymbol{\alpha}_2,\cdots,\boldsymbol{\alpha}_s,\boldsymbol{\beta}$ 线性相关，则 $\boldsymbol{\beta}$ 必可以被 $\boldsymbol{\alpha}_1,\boldsymbol{\alpha}_2,\cdots,\boldsymbol{\alpha}_s$ 线性表出，且表出系数唯一.

**证明** 因为 $\boldsymbol{\alpha}_1,\boldsymbol{\alpha}_2,\cdots,\boldsymbol{\alpha}_s,\boldsymbol{\beta}$ 线性相关，故存在不全为零的数 $k_1,k_2,\cdots,k_s,k$ 使得 $k_1\boldsymbol{\alpha}_1+k_2\boldsymbol{\alpha}_2+\cdots+k_s\boldsymbol{\alpha}_s+k\boldsymbol{\beta}=\mathbf{0}$，注意到 $\boldsymbol{\alpha}_1,\boldsymbol{\alpha}_2,\cdots,\boldsymbol{\alpha}_s$ 线性无关，易知 $k\neq0$（否则 $\boldsymbol{\alpha}_1,\boldsymbol{\alpha}_2,\cdots,\boldsymbol{\alpha}_s$ 线性相关），所以

$$\boldsymbol{\beta}=\left(-\frac{k_1}{k}\right)\boldsymbol{\alpha}_1+\left(-\frac{k_2}{k}\right)\boldsymbol{\alpha}_2+\cdots+\left(-\frac{k_s}{k}\right)\boldsymbol{\alpha}_s.$$

再证表示法的唯一性. 若 $\boldsymbol{\beta}$ 有两种表示方法，不妨设为

$$\boldsymbol{\beta}=x_1\boldsymbol{\alpha}_1+x_2\boldsymbol{\alpha}_2+\cdots+x_s\boldsymbol{\alpha}_s,$$
$$\boldsymbol{\beta}=y_1\boldsymbol{\alpha}_1+y_2\boldsymbol{\alpha}_2+\cdots+y_s\boldsymbol{\alpha}_s.$$

两式相减得

$$(x_1-y_1)\boldsymbol{\alpha}_1+(x_2-y_2)\boldsymbol{\alpha}_2+\cdots+(x_s-y_s)\boldsymbol{\alpha}_s=\mathbf{0}.$$

因 $\boldsymbol{\alpha}_1,\boldsymbol{\alpha}_2,\cdots,\boldsymbol{\alpha}_s$ 线性无关，故上式的表出系数全为零，即 $x_1-y_1=x_2-y_2=\cdots=x_s-y_s$

$=0$，也即 $x_1=y_1,x_2=y_2,\cdots,x_s=y_s$，所以 $\boldsymbol{\beta}$ 的表出系数唯一.

关于两个向量组的线性关系，有以下定义.

**定义 6**　设有两个向量组(Ⅰ) $\boldsymbol{\alpha}_1,\boldsymbol{\alpha}_2,\cdots,\boldsymbol{\alpha}_s$；(Ⅱ) $\boldsymbol{\beta}_1,\boldsymbol{\beta}_2,\cdots,\boldsymbol{\beta}_t$. 若向量组(Ⅱ)中的每一个向量都能由向量组(Ⅰ)线性表出，并且向量组(Ⅰ)也能由向量组(Ⅱ)线性表出，则称向量组(Ⅰ)与向量组(Ⅱ)等价.

由定义知，若向量组(Ⅱ)能由向量组(Ⅰ)线性表出，则存在 $k_{1j},k_{2j},\cdots,k_{sj}\ (j=1,2,\cdots,t)$使得

$$\boldsymbol{\beta}_j=k_{1j}\boldsymbol{\alpha}_1+k_{2j}\boldsymbol{\alpha}_2+\cdots+k_{sj}\boldsymbol{\alpha}_s=(\boldsymbol{\alpha}_1,\boldsymbol{\alpha}_2,\cdots,\boldsymbol{\alpha}_s)\begin{pmatrix}k_{1j}\\k_{2j}\\\vdots\\k_{sj}\end{pmatrix}\quad(j=1,2,\cdots,t),$$

故

$$(\boldsymbol{\beta}_1,\boldsymbol{\beta}_2,\cdots,\boldsymbol{\beta}_t)=(\boldsymbol{\alpha}_1,\boldsymbol{\alpha}_2,\cdots,\boldsymbol{\alpha}_s)\begin{pmatrix}k_{11}&k_{12}&\cdots&k_{1t}\\k_{21}&k_{22}&\cdots&k_{2t}\\\vdots&\vdots&&\vdots\\k_{s1}&k_{s2}&\cdots&k_{st}\end{pmatrix},$$

其中矩阵 $\boldsymbol{K}_{st}=(k_{ij})_{s\times t}$ 称为这一线性表出的系数矩阵.

**定理 7**　设有两个向量组(Ⅰ) $\boldsymbol{\alpha}_1,\boldsymbol{\alpha}_2,\cdots,\boldsymbol{\alpha}_s$；(Ⅱ) $\boldsymbol{\beta}_1,\boldsymbol{\beta}_2,\cdots,\boldsymbol{\beta}_t$. 向量组(Ⅱ)能由向量组(Ⅰ)线性表出，若 $s<t$，则向量组(Ⅱ)线性相关.

**证明**　设

$$(\boldsymbol{\beta}_1,\boldsymbol{\beta}_2,\cdots,\boldsymbol{\beta}_t)=(\boldsymbol{\alpha}_1,\boldsymbol{\alpha}_2,\cdots,\boldsymbol{\alpha}_s)\begin{pmatrix}k_{11}&k_{12}&\cdots&k_{1t}\\k_{21}&k_{22}&\cdots&k_{2t}\\\vdots&\vdots&&\vdots\\k_{s1}&k_{s2}&\cdots&k_{st}\end{pmatrix},\tag{3.16}$$

即 $\boldsymbol{\beta}_j=k_{1j}\boldsymbol{\alpha}_1+k_{2j}\boldsymbol{\alpha}_2+\cdots+k_{sj}\boldsymbol{\alpha}_s\ (j=1,2,\cdots,t)$.

需证明存在不全为零的数 $x_1,x_2,\cdots,x_t$，使

$$x_1\boldsymbol{\beta}_1+x_2\boldsymbol{\beta}_2+\cdots+x_t\boldsymbol{\beta}_t=(\boldsymbol{\beta}_1,\boldsymbol{\beta}_2,\cdots,\boldsymbol{\beta}_t)\begin{pmatrix}x_1\\x_2\\\vdots\\x_t\end{pmatrix}=\boldsymbol{0}.\tag{3.17}$$

将式(3.16)代入(3.17)，得

$$(\boldsymbol{\alpha}_1,\boldsymbol{\alpha}_2,\cdots,\boldsymbol{\alpha}_s)\begin{pmatrix}k_{11}&k_{12}&\cdots&k_{1t}\\k_{21}&k_{22}&\cdots&k_{2t}\\\vdots&\vdots&&\vdots\\k_{s1}&k_{s2}&\cdots&k_{st}\end{pmatrix}\begin{pmatrix}x_1\\x_2\\\vdots\\x_t\end{pmatrix}=\boldsymbol{0}.\tag{3.18}$$

显然，欲使式(3.18)成立，只需令 $\boldsymbol{\alpha}_i\ (i=1,2,\cdots,s)$ 的系数为零，从而得到齐次线性方程组

$$\begin{pmatrix} k_{11} & k_{12} & \cdots & k_{1t} \\ k_{21} & k_{22} & \cdots & k_{2t} \\ \vdots & \vdots & & \vdots \\ k_{s1} & k_{s2} & \cdots & k_{st} \end{pmatrix}\begin{pmatrix} x_1 \\ x_2 \\ \vdots \\ x_t \end{pmatrix}=\mathbf{0}.$$

由于 $s<t$,故上述齐次线性方程组有非零解,即式(3.17)中 $x_1,x_2,\cdots,x_t$ 可以不全为零,从而向量组(Ⅱ)线性相关.

**注** 向量组(Ⅱ)可由向量组(Ⅰ)线性表出,也就是说向量组(Ⅱ)可由向量组(Ⅰ)生成.定理 7 的另一种说法:若生成的向量个数大于原向量的个数,则生成的向量组必线性相关.可简记为:多者若能由少者线性表出,多者必线性相关.此外,还要注意,这时无须考虑向量组(Ⅰ)是否线性相关.

**推论** 如果向量组 $\boldsymbol{\beta}_1,\boldsymbol{\beta}_2,\cdots,\boldsymbol{\beta}_t$ 线性无关,且它可由向量组 $\boldsymbol{\alpha}_1,\boldsymbol{\alpha}_2,\cdots,\boldsymbol{\alpha}_s$ 线性表出,则 $t\leqslant s$.

## 习题 3.3

1. 判断下列向量组的线性相关性:

(1) $\boldsymbol{\alpha}_1=(1,0,-1)^{\mathrm{T}},\boldsymbol{\alpha}_2=(-2,2,0)^{\mathrm{T}},\boldsymbol{\alpha}_3=(3,-5,2)^{\mathrm{T}}$;

(2) $\boldsymbol{\alpha}_1=(1,1,3,1)^{\mathrm{T}},\boldsymbol{\alpha}_2=(3,-1,2,4)^{\mathrm{T}},\boldsymbol{\alpha}_3=(2,2,7,-1)^{\mathrm{T}}$;

(3) $\boldsymbol{\alpha}_1=(a,1,1,1)^{\mathrm{T}},\boldsymbol{\alpha}_2=(b,1,1,0)^{\mathrm{T}},\boldsymbol{\alpha}_3=(c,1,0,0)^{\mathrm{T}}$.

2. 设向量组 $\boldsymbol{\alpha}_1=(6,k+1,3)^{\mathrm{T}},\boldsymbol{\alpha}_2=(k,2,-2)^{\mathrm{T}},\boldsymbol{\alpha}_3=(k,1,0)^{\mathrm{T}}$. 问 $k$ 为何值时,$\boldsymbol{\alpha}_1,\boldsymbol{\alpha}_2,\boldsymbol{\alpha}_3$ 线性相关?当 $\boldsymbol{\alpha}_1,\boldsymbol{\alpha}_2,\boldsymbol{\alpha}_3$ 线性相关时,将 $\boldsymbol{\alpha}_3$ 由 $\boldsymbol{\alpha}_1,\boldsymbol{\alpha}_2$ 线性表出.

3. 判断下列命题是否正确?为什么?

(1) 向量组 $\boldsymbol{\alpha}_1,\boldsymbol{\alpha}_2,\boldsymbol{\alpha}_3$ 中,任意两个向量均线性无关,则 $\boldsymbol{\alpha}_1,\boldsymbol{\alpha}_2,\boldsymbol{\alpha}_3$ 线性无关.

(2) 存在一组全为零的数 $k_1,k_2,\cdots,k_s$,使得 $k_1\boldsymbol{\alpha}_1+k_2\boldsymbol{\alpha}_2+\cdots k_s\boldsymbol{\alpha}_s=\mathbf{0}$,则向量组 $\boldsymbol{\alpha}_1,\boldsymbol{\alpha}_2,\cdots,\boldsymbol{\alpha}_s$ 线性无关.

(3) 向量组 $\boldsymbol{\alpha}_1,\boldsymbol{\alpha}_2,\cdots,\boldsymbol{\alpha}_s$ 中,任意两个向量均线性相关,则向量组 $\boldsymbol{\alpha}_1,\boldsymbol{\alpha}_2,\cdots,\boldsymbol{\alpha}_s$ 线性相关.

(4) 若向量组 $\boldsymbol{\alpha}_1,\boldsymbol{\alpha}_2,\cdots,\boldsymbol{\alpha}_s(s\geqslant 2)$ 线性相关,则其中每个向量均可被其他 $s-1$ 个向量线性表出.

(5) $n$ 维向量组 $\boldsymbol{\alpha}_1,\boldsymbol{\alpha}_2,\cdots,\boldsymbol{\alpha}_n$ 中存在某个向量是其余向量的线性组合 $\Leftrightarrow |(\boldsymbol{\alpha}_1,\boldsymbol{\alpha}_2,\cdots,\boldsymbol{\alpha}_n)|=0$.

(6) $\boldsymbol{A}$ 是 $m\times n$ 矩阵,齐次线性方程组 $\boldsymbol{Ax}=\mathbf{0}$ 有非零解的充分必要条件是 $\boldsymbol{A}$ 的列向量组线性相关.

(7) 若向量组 $\boldsymbol{\alpha}_1,\boldsymbol{\alpha}_2,\boldsymbol{\alpha}_3$ 线性相关,则 $\boldsymbol{\alpha}_3$ 可被 $\boldsymbol{\alpha}_1,\boldsymbol{\alpha}_2$ 线性表出.

4. 已知向量组 $\boldsymbol{\alpha}_1,\boldsymbol{\alpha}_2,\boldsymbol{\alpha}_3,\boldsymbol{\alpha}_4$ 线性无关,问 $\boldsymbol{\alpha}_1+\boldsymbol{\alpha}_2,\boldsymbol{\alpha}_2+\boldsymbol{\alpha}_3,\boldsymbol{\alpha}_3+\boldsymbol{\alpha}_4,\boldsymbol{\alpha}_4+\boldsymbol{\alpha}_1$ 是否线性无关?为什么?

5. 已知 $\boldsymbol{\alpha}_1,\boldsymbol{\alpha}_2,\boldsymbol{\alpha}_3$ 线性相关,$\boldsymbol{\alpha}_2,\boldsymbol{\alpha}_3,\boldsymbol{\alpha}_4$ 线性无关,证明:

(1) $\boldsymbol{\alpha}_1$ 可以被 $\boldsymbol{\alpha}_2,\boldsymbol{\alpha}_3,\boldsymbol{\alpha}_4$ 线性表出;

(2) $\boldsymbol{\alpha}_4$ 不能被 $\boldsymbol{\alpha}_1,\boldsymbol{\alpha}_2,\boldsymbol{\alpha}_3$ 线性表出.

6. 设 $\boldsymbol{\alpha}_1,\boldsymbol{\alpha}_2$ 是 $n$ 维向量，且 $\boldsymbol{\beta}_1=\boldsymbol{\alpha}_1-\boldsymbol{\alpha}_2,\boldsymbol{\beta}_2=2\boldsymbol{\alpha}_1+\boldsymbol{\alpha}_2,\boldsymbol{\beta}_3=3\boldsymbol{\alpha}_1+5\boldsymbol{\alpha}_2$，则(　　).

A. $\boldsymbol{\beta}_1,\boldsymbol{\beta}_2,\boldsymbol{\beta}_3$ 必线性无关

B. $\boldsymbol{\beta}_1,\boldsymbol{\beta}_2,\boldsymbol{\beta}_3$ 必线性相关

C. 仅当 $\boldsymbol{\alpha}_1,\boldsymbol{\alpha}_2$ 线性无关时，$\boldsymbol{\beta}_1,\boldsymbol{\beta}_2,\boldsymbol{\beta}_3$ 线性无关

D. 仅当 $\boldsymbol{\alpha}_1,\boldsymbol{\alpha}_2$ 线性无关时，$\boldsymbol{\beta}_1,\boldsymbol{\beta}_2,\boldsymbol{\beta}_3$ 线性相关

## 3.4　向量组的秩

### 3.4.1　向量组的极大线性无关组与向量组的秩

**定义 7**　在向量组 $\boldsymbol{\alpha}_1,\boldsymbol{\alpha}_2,\cdots,\boldsymbol{\alpha}_s$ 中，如果存在 $r$ 个向量 $\boldsymbol{\alpha}_{i_1},\boldsymbol{\alpha}_{i_2},\cdots,\boldsymbol{\alpha}_{i_r}$ 线性无关，并且任意 $r+1$ 个向量(如果存在的话)均线性相关，则称 $\boldsymbol{\alpha}_{i_1},\boldsymbol{\alpha}_{i_2},\cdots,\boldsymbol{\alpha}_{i_r}$ 是向量组 $\boldsymbol{\alpha}_1,\boldsymbol{\alpha}_2,\cdots,\boldsymbol{\alpha}_s$ 的一个极大线性无关组. 数 $r$ 称为向量组 $\boldsymbol{\alpha}_1,\boldsymbol{\alpha}_2,\cdots,\boldsymbol{\alpha}_s$ 的秩，记作秩$(\boldsymbol{\alpha}_1,\boldsymbol{\alpha}_2,\cdots,\boldsymbol{\alpha}_s)=r$ 或 $r(\boldsymbol{\alpha}_1,\boldsymbol{\alpha}_2,\cdots,\boldsymbol{\alpha}_s)=r$.

例如，$\boldsymbol{\alpha}_1=(1,0,0)^{\mathrm{T}},\boldsymbol{\alpha}_2=(0,1,0)^{\mathrm{T}},\boldsymbol{\alpha}_3=(0,0,1)^{\mathrm{T}},\boldsymbol{\alpha}_4=(1,0,1)^{\mathrm{T}},\boldsymbol{\alpha}_5=(1,1,1)^{\mathrm{T}}$，易知 $\boldsymbol{\alpha}_1,\boldsymbol{\alpha}_2,\boldsymbol{\alpha}_3$ 线性无关，而该向量组中任意四个向量均线性相关，由定义知 $r(\boldsymbol{\alpha}_1,\boldsymbol{\alpha}_2,\boldsymbol{\alpha}_3,\boldsymbol{\alpha}_4,\boldsymbol{\alpha}_5)=3$，其中 $\boldsymbol{\alpha}_1,\boldsymbol{\alpha}_2,\boldsymbol{\alpha}_3$ 是向量组 $\boldsymbol{\alpha}_1,\boldsymbol{\alpha}_2,\boldsymbol{\alpha}_3,\boldsymbol{\alpha}_4,\boldsymbol{\alpha}_5$ 的一个极大线性无关组，同时容易判断 $\boldsymbol{\alpha}_1,\boldsymbol{\alpha}_2,\boldsymbol{\alpha}_4$ 也是向量组的一个极大线性无关组.

**注**　一般来说，一个向量组的极大线性无关组不唯一，由以下定理可知，向量组的极大线性无关组中向量的个数(向量组的秩)是唯一的.

**定理 8**　一个向量组的秩是唯一的.

**证明**　设 $\boldsymbol{\alpha}_{i_1},\boldsymbol{\alpha}_{i_2},\cdots,\boldsymbol{\alpha}_{i_r}$ 和 $\boldsymbol{\alpha}_{j_1},\boldsymbol{\alpha}_{j_2},\cdots,\boldsymbol{\alpha}_{j_t}$ 均为向量组 $\boldsymbol{\alpha}_1,\boldsymbol{\alpha}_2,\cdots,\boldsymbol{\alpha}_s$ 的极大线性无关组. 下面证明 $r=t$. 因 $\boldsymbol{\alpha}_{i_1},\boldsymbol{\alpha}_{i_2},\cdots,\boldsymbol{\alpha}_{i_r}$ 为向量组的一个极大线性无关组，添加 $\boldsymbol{\alpha}_{j_1},\boldsymbol{\alpha}_{j_2},\cdots,\boldsymbol{\alpha}_{j_t}$ 中的任一个向量 $\boldsymbol{\alpha}_{j_k}$，则 $\boldsymbol{\alpha}_{i_1},\boldsymbol{\alpha}_{i_2},\cdots,\boldsymbol{\alpha}_{i_r},\boldsymbol{\alpha}_{j_k}$ 必线性相关，因此，$\boldsymbol{\alpha}_{j_1},\boldsymbol{\alpha}_{j_2},\cdots,\boldsymbol{\alpha}_{j_t}$ 可由 $\boldsymbol{\alpha}_{i_1},\boldsymbol{\alpha}_{i_2},\cdots,\boldsymbol{\alpha}_{i_r}$ 线性表出. 由定理 7 的推论知，$t\leqslant r$，类似证明可得到 $r\leqslant t$，故 $r=t$.

一个向量组确定了，那么它的秩就唯一确定了.

只含零向量的向量组的秩为 0，即 $r(\mathbf{0})=0$.

显然，向量组 $\boldsymbol{\alpha}_1,\boldsymbol{\alpha}_2,\cdots,\boldsymbol{\alpha}_s$ 线性无关的充分必要条件是 $r(\boldsymbol{\alpha}_1,\boldsymbol{\alpha}_2,\cdots,\boldsymbol{\alpha}_s)=s$.

**定理 9**　如果 $\boldsymbol{\alpha}_{j_1},\boldsymbol{\alpha}_{j_2},\cdots,\boldsymbol{\alpha}_{j_r}$ 是 $\boldsymbol{\alpha}_1,\boldsymbol{\alpha}_2,\cdots,\boldsymbol{\alpha}_s$ 的线性无关部分组，它是极大线性无关组的充分必要条件是 $\boldsymbol{\alpha}_1,\boldsymbol{\alpha}_2,\cdots,\boldsymbol{\alpha}_s$ 中每一个向量都可由 $\boldsymbol{\alpha}_{j_1},\boldsymbol{\alpha}_{j_2},\cdots,\boldsymbol{\alpha}_{j_r}$ 线性表出.

**证明**　先证明必要性. 若 $\boldsymbol{\alpha}_{j_1},\boldsymbol{\alpha}_{j_2},\cdots,\boldsymbol{\alpha}_{j_r}$ 是 $\boldsymbol{\alpha}_1,\boldsymbol{\alpha}_2,\cdots,\boldsymbol{\alpha}_s$ 的一个极大线性无关组，则当 $j$ 是 $j_1,j_2,\cdots,j_r$ 中的数时，显然 $\boldsymbol{\alpha}_j$ 可由 $\boldsymbol{\alpha}_{j_1},\boldsymbol{\alpha}_{j_2},\cdots,\boldsymbol{\alpha}_{j_r}$ 线性表出，而当 $j$ 不是 $j_1,j_2,\cdots,j_r$ 中的数时，由定义 7 可知，$\boldsymbol{\alpha}_j,\boldsymbol{\alpha}_{j_1},\boldsymbol{\alpha}_{j_2},\cdots,\boldsymbol{\alpha}_{j_r}$ 线性相关. 又 $\boldsymbol{\alpha}_{j_1},\boldsymbol{\alpha}_{j_2},\cdots,\boldsymbol{\alpha}_{j_r}$ 线性无关，由定理 6 知 $\boldsymbol{\alpha}_j$ 可由 $\boldsymbol{\alpha}_{j_1},\boldsymbol{\alpha}_{j_2},\cdots,\boldsymbol{\alpha}_{j_r}$ 线性表出.

再证明充分性. 如果 $\boldsymbol{\alpha}_1,\boldsymbol{\alpha}_2,\cdots,\boldsymbol{\alpha}_s$ 可由 $\boldsymbol{\alpha}_{j_1},\boldsymbol{\alpha}_{j_2},\cdots,\boldsymbol{\alpha}_{j_r}$ 线性表出，则 $\boldsymbol{\alpha}_1,\boldsymbol{\alpha}_2,\cdots,\boldsymbol{\alpha}_s$ 中任意 $r+1(s>t)$ 个向量都线性相关，又 $\boldsymbol{\alpha}_{j_1},\boldsymbol{\alpha}_{j_2},\cdots,\boldsymbol{\alpha}_{j_r}$ 线性无关，由定义 7 知，$\boldsymbol{\alpha}_{j_1},\boldsymbol{\alpha}_{j_2},\cdots,\boldsymbol{\alpha}_{j_r}$ 是极

大线性无关组.

**定理 10** 若向量组(Ⅰ) $\boldsymbol{\alpha}_1,\boldsymbol{\alpha}_2,\cdots,\boldsymbol{\alpha}_s$ 可由向量组(Ⅱ)$\boldsymbol{\beta}_1,\boldsymbol{\beta}_2,\cdots,\boldsymbol{\beta}_t$ 线性表出,则 $r$(Ⅰ)$\leqslant r$(Ⅱ).

**证明** 设 $r(\boldsymbol{\alpha}_1,\boldsymbol{\alpha}_2,\cdots,\boldsymbol{\alpha}_s)=r$,而 $\boldsymbol{\alpha}_{i_1},\boldsymbol{\alpha}_{i_2},\cdots,\boldsymbol{\alpha}_{i_r}$ 为向量组(Ⅰ)的一个极大线性无关组;$r(\boldsymbol{\beta}_1,\boldsymbol{\beta}_2,\cdots,\boldsymbol{\beta}_t)=p$,而 $\boldsymbol{\beta}_{j_1},\boldsymbol{\beta}_{j_2},\cdots,\boldsymbol{\beta}_{j_p}$ 为向量组(Ⅱ)的一个极大线性无关组.

因已知向量组(Ⅰ)可以被向量组(Ⅱ)线性表出,故 $\boldsymbol{\alpha}_{i_1},\boldsymbol{\alpha}_{i_2},\cdots,\boldsymbol{\alpha}_{i_r}$ 可被向量组(Ⅱ)线性表出.而向量组(Ⅱ)又可以被其极大线性无关组 $\boldsymbol{\beta}_{j_1},\boldsymbol{\beta}_{j_2},\cdots,\boldsymbol{\beta}_{j_p}$ 线性表出,因此 $\boldsymbol{\alpha}_{i_1},\boldsymbol{\alpha}_{i_2},\cdots,\boldsymbol{\alpha}_{i_r}$ 可以被 $\boldsymbol{\beta}_{j_1},\boldsymbol{\beta}_{j_2},\cdots,\boldsymbol{\beta}_{j_p}$ 线性表出.由定理 7 的推论知 $r\leqslant p$,即 $r$(Ⅰ)$\leqslant r$(Ⅱ).

**推论** 等价的向量组有相同的秩.

### 3.4.2 向量组的秩与矩阵的秩的关系

一个 $m\times n$ 矩阵 $\boldsymbol{A}$ 可以看作是它的 $m$ 个 $n$ 维行向量构成的,也可以看作是它的 $n$ 个 $m$ 维列向量构成的.通常称矩阵 $\boldsymbol{A}$ 的行向量组的秩为 $\boldsymbol{A}$ 的行秩,称矩阵 $\boldsymbol{A}$ 的列向量组的秩为 $\boldsymbol{A}$ 的列秩.那么,矩阵的秩与它的行秩、列秩之间的关系如何呢?

**定理 11** 对任意矩阵 $\boldsymbol{A}$,有 $r(\boldsymbol{A})=\boldsymbol{A}$ 的列秩$=\boldsymbol{A}$ 的行秩.

证明从略.

**注** (1) 矩阵的秩与行秩、列秩三者相等,通常称为矩阵的三秩相等.这是线性代数中非常重要的结论,它反映了矩阵内在的重要性质.

(2) 由定理 11 可知,若 $D_r$ 是矩阵 $\boldsymbol{A}$ 的一个最高阶非零子式,则 $D_r$ 所在的 $r$ 列就是 $\boldsymbol{A}$ 的列向量组的一个极大线性无关组;$D_r$ 所在的 $r$ 行就是 $\boldsymbol{A}$ 的行向量组的一个极大线性无关组.

### 3.4.3 如何求向量组的秩及极大线性无关组

**定理 12** 对矩阵 $\boldsymbol{A}$ 作初等行变换化为矩阵 $\boldsymbol{B}$,则 $\boldsymbol{A}$ 与 $\boldsymbol{B}$ 的任何对应的列向量组具有相同的线性关系,即若

$$\boldsymbol{A}=(\boldsymbol{\alpha}_1,\boldsymbol{\alpha}_2,\cdots,\boldsymbol{\alpha}_s)\xrightarrow{\text{初等行变换}}(\boldsymbol{\beta}_1,\boldsymbol{\beta}_2,\cdots,\boldsymbol{\beta}_s)=\boldsymbol{B},$$

则列向量组 $\boldsymbol{\alpha}_{i_1},\boldsymbol{\alpha}_{i_2},\cdots,\boldsymbol{\alpha}_{i_r}$ 与 $\boldsymbol{\beta}_{i_1},\boldsymbol{\beta}_{i_2},\cdots,\boldsymbol{\beta}_{i_r}$ $(1\leqslant i_1<i_2<\cdots<i_r\leqslant s)$具有相同的线性关系.

**证明** 设 $\boldsymbol{A}_1=(\boldsymbol{\alpha}_{i_1},\boldsymbol{\alpha}_{i_2},\cdots,\boldsymbol{\alpha}_{i_r})$,$\boldsymbol{B}_1=(\boldsymbol{\beta}_{i_1},\boldsymbol{\beta}_{i_2},\cdots,\boldsymbol{\beta}_{i_r})$,已知 $\boldsymbol{A}\xrightarrow{\text{初等行变换}}\boldsymbol{B}$,而 $\boldsymbol{A}_1$ 和 $\boldsymbol{B}_1$ 由 $\boldsymbol{A}$ 和 $\boldsymbol{B}$ 中部分列构成,故相当于同样的初等行变换使 $\boldsymbol{A}_1\xrightarrow{\text{初等行变换}}\boldsymbol{B}_1$.根据消元法知,齐次线性方程组 $\boldsymbol{A}_1\boldsymbol{x}=\boldsymbol{0}$ 与 $\boldsymbol{B}_1\boldsymbol{x}=\boldsymbol{0}$ 为同解方程组,即

$$x_1\boldsymbol{\alpha}_{i_1}+x_2\boldsymbol{\alpha}_{i_2}+\cdots+x_r\boldsymbol{\alpha}_{i_r}=\boldsymbol{0} \text{ 与 } x_1\boldsymbol{\beta}_{i_1}+x_2\boldsymbol{\beta}_{i_2}+\cdots+x_r\boldsymbol{\beta}_{i_r}=\boldsymbol{0}$$

同解.若 $\boldsymbol{A}_1\boldsymbol{x}=\boldsymbol{0}$ 与 $\boldsymbol{B}_1\boldsymbol{x}=\boldsymbol{0}$ 同时有非零解,即存在不全为零的数 $x_1,x_2,\cdots,x_r$,使 $x_1\boldsymbol{\alpha}_{i_1}+x_2\boldsymbol{\alpha}_{i_2}+\cdots+x_r\boldsymbol{\alpha}_{i_r}=\boldsymbol{0}$ 成立,也使 $x_1\boldsymbol{\beta}_{i_1}+x_2\boldsymbol{\beta}_{i_2}+\cdots+x_r\boldsymbol{\beta}_{i_r}=\boldsymbol{0}$ 成立,则 $\boldsymbol{\alpha}_{i_1},\boldsymbol{\alpha}_{i_2},\cdots,\boldsymbol{\alpha}_{i_r}$ 与 $\boldsymbol{\beta}_{i_1},\boldsymbol{\beta}_{i_2},\cdots,\boldsymbol{\beta}_{i_r}$ 同时线性相关,且有相同的组合系数.若 $\boldsymbol{A}_1\boldsymbol{x}=\boldsymbol{0}$ 与 $\boldsymbol{B}_1\boldsymbol{x}=\boldsymbol{0}$ 同时只有零解,说明这两组向量同时线性无关.

**注** 所谓有相同的线性关系是指它们有相同的线性相关性与线性表出性.

定理 12 提供了求向量组的极大线性无关组及其余向量用极大线性无关组线性表示的方法.即以向量组中各向量为列向量组成矩阵后,只作初等行变换将该矩阵化为阶梯形矩

阵，则可直接写出所求向量组的极大线性无关组，并可写出其余向量用此极大线性无关组线性表出的表示式.

同理，也可以向量组中各向量为行向量组成矩阵，通过初等列变换来求向量组的极大线性无关组.

**例 18**　设向量组 $\boldsymbol{\alpha}_1=(-1,-1,0,0)^{\mathrm{T}},\boldsymbol{\alpha}_2=(1,2,1,-1)^{\mathrm{T}},\boldsymbol{\alpha}_3=(0,1,1,-1)^{\mathrm{T}},\boldsymbol{\alpha}_4=(1,3,2,1)^{\mathrm{T}},\boldsymbol{\alpha}_5=(2,6,4,-1)^{\mathrm{T}}$. 求向量组的秩和一个极大线性无关组，并把其余向量用这个极大线性无关组线性表出.

**解**　作矩阵 $\boldsymbol{A}=(\boldsymbol{\alpha}_1,\boldsymbol{\alpha}_2,\boldsymbol{\alpha}_3,\boldsymbol{\alpha}_4,\boldsymbol{\alpha}_5)$，对 $\boldsymbol{A}$ 作初等行变换将其化为阶梯形矩阵

$$\boldsymbol{A}=(\boldsymbol{\alpha}_1,\boldsymbol{\alpha}_2,\boldsymbol{\alpha}_3,\boldsymbol{\alpha}_4,\boldsymbol{\alpha}_5)=\begin{pmatrix}-1&1&0&1&2\\-1&2&1&3&6\\0&1&1&2&4\\0&-1&-1&1&-1\end{pmatrix}\longrightarrow\begin{pmatrix}1&-1&0&-1&-2\\0&1&1&2&4\\0&1&1&2&4\\0&-1&-1&1&-1\end{pmatrix}$$

$$\longrightarrow\begin{pmatrix}1&-1&0&-1&-2\\0&1&1&2&4\\0&0&0&0&0\\0&0&0&3&3\end{pmatrix}\longrightarrow\begin{pmatrix}1&-1&0&-1&-2\\0&1&1&2&4\\0&0&0&1&1\\0&0&0&0&0\end{pmatrix}=(\boldsymbol{\beta}_1,\boldsymbol{\beta}_2,\boldsymbol{\beta}_3,\boldsymbol{\beta}_4,\boldsymbol{\beta}_5)=\boldsymbol{B}.$$

容易判断，阶梯形矩阵 $\boldsymbol{B}$ 中，主元所在的列向量组 $\boldsymbol{\beta}_1,\boldsymbol{\beta}_2,\boldsymbol{\beta}_4$ 线性无关，故矩阵 $\boldsymbol{A}$ 中所对应的向量组 $\boldsymbol{\alpha}_1,\boldsymbol{\alpha}_2,\boldsymbol{\alpha}_4$ 也线性无关. 而 $\boldsymbol{B}$ 的列组中 $\boldsymbol{\beta}_1,\boldsymbol{\beta}_2,\boldsymbol{\beta}_4$ 再加一个向量 $\boldsymbol{\beta}_3$ 或者 $\boldsymbol{\beta}_5$ 线性相关，故 $r(\boldsymbol{\beta}_1,\boldsymbol{\beta}_2,\boldsymbol{\beta}_3,\boldsymbol{\beta}_4,\boldsymbol{\beta}_5)=3$，$\boldsymbol{\beta}_1,\boldsymbol{\beta}_2,\boldsymbol{\beta}_4$ 为其一个极大线性无关组. 相应的，$r(\boldsymbol{\alpha}_1,\boldsymbol{\alpha}_2,\boldsymbol{\alpha}_3,\boldsymbol{\alpha}_4,\boldsymbol{\alpha}_5)=3$，$\boldsymbol{\alpha}_1,\boldsymbol{\alpha}_2,\boldsymbol{\alpha}_4$ 为其一个极大线性无关组.

再把 $\boldsymbol{\alpha}_3,\boldsymbol{\alpha}_5$ 用 $\boldsymbol{\alpha}_1,\boldsymbol{\alpha}_2,\boldsymbol{\alpha}_4$ 线性表出，可继续对 $\boldsymbol{B}$ 作初等行变换，将其化为简化行阶梯形矩阵 $\boldsymbol{U}$，即

$$\boldsymbol{A}\to\boldsymbol{B}=\begin{pmatrix}1&-1&0&-1&-2\\0&1&1&2&4\\0&0&0&1&1\\0&0&0&0&0\end{pmatrix}\longrightarrow\begin{pmatrix}1&-1&0&0&-1\\0&1&1&0&2\\0&0&0&1&1\\0&0&0&0&0\end{pmatrix}$$

$$\longrightarrow\begin{pmatrix}1&0&1&0&1\\0&1&1&0&2\\0&0&0&1&1\\0&0&0&0&0\end{pmatrix}=(u_1,u_2,u_3,u_4,u_5)=\boldsymbol{U}.$$

易得 $u_3=u_1+u_2,u_5=u_1+2u_2+u_4$，故 $\boldsymbol{\alpha}_3=\boldsymbol{\alpha}_1+\boldsymbol{\alpha}_2,\boldsymbol{\alpha}_5=\boldsymbol{\alpha}_1+2\boldsymbol{\alpha}_2+\boldsymbol{\alpha}_4$.

**例 19**　求向量组 $\boldsymbol{\alpha}_1=(1,2,-1,1)^{\mathrm{T}},\boldsymbol{\alpha}_2=(2,0,t,0)^{\mathrm{T}},\boldsymbol{\alpha}_3=(0,-4,5,-2)^{\mathrm{T}},\boldsymbol{\alpha}_4=(3,-2,t+4,-1)^{\mathrm{T}}$ 的秩和一个极大线性无关组.

**解**　向量的分量中含参数 $t$，向量组的秩和极大线性无关组与 $t$ 的取值有关. 对下列矩阵作初等行变换，得

$$(\boldsymbol{\alpha}_1,\boldsymbol{\alpha}_2,\boldsymbol{\alpha}_3,\boldsymbol{\alpha}_4)=\begin{pmatrix}1&2&0&3\\2&0&-4&-2\\-1&t&5&t+4\\1&0&-2&-1\end{pmatrix}\longrightarrow\begin{pmatrix}1&2&0&3\\0&-4&-4&-8\\0&t+2&5&t+7\\0&-2&-2&-4\end{pmatrix}$$

$$\longrightarrow\begin{pmatrix}1&2&0&3\\0&1&1&2\\0&0&3-t&3-t\\0&0&0&0\end{pmatrix}.$$

显然 $\boldsymbol{\alpha}_1,\boldsymbol{\alpha}_2$ 线性无关,且有:

(1) 当 $t=3$ 时,则 $r(\boldsymbol{\alpha}_1,\boldsymbol{\alpha}_2,\boldsymbol{\alpha}_3,\boldsymbol{\alpha}_4)=2$,且 $\boldsymbol{\alpha}_1,\boldsymbol{\alpha}_2$ 是原向量组的一个极大线性无关组;

(2) 当 $t\neq3$ 时,则 $r(\boldsymbol{\alpha}_1,\boldsymbol{\alpha}_2,\boldsymbol{\alpha}_3,\boldsymbol{\alpha}_4)=3$,且 $\boldsymbol{\alpha}_1,\boldsymbol{\alpha}_2,\boldsymbol{\alpha}_3$ 是原向量组的一个极大线性无关组.

**例 20** 设 $\boldsymbol{A}_{m\times n}$ 及 $\boldsymbol{B}_{n\times s}$ 为两个矩阵,证明:

$$r(\boldsymbol{AB})\leqslant\min\{r(\boldsymbol{A}),r(\boldsymbol{B})\}.$$

**证明** 设 $\boldsymbol{A}=(a_{ij})_{m\times n}=(\boldsymbol{\alpha}_1,\boldsymbol{\alpha}_2,\cdots,\boldsymbol{\alpha}_n)$,$\boldsymbol{B}=(b_{ij})_{n\times s}$,则 $\boldsymbol{AB}=\boldsymbol{C}=(c_{ij})_{m\times s}=(\boldsymbol{r}_1,\boldsymbol{r}_2,\cdots,\boldsymbol{r}_s)$,即

$$(\boldsymbol{r}_1,\boldsymbol{r}_2,\cdots,\boldsymbol{r}_s)=(\boldsymbol{\alpha}_1,\boldsymbol{\alpha}_2,\cdots,\boldsymbol{\alpha}_n)\begin{pmatrix}b_{11}&\cdots&b_{1j}&\cdots&b_{1s}\\b_{21}&\cdots&b_{2j}&\cdots&b_{2s}\\\vdots&&\vdots&&\vdots\\b_{n1}&\cdots&b_{nj}&\cdots&b_{ns}\end{pmatrix},$$

因此有

$$\boldsymbol{r}_j=b_{1j}\boldsymbol{\alpha}_1+b_{2j}\boldsymbol{\alpha}_2+\cdots+b_{nj}\boldsymbol{\alpha}_n\quad(j=1,2,\cdots,s),$$

即 $\boldsymbol{AB}$ 的列向量组 $\boldsymbol{r}_1,\boldsymbol{r}_2,\cdots,\boldsymbol{r}_s$ 可由 $\boldsymbol{A}$ 的列向量组 $\boldsymbol{\alpha}_1,\boldsymbol{\alpha}_2,\cdots,\boldsymbol{\alpha}_n$ 线性表出. 由定理 10 知,$r(\boldsymbol{r}_1,\boldsymbol{r}_2,\cdots,\boldsymbol{r}_s)\leqslant r(\boldsymbol{\alpha}_1,\boldsymbol{\alpha}_2,\cdots,\boldsymbol{\alpha}_n)$,再由定理 11,得 $r(\boldsymbol{AB})\leqslant r(\boldsymbol{A})$.

类似地,设

$$\boldsymbol{B}=\begin{pmatrix}\boldsymbol{\beta}_1^{\mathrm{T}}\\\boldsymbol{\beta}_2^{\mathrm{T}}\\\vdots\\\boldsymbol{\beta}_n^{\mathrm{T}}\end{pmatrix},\quad \boldsymbol{AB}=(a_{ij})\begin{pmatrix}\boldsymbol{\beta}_1^{\mathrm{T}}\\\boldsymbol{\beta}_2^{\mathrm{T}}\\\vdots\\\boldsymbol{\beta}_n^{\mathrm{T}}\end{pmatrix},$$

可以证明 $r(\boldsymbol{AB})\leqslant r(\boldsymbol{B})$. 因此,$r(\boldsymbol{AB})\leqslant\min\{r(\boldsymbol{A}),r(\boldsymbol{B})\}$.

## 习题 3.4

1. 设 $\boldsymbol{\alpha}_1=\begin{pmatrix}0\\0\\c_1\end{pmatrix}$,$\boldsymbol{\alpha}_2=\begin{pmatrix}0\\1\\c_2\end{pmatrix}$,$\boldsymbol{\alpha}_3=\begin{pmatrix}1\\-1\\c_3\end{pmatrix}$,$\boldsymbol{\alpha}_4=\begin{pmatrix}-1\\1\\c_4\end{pmatrix}$,其中 $c_1,c_2,c_3,c_4$ 为任意常数,则下列向量组线性相关的是(　　).

A. $\boldsymbol{\alpha}_1,\boldsymbol{\alpha}_2,\boldsymbol{\alpha}_3$　　B. $\boldsymbol{\alpha}_1,\boldsymbol{\alpha}_2,\boldsymbol{\alpha}_4$　　C. $\boldsymbol{\alpha}_1,\boldsymbol{\alpha}_3,\boldsymbol{\alpha}_4$　　D. $\boldsymbol{\alpha}_2,\boldsymbol{\alpha}_3,\boldsymbol{\alpha}_4$

2. 已知向量组 $\boldsymbol{\alpha}_1,\boldsymbol{\alpha}_2,\boldsymbol{\alpha}_3$ 线性无关,则向量组(　　).

A. $\boldsymbol{\alpha}_1+\boldsymbol{\alpha}_2,\boldsymbol{\alpha}_2+\boldsymbol{\alpha}_3,\boldsymbol{\alpha}_3-\boldsymbol{\alpha}_1$ 线性无关

B. $\boldsymbol{\alpha}_1-\boldsymbol{\alpha}_2,\boldsymbol{\alpha}_2-\boldsymbol{\alpha}_3,\boldsymbol{\alpha}_1-2\boldsymbol{\alpha}_2+\boldsymbol{\alpha}_3$ 线性无关

C. $\boldsymbol{\alpha}_1+2\boldsymbol{\alpha}_2,2\boldsymbol{\alpha}_2+3\boldsymbol{\alpha}_3,3\boldsymbol{\alpha}_3-\boldsymbol{\alpha}_1$ 线性无关

D. $\boldsymbol{\alpha}_1+\boldsymbol{\alpha}_2+\boldsymbol{\alpha}_3,\boldsymbol{\alpha}_1-2\boldsymbol{\alpha}_2+\boldsymbol{\alpha}_3,2\boldsymbol{\alpha}_1-\boldsymbol{\alpha}_2+3\boldsymbol{\alpha}_3$ 线性无关

3. 判断下列各命题是否正确. 如果正确，请简述理由；如果不正确，请举反例.

(1) 设 $\boldsymbol{A}$ 为 $n$ 阶矩阵，$r(\boldsymbol{A})=r<n$，则矩阵 $\boldsymbol{A}$ 的任意 $r$ 个列向量线性无关.

(2) 设向量组 $\boldsymbol{\alpha}_1,\boldsymbol{\alpha}_2,\cdots,\boldsymbol{\alpha}_s$ 线性无关，且可由向量组 $\boldsymbol{\beta}_1,\boldsymbol{\beta}_2,\cdots,\boldsymbol{\beta}_t$ 线性表出，则必有 $s<t$.

(3) 设 $\boldsymbol{A}$ 为 $m\times n$ 矩阵，如果矩阵 $\boldsymbol{A}$ 的 $n$ 个列向量线性无关，那么 $r(\boldsymbol{A})=n$.

(4) 如果向量组 $\boldsymbol{\alpha}_1,\boldsymbol{\alpha}_2,\cdots,\boldsymbol{\alpha}_s$ 的秩为 $s$，则向量组 $\boldsymbol{\alpha}_1,\boldsymbol{\alpha}_2,\cdots,\boldsymbol{\alpha}_s$ 中任一部分向量组都线性无关.

4. 求下列向量组的一个极大线性无关组，并将其余向量用此极大线性无关组线性表出.

(1) $\boldsymbol{\alpha}_1=(1,1,1)^{\mathrm{T}},\boldsymbol{\alpha}_2=(1,1,0)^{\mathrm{T}},\boldsymbol{\alpha}_3=(1,0,0)^{\mathrm{T}},\boldsymbol{\alpha}_4=(1,2,-3)^{\mathrm{T}}$；

(2) $\boldsymbol{\alpha}_1=(1,1,3,1)^{\mathrm{T}},\boldsymbol{\alpha}_2=(-1,1,-1,3)^{\mathrm{T}},\boldsymbol{\alpha}_3=(5,-2,8,-9)^{\mathrm{T}},\boldsymbol{\alpha}_4=(-1,3,1,7)^{\mathrm{T}}$；

(3) $\boldsymbol{\alpha}_1=(1,-1,0,4)^{\mathrm{T}},\boldsymbol{\alpha}_2=(2,1,5,6)^{\mathrm{T}},\boldsymbol{\alpha}_3=(1,-1,-2,0)^{\mathrm{T}},\boldsymbol{\alpha}_4=(3,0,7,14)^{\mathrm{T}}$.

5. 求下列矩阵列向量组的一个极大线性无关组：

(1) $\begin{pmatrix}1&1&0\\2&0&4\\2&3&-2\end{pmatrix}$；　(2) $\begin{pmatrix}1&1&2&2&1\\0&2&1&5&-1\\2&0&3&-1&3\\1&1&0&4&-1\end{pmatrix}$.

6. 设向量组

$$\boldsymbol{\alpha}_1=\begin{pmatrix}1\\2\\1\end{pmatrix},\quad \boldsymbol{\alpha}_2=\begin{pmatrix}2\\3\\1\end{pmatrix},\quad \boldsymbol{\alpha}_3=\begin{pmatrix}a\\3\\1\end{pmatrix},\quad \boldsymbol{\alpha}_4=\begin{pmatrix}2\\b\\3\end{pmatrix}$$

的秩为 2，求 $a,b$.

## 3.5　线性方程组解的结构

### 3.5.1　齐次线性方程组解的结构

设有齐次线性方程组

$$\begin{cases}a_{11}x_1+a_{12}x_2+\cdots+a_{1n}x_n=0,\\a_{21}x_1+a_{22}x_2+\cdots+a_{2n}x_n=0,\\\qquad\vdots\\a_{m1}x_1+a_{m2}x_2+\cdots+a_{mn}x_n=0.\end{cases}\tag{3.19}$$

若记

$$\boldsymbol{A}=\begin{pmatrix}a_{11}&a_{12}&\cdots&a_{1n}\\a_{21}&a_{22}&\cdots&a_{2n}\\\vdots&\vdots&&\vdots\\a_{m1}&a_{m2}&\cdots&a_{mn}\end{pmatrix},\quad \boldsymbol{x}=\begin{pmatrix}x_1\\x_2\\\vdots\\x_n\end{pmatrix},$$

则方程(3.19)可写成矩阵形式

$$\boldsymbol{A}\boldsymbol{x}=\boldsymbol{0}, \tag{3.20}$$

称方程组(3.20)的解 $\boldsymbol{x}=\begin{pmatrix}x_1\\x_2\\\vdots\\x_n\end{pmatrix}$ 为方程组(3.19)的解向量.

下面来讨论方程组(3.20)的解的性质.

**性质 1** 若 $\boldsymbol{\xi}_1,\boldsymbol{\xi}_2$ 为方程组(3.20)的解,则 $\boldsymbol{\xi}_1+\boldsymbol{\xi}_2$ 也是该方程的解.

**证明** 因为 $\boldsymbol{\xi}_1,\boldsymbol{\xi}_2$ 是方程组(3.20)的解,所以 $\boldsymbol{A}\boldsymbol{\xi}_1=\boldsymbol{0},\boldsymbol{A}\boldsymbol{\xi}_2=\boldsymbol{0},\boldsymbol{A}(\boldsymbol{\xi}_1+\boldsymbol{\xi}_2)=\boldsymbol{A}\boldsymbol{\xi}_1+\boldsymbol{A}\boldsymbol{\xi}_2=\boldsymbol{0}$,所以 $\boldsymbol{\xi}_1+\boldsymbol{\xi}_2$ 是方程组(3.20)的解.

**性质 2** 若 $\boldsymbol{\xi}_1$ 为方程组(3.20)的解,$k$ 为实数,则 $k\boldsymbol{\xi}_1$ 也是方程组(3.20)的解.

**证明** 因为 $\boldsymbol{\xi}_1$ 是方程组(3.20)的解,所以 $\boldsymbol{A}\boldsymbol{\xi}_1=\boldsymbol{0},\boldsymbol{A}(k\boldsymbol{\xi}_1)=k\boldsymbol{A}\boldsymbol{\xi}_1=k\cdot\boldsymbol{0}=\boldsymbol{0}$,即 $k\boldsymbol{\xi}_1$ 是方程组(3.20)的解.

**注** 性质 1、性质 2 说明齐次线性方程组 $\boldsymbol{A}\boldsymbol{x}=\boldsymbol{0}$ 的解的集合 $S_0=\{\boldsymbol{x}\mid\boldsymbol{A}\boldsymbol{x}=\boldsymbol{0}\}$ 对于加法与数乘两种运算是封闭的,即

(1) 若 $\boldsymbol{\xi},\boldsymbol{\eta}\in S_0$,则 $\boldsymbol{\xi}+\boldsymbol{\eta}\in S_0$;

(2) 若 $\boldsymbol{\xi}\in S_0$,则 $k\boldsymbol{\xi}\in S_0$($k$ 为任意实数).

根据上述性质容易推出:若 $\boldsymbol{\xi}_1,\boldsymbol{\xi}_2,\cdots,\boldsymbol{\xi}_s$ 是线性方程组(3.20)的解,$k_1,k_2,\cdots,k_s$ 为任意实数,则线性组合 $k_1\boldsymbol{\xi}_1+k_2\boldsymbol{\xi}_2+\cdots+k_s\boldsymbol{\xi}_s$ 也是方程组(3.20)的解.

由 3.1 节知,齐次线性方程组若有非零解,则它就有无穷多个解.这无穷多个解就构成了一个 $n$ 维向量组.由于当 $p>n$ 时,$p$ 个 $n$ 维向量必然线性相关,若能证明存在解向量组的极大线性无关组(显然由有限个向量构成),且能求出解向量组的一个极大线性无关组,就能够用它的线性组合表出全部解(也称通解).

**定义 8** 若齐次线性方程组 $\boldsymbol{A}\boldsymbol{x}=\boldsymbol{0}$ 的有限个解 $\boldsymbol{\eta}_1,\boldsymbol{\eta}_2,\cdots,\boldsymbol{\eta}_t$ 满足:

(1) $\boldsymbol{\eta}_1,\boldsymbol{\eta}_2,\cdots,\boldsymbol{\eta}_t$ 线性无关;

(2) $\boldsymbol{A}\boldsymbol{x}=\boldsymbol{0}$ 的任意一个解向量均可由 $\boldsymbol{\eta}_1,\boldsymbol{\eta}_2,\cdots,\boldsymbol{\eta}_t$ 线性表出,则称 $\boldsymbol{\eta}_1,\boldsymbol{\eta}_2,\cdots,\boldsymbol{\eta}_t$ 是齐次线性方程组 $\boldsymbol{A}\boldsymbol{x}=\boldsymbol{0}$ 的一个基础解系.

按照上述定义,若 $\boldsymbol{\eta}_1,\boldsymbol{\eta}_2,\cdots,\boldsymbol{\eta}_t$ 是齐次线性方程组的一个基础解系,则 $\boldsymbol{A}\boldsymbol{x}=\boldsymbol{0}$ 的通解可表示为 $\boldsymbol{x}=c_1\boldsymbol{\eta}_1+c_2\boldsymbol{\eta}_2+\cdots+c_t\boldsymbol{\eta}_t$,其中 $c_1,c_2,\cdots,c_t$ 是任意常数.

**注** 由上述定义知,方程组的基础解系是它的解向量组的一个极大线性无关组.由于向量组的极大线性无关组不是唯一的,所以 $\boldsymbol{A}\boldsymbol{x}=\boldsymbol{0}$ 的基础解系也不是唯一的,但每个基础解系中所含向量的个数是相同的.以下的定理将给出基础解系中向量的个数.

当一个齐次线性方程组只有零解时,该方程组没有基础解系;而当一个齐次线性方程组有非零解时,是否一定有基础解系呢?如果有的话,怎样去求它的基础解系?下面的定理回答了这些问题.

**定理 13** 对齐次线性方程组 $\boldsymbol{A}\boldsymbol{x}=\boldsymbol{0}$,若 $r(\boldsymbol{A})=r<n$,则该方程组的基础解系一定存在,且每个基础解系中所含解向量的个数均为 $n-r$,其中 $n$ 为方程组中所含未知量的个数.

**证明** 因为 $r(\boldsymbol{A})=r<n$,故对矩阵 $\boldsymbol{A}$ 施以初等行变换(必要时可交换未知量的位置),

总可以化为形如

$$\begin{pmatrix} 1 & 0 & \cdots & 0 & k_{1,r+1} & k_{1,r+2} & \cdots & k_{1n} \\ 0 & 1 & \cdots & 0 & k_{2,r+1} & k_{2,r+2} & \cdots & k_{2n} \\ \vdots & \vdots & & \vdots & \vdots & \vdots & & \vdots \\ 0 & 0 & \cdots & 1 & k_{r,r+1} & k_{r,r+2} & \cdots & k_{rn} \\ 0 & 0 & \cdots & 0 & 0 & 0 & \cdots & 0 \\ \vdots & \vdots & & \vdots & \vdots & \vdots & & \vdots \\ 0 & 0 & \cdots & 0 & 0 & 0 & \cdots & 0 \end{pmatrix}$$

的形式,即齐次线性方程组 $\boldsymbol{A}\boldsymbol{x}=\boldsymbol{0}$ 与下面方程组同解.

$$\begin{cases} x_1=-k_{1,r+1}x_{r+1}-k_{1,r+2}x_{r+2}-\cdots-k_{1n}x_n, \\ x_2=-k_{2,r+1}x_{r+1}-k_{2,r+2}x_{r+2}-\cdots-k_{2n}x_n, \\ \quad\vdots \\ x_r=-k_{r,r+1}x_{r+1}-k_{r,r+2}x_{r+2}-\cdots-k_{rn}x_n, \end{cases} \tag{3.21}$$

其中 $x_{r+1},x_{r+2},\cdots,x_n$ 为自由未知量.

对 $n-r$ 个自由未知量分别取

$$\begin{pmatrix} x_{r+1} \\ x_{r+2} \\ \vdots \\ x_n \end{pmatrix}=\begin{pmatrix} 1 \\ 0 \\ \vdots \\ 0 \end{pmatrix},\begin{pmatrix} 0 \\ 1 \\ \vdots \\ 0 \end{pmatrix},\cdots,\begin{pmatrix} 0 \\ 0 \\ \vdots \\ 1 \end{pmatrix},$$

代入式(3.21),即可得到方程组 $\boldsymbol{A}\boldsymbol{x}=\boldsymbol{0}$ 的 $n-r$ 个解:

$$\boldsymbol{\eta}_1=\begin{pmatrix} -k_{1,r+1} \\ -k_{2,r+1} \\ \vdots \\ -k_{r,r+1} \\ 1 \\ 0 \\ \vdots \\ 0 \end{pmatrix},\quad \boldsymbol{\eta}_2=\begin{pmatrix} -k_{1,r+2} \\ -k_{2,r+2} \\ \vdots \\ -k_{r,r+2} \\ 0 \\ 1 \\ \vdots \\ 0 \end{pmatrix},\quad \cdots,\quad \boldsymbol{\eta}_{n-r}=\begin{pmatrix} -k_{1n} \\ -k_{2n} \\ \vdots \\ -k_{rn} \\ 0 \\ 0 \\ \vdots \\ 1 \end{pmatrix}.$$

下面证明 $\boldsymbol{\eta}_1,\boldsymbol{\eta}_2,\cdots,\boldsymbol{\eta}_{n-r}$ 就是线性方程组 $\boldsymbol{A}\boldsymbol{x}=\boldsymbol{0}$ 的一个基础解系.

首先证明 $\boldsymbol{\eta}_1,\boldsymbol{\eta}_2,\cdots,\boldsymbol{\eta}_{n-r}$ 线性无关.

因为 $n-r$ 个 $n-r$ 维向量 $\begin{pmatrix} 1 \\ 0 \\ \vdots \\ 0 \end{pmatrix},\begin{pmatrix} 0 \\ 1 \\ \vdots \\ 0 \end{pmatrix},\cdots,\begin{pmatrix} 0 \\ 0 \\ \vdots \\ 1 \end{pmatrix}$ 线性无关,由例 16 的结论可知,$n-r$ 个 $n$ 维向量 $\boldsymbol{\eta}_1,\boldsymbol{\eta}_2,\cdots,\boldsymbol{\eta}_{n-r}$ 也线性无关.

再证明方程组 $\boldsymbol{A}\boldsymbol{x}=\boldsymbol{0}$ 的任一解都可表示为 $\boldsymbol{\eta}_1,\boldsymbol{\eta}_2,\cdots,\boldsymbol{\eta}_{n-r}$ 的线性组合. 因为

$$\begin{cases} x_1 = -k_{1,r+1}x_{r+1} - k_{1,r+2}x_{r+2} - \cdots - k_{1n}x_n, \\ x_2 = -k_{2,r+1}x_{r+1} - k_{2,r+2}x_{r+2} - \cdots - k_{2n}x_n, \\ \quad\vdots \\ x_r = -k_{r,r+1}x_{r+1} - k_{r,r+2}x_{r+2} - \cdots - k_{rn}x_n, \end{cases}$$

所以

$$\boldsymbol{x} = \begin{pmatrix} x_1 \\ \vdots \\ x_r \\ x_{r+1} \\ \vdots \\ x_n \end{pmatrix} = \begin{pmatrix} -k_{1,r+1}x_{r+1} - k_{1,r+2}x_{r+2} - \cdots - k_{1n}x_n \\ \vdots \\ -k_{r,r+1}x_{r+1} - k_{r,r+2}x_{r+2} - \cdots - k_{rn}x_n \\ x_{r+1} \\ \vdots \\ x_n \end{pmatrix}$$

$$= x_{r+1}\begin{pmatrix} -k_{1,r+1} \\ -k_{2,r+1} \\ \vdots \\ -k_{r,r+1} \\ 1 \\ 0 \\ \vdots \\ 0 \end{pmatrix} + x_{r+2}\begin{pmatrix} -k_{1,r+2} \\ -k_{2,r+2} \\ \vdots \\ -k_{r,r+2} \\ 0 \\ 1 \\ \vdots \\ 0 \end{pmatrix} + \cdots + x_n\begin{pmatrix} -k_{1n} \\ -k_{2n} \\ \vdots \\ -k_{rn} \\ 0 \\ 0 \\ \vdots \\ 1 \end{pmatrix}$$

$$= x_{r+1}\boldsymbol{\eta}_1 + x_{r+2}\boldsymbol{\eta}_2 + \cdots + x_n\boldsymbol{\eta}_{n-r},$$

即 $\boldsymbol{x}$ 可表示为 $\boldsymbol{\eta}_1,\boldsymbol{\eta}_2,\cdots,\boldsymbol{\eta}_{n-r}$ 的线性组合. 因此,$\boldsymbol{\eta}_1,\boldsymbol{\eta}_2,\cdots,\boldsymbol{\eta}_{n-r}$ 是 $\boldsymbol{Ax}=\boldsymbol{0}$ 的一个基础解系.

**注** (1) 本定理回答了第 1 章中克莱姆定理的推论中留下的问题. 那里曾指出 $\boldsymbol{Ax}=\boldsymbol{0}$(注意:$\boldsymbol{A}$ 为方阵)有非零解的必要条件是 $|\boldsymbol{A}|=0$,现在我们知道 $|\boldsymbol{A}|=0$(即 $r(\boldsymbol{A})<n$)时,$\boldsymbol{Ax}=\boldsymbol{0}$ 必有非零解. 于是可以得出结论:$\boldsymbol{Ax}=\boldsymbol{0}$ 有非零解 $\Leftrightarrow |\boldsymbol{A}|=0$.

(2) 本定理的证明实际上给出了求齐次线性方程组基础解系的方法.

(3) 本定理给出了齐次线性方程组解的结构的一个重要特征:系数矩阵的秩+基础解系所含向量的个数=未知量的个数.

(4) 若已知 $\boldsymbol{\eta}_1,\boldsymbol{\eta}_2,\cdots,\boldsymbol{\eta}_{n-r}$ 是齐次线性方程组 $\boldsymbol{Ax}=\boldsymbol{0}$ 的一个基础解系,则 $\boldsymbol{Ax}=\boldsymbol{0}$ 的全部解可以表示为 $c_1\boldsymbol{\eta}_1+c_2\boldsymbol{\eta}_2+\cdots+c_{n-r}\boldsymbol{\eta}_{n-r}$,称为 $\boldsymbol{Ax}=\boldsymbol{0}$ 的通解,其中 $c_1,c_2,\cdots,c_{n-r}$ 为任意实数.

**例 21** 求下列齐次线性方程组的基础解系与通解:

$$\begin{cases} x_1 + x_2 - x_3 - x_4 = 0, \\ 2x_1 - 5x_2 + 3x_3 + 2x_4 = 0, \\ 7x_1 - 7x_2 + 3x_3 + x_4 = 0. \end{cases}$$

**解** 对系数矩阵 $\boldsymbol{A}$ 作初等行变换,化为简化行阶梯形矩阵,有

$$\boldsymbol{A} = \begin{pmatrix} 1 & 1 & -1 & -1 \\ 2 & -5 & 3 & 2 \\ 7 & -7 & 3 & 1 \end{pmatrix} \longrightarrow \begin{pmatrix} 1 & 1 & -1 & -1 \\ 0 & -7 & 5 & 4 \\ 0 & -14 & 10 & 8 \end{pmatrix}$$

$$\longrightarrow\begin{pmatrix}1 & 1 & -1 & -1\\0 & -7 & 5 & 4\\0 & 0 & 0 & 0\end{pmatrix}\longrightarrow\begin{pmatrix}1 & 0 & -\frac{2}{7} & -\frac{3}{7}\\0 & 1 & -\frac{5}{7} & -\frac{4}{7}\\0 & 0 & 0 & 0\end{pmatrix}.$$

由此可得同解的线性方程组为

$$\begin{cases}x_1=\frac{2}{7}x_3+\frac{3}{7}x_4,\\x_2=\frac{5}{7}x_3+\frac{4}{7}x_4,\end{cases}\tag{3.22}$$

其中 $x_3,x_4$ 为自由未知量.

令 $\begin{pmatrix}x_3\\x_4\end{pmatrix}=\begin{pmatrix}1\\0\end{pmatrix}$ 及 $\begin{pmatrix}0\\1\end{pmatrix}$，则对应有 $\begin{pmatrix}x_1\\x_2\end{pmatrix}=\begin{pmatrix}\frac{2}{7}\\\frac{5}{7}\end{pmatrix}$ 及 $\begin{pmatrix}\frac{3}{7}\\\frac{4}{7}\end{pmatrix}$，即得基础解系为

$$\boldsymbol{\eta}_1=\begin{pmatrix}\frac{2}{7}\\\frac{5}{7}\\1\\0\end{pmatrix},\quad \boldsymbol{\eta}_2=\begin{pmatrix}\frac{3}{7}\\\frac{4}{7}\\0\\1\end{pmatrix},$$

由此可得通解为

$$\begin{pmatrix}x_1\\x_2\\x_3\\x_4\end{pmatrix}=c_1\begin{pmatrix}\frac{2}{7}\\\frac{5}{7}\\1\\0\end{pmatrix}+c_2\begin{pmatrix}\frac{3}{7}\\\frac{4}{7}\\0\\1\end{pmatrix}\quad(c_1,c_2\in\mathbf{R}).$$

根据式(3.22)，如果取自由未知量 $\begin{pmatrix}x_3\\x_4\end{pmatrix}=\begin{pmatrix}1\\1\end{pmatrix}$ 及 $\begin{pmatrix}1\\-1\end{pmatrix}$，相应得到 $\begin{pmatrix}x_1\\x_2\end{pmatrix}=\begin{pmatrix}\frac{5}{7}\\\frac{9}{7}\end{pmatrix}$ 及 $\begin{pmatrix}-\frac{1}{7}\\\frac{1}{7}\end{pmatrix}$，即得到另一组基础解系为

$$\boldsymbol{\xi}_1=\begin{pmatrix}\frac{5}{7}\\\frac{9}{7}\\1\\1\end{pmatrix},\quad \boldsymbol{\xi}_2=\begin{pmatrix}-\frac{1}{7}\\\frac{1}{7}\\1\\-1\end{pmatrix},$$

从而得到通解为

$$\begin{pmatrix}x_1\\x_2\\x_3\\x_4\end{pmatrix}=c_1\begin{pmatrix}\frac{5}{7}\\\frac{9}{7}\\1\\1\end{pmatrix}+c_2\begin{pmatrix}-\frac{1}{7}\\\frac{1}{7}\\1\\-1\end{pmatrix}\quad (c_1,c_2\in\mathbf{R}).$$

两个通解虽然形式不一样，但都含两个任意常数，且都可表示方程组的任一解.

**例 22** 用基础解系表示下列线性方程组的通解：

$$\begin{cases}x_1+x_2+x_3+4x_4-3x_5=0,\\x_1-x_2+3x_3-2x_4-x_5=0,\\2x_1+x_2+3x_3+5x_4-5x_5=0,\\3x_1+x_2+5x_3+6x_4-7x_5=0.\end{cases}$$

**解** 对系数矩阵 $\boldsymbol{A}$ 作初等行变换，化为简化阶梯形矩阵：

$$\boldsymbol{A}=\begin{pmatrix}1&1&1&4&-3\\1&-1&3&-2&-1\\2&1&3&5&-5\\3&1&5&6&-7\end{pmatrix}\longrightarrow\begin{pmatrix}1&1&1&4&-3\\0&-2&2&-6&2\\0&-1&1&-3&1\\0&-2&2&-6&2\end{pmatrix}$$

$$\longrightarrow\begin{pmatrix}1&0&2&1&-2\\0&1&-1&3&-1\\0&0&0&0&0\\0&0&0&0&0\end{pmatrix}.$$

即可得到同解的方程组为

$$\begin{cases}x_1=-2x_3-x_4+2x_5,\\x_2=x_3-3x_4+x_5,\end{cases}$$

其中 $x_3,x_4,x_5$ 为自由未知量.

令自由未知量 $\begin{pmatrix}x_3\\x_4\\x_5\end{pmatrix}$ 取值 $\begin{pmatrix}1\\0\\0\end{pmatrix},\begin{pmatrix}0\\1\\0\end{pmatrix},\begin{pmatrix}0\\0\\1\end{pmatrix}$，得基础解系为

$$\boldsymbol{\eta}_1=\begin{pmatrix}-2\\1\\1\\0\\0\end{pmatrix},\quad\boldsymbol{\eta}_2=\begin{pmatrix}-1\\-3\\0\\1\\0\end{pmatrix},\quad\boldsymbol{\eta}_3=\begin{pmatrix}2\\1\\0\\0\\1\end{pmatrix},$$

因此，方程组的通解为

$$\boldsymbol{x}=c_1\boldsymbol{\eta}_1+c_2\boldsymbol{\eta}_2+c_3\boldsymbol{\eta}_3\quad(c_1,c_2,c_3\in\mathbf{R}).$$

**例 23** 设 $\boldsymbol{A}_{m\times n}\boldsymbol{B}_{n\times l}=\boldsymbol{O}$，证明 $r(\boldsymbol{A})+r(\boldsymbol{B})\leqslant n$.

**证明** 记 $\boldsymbol{B}=(\boldsymbol{\beta}_1,\boldsymbol{\beta}_2,\cdots,\boldsymbol{\beta}_l)$，由 $\boldsymbol{AB}=\boldsymbol{A}(\boldsymbol{\beta}_1,\boldsymbol{\beta}_2,\cdots,\boldsymbol{\beta}_l)=(\boldsymbol{A\beta}_1,\boldsymbol{A\beta}_2,\cdots,\boldsymbol{A\beta}_l)=(\boldsymbol{0},\boldsymbol{0},\cdots,$

$\mathbf{0}$)，故 $\boldsymbol{A\beta}_i=\mathbf{0}(i=1,2,\cdots,l)$. 即 $\boldsymbol{B}$ 的 $l$ 个列向量均为齐次线性方程组 $\boldsymbol{Ax}=\mathbf{0}$ 的解，那么 $\boldsymbol{B}$ 中列向量组的秩必小于等于 $\boldsymbol{Ax}=\mathbf{0}$ 的基础解系所含向量的个数，即有 $r(\boldsymbol{B})=r(\boldsymbol{\beta}_1,\boldsymbol{\beta}_2,\cdots,\boldsymbol{\beta}_l)\leqslant n-r(\boldsymbol{A})$，所以 $r(\boldsymbol{A})+r(\boldsymbol{B})\leqslant n$.

### 3.5.2　非齐次线性方程组解的结构

设有非齐次线性方程组

$$\begin{cases}a_{11}x_1+a_{12}x_2+\cdots+a_{1n}x_n=b_1,\\a_{21}x_1+a_{22}x_2+\cdots+a_{2n}x_n=b_2,\\\qquad\vdots\\a_{m1}x_1+a_{m2}x_2+\cdots+a_{mn}x_n=b_m.\end{cases}\tag{3.23}$$

方程组(3.23)的矩阵形式为

$$\boldsymbol{Ax}=\boldsymbol{b},\tag{3.24}$$

称 $\boldsymbol{Ax}=\mathbf{0}$ 为 $\boldsymbol{Ax}=\boldsymbol{b}$ 对应的齐次线性方程组(也称为导出组).

非齐次线性方程组 $\boldsymbol{Ax}=\boldsymbol{b}$ 的解集 $S_b=\{\boldsymbol{x}\mid\boldsymbol{Ax}=\boldsymbol{b},\boldsymbol{b}\neq\mathbf{0}\}$ 对于加法、数乘两种运算不再具有封闭性. 事实上，若 $\boldsymbol{\xi},\boldsymbol{\eta}\in S_b$，则 $\boldsymbol{A}(\boldsymbol{\xi}+\boldsymbol{\eta})=\boldsymbol{A\xi}+\boldsymbol{A\eta}=\boldsymbol{b}+\boldsymbol{b}=2\boldsymbol{b}$，这说明 $\boldsymbol{\xi}+\boldsymbol{\eta}\notin S_b$. 但非齐次线性方程组的解与其导出组的解之间却有下列性质.

**性质 3**　设 $\boldsymbol{\eta}_1,\boldsymbol{\eta}_2$ 是非齐次线性方程组 $\boldsymbol{Ax}=\boldsymbol{b}$ 的解，则 $\boldsymbol{\eta}_1-\boldsymbol{\eta}_2$ 是其导出组 $\boldsymbol{Ax}=\mathbf{0}$ 的解.

**证明**　由 $\boldsymbol{\eta}_1,\boldsymbol{\eta}_2$ 是 $\boldsymbol{Ax}=\boldsymbol{b}$ 的解知，$\boldsymbol{A\eta}_1=\boldsymbol{b}$，$\boldsymbol{A\eta}_2=\boldsymbol{b}$，$\boldsymbol{A}(\boldsymbol{\eta}_1-\boldsymbol{\eta}_2)=\boldsymbol{A\eta}_1-\boldsymbol{A\eta}_2=\boldsymbol{b}-\boldsymbol{b}=\mathbf{0}$，所以 $\boldsymbol{\eta}_1-\boldsymbol{\eta}_2$ 是 $\boldsymbol{Ax}=\mathbf{0}$ 的解.

**性质 4**　设 $\boldsymbol{\xi}$ 是非齐次线性方程组 $\boldsymbol{Ax}=\boldsymbol{b}$ 的一个解，$\boldsymbol{\eta}$ 是其导出组 $\boldsymbol{Ax}=\mathbf{0}$ 的解，则 $\boldsymbol{\xi}+\boldsymbol{\eta}$ 是 $\boldsymbol{Ax}=\boldsymbol{b}$ 的解.

**证明**　$\boldsymbol{A\xi}=\boldsymbol{b}$，$\boldsymbol{A\eta}=\mathbf{0}$，可得 $\boldsymbol{A}(\boldsymbol{\xi}+\boldsymbol{\eta})=\boldsymbol{A\xi}+\boldsymbol{A\eta}=\boldsymbol{b}+\mathbf{0}=\boldsymbol{b}$. 所以 $\boldsymbol{\xi}+\boldsymbol{\eta}$ 是 $\boldsymbol{Ax}=\boldsymbol{b}$ 的解.

**定理 14**　设 $\boldsymbol{\xi}^*$ 是非齐次线性方程组 $\boldsymbol{Ax}=\boldsymbol{b}$ 的一个解(称为特解)，$\boldsymbol{\eta}$ 是其导出组 $\boldsymbol{Ax}=\mathbf{0}$ 的通解，则 $\boldsymbol{x}=\boldsymbol{\xi}^*+\boldsymbol{\eta}$ 是 $\boldsymbol{Ax}=\boldsymbol{b}$ 的通解.

**证明**　根据非齐次线性方程组的性质，只需证明 $\boldsymbol{Ax}=\boldsymbol{b}$ 的任一解 $\boldsymbol{\xi}$ 一定能表示成 $\boldsymbol{\xi}^*$ 与 $\boldsymbol{Ax}=\mathbf{0}$ 的某一解 $\boldsymbol{\eta}_1$ 的和. 为此取 $\boldsymbol{\eta}_1=\boldsymbol{\xi}-\boldsymbol{\xi}^*$，由性质 3 知，$\boldsymbol{\eta}_1$ 是 $\boldsymbol{Ax}=\mathbf{0}$ 的一个解，故 $\boldsymbol{\xi}=\boldsymbol{\eta}_1+\boldsymbol{\xi}^*$，即非齐次线性方程组的任一解都能表示成该方程组的一个特解 $\boldsymbol{\xi}^*$ 与其导出组某一个解的和.

由此定理可知，若设 $\boldsymbol{\eta}_1,\boldsymbol{\eta}_2,\cdots,\boldsymbol{\eta}_{n-r}$ 是 $\boldsymbol{Ax}=\mathbf{0}$ 的基础解系，$\boldsymbol{\xi}^*$ 是 $\boldsymbol{Ax}=\boldsymbol{b}$ 的一个特解，则非齐次线性方程组 $\boldsymbol{Ax}=\boldsymbol{b}$ 的通解可表示为

$$\boldsymbol{x}=c_1\boldsymbol{\eta}_1+c_2\boldsymbol{\eta}_2+\cdots c_{n-r}\boldsymbol{\eta}_{n-r}+\boldsymbol{\xi}^*\quad(c_1,c_2,\cdots,c_{n-r}\in\mathbf{R}).$$

这就是非齐次线性方程组解的结构理论：$\boldsymbol{Ax}=\boldsymbol{b}$ 的通解为导出组 $\boldsymbol{Ax}=\mathbf{0}$ 的通解与 $\boldsymbol{Ax}=\boldsymbol{b}$ 的一个特解相加.

根据上面的讨论，我们可以把求解非齐次线性方程组的全部解的步骤归纳如下.

(1) 对方程组的增广矩阵 $\overline{\boldsymbol{A}}=(\boldsymbol{A}\ \vdots\ \boldsymbol{b})$ 施以初等行变换，化为阶梯形矩阵，然后写出相对应的阶梯形方程组(与原方程组同解).

(2) 通过阶梯形方程组确定自由未知量，将含自由未知量的项移至方程右边.

(3) 求非齐次线性方程组的一个特解:在第(2)步的方程组中将自由未知量任意取值(特别取零值最为简便)之后,便可求出其他未知量之值,这样即可得到一个特解.

(4) 求出导出组的一个基础解系(这时需令第(2)步中方程组的常数项为0).

(5) 非齐次方程组的全部解(或通解)就是特解加上导出组的基础解系的线性组合(原方程组的特解+导出组的通解).

**例 24** 求下列方程组的通解:

$$\begin{cases} x_1+x_2+x_3+x_4+x_5=7, \\ 3x_1+x_2+2x_3+x_4-3x_5=-2, \\ 2x_2+x_3+2x_4+6x_5=23. \end{cases}$$

**解** $\bar{\mathbf{A}}=\left(\begin{array}{ccccc:c} 1 & 1 & 1 & 1 & 1 & 7 \\ 3 & 1 & 2 & 1 & -3 & -2 \\ 0 & 2 & 1 & 2 & 6 & 23 \end{array}\right) \longrightarrow \left(\begin{array}{ccccc:c} 1 & 0 & \frac{1}{2} & 0 & -2 & -\frac{9}{2} \\ 0 & 1 & \frac{1}{2} & 1 & 3 & \frac{23}{2} \\ 0 & 0 & 0 & 0 & 0 & 0 \end{array}\right)$.

由 $r(\mathbf{A})=r(\bar{\mathbf{A}})=2<5$ 知,方程组有无穷多解,同解的线性方程为

$$\begin{cases} x_1+\frac{1}{2}x_3-2x_5=-\frac{9}{2}, \\ x_2+\frac{1}{2}x_3+x_4+3x_5=\frac{23}{2}, \end{cases}$$

将其改写为

$$\begin{cases} x_1=-\frac{1}{2}x_3+2x_5-\frac{9}{2}, \\ x_2=-\frac{1}{2}x_3-x_4-3x_5+\frac{23}{2}. \end{cases}$$

令 $\begin{pmatrix} x_3 \\ x_4 \\ x_5 \end{pmatrix}=\begin{pmatrix} 0 \\ 0 \\ 0 \end{pmatrix}$,得到原方程组的一个特解为

$$\boldsymbol{\xi}^*=\begin{pmatrix} -\frac{9}{2} \\ \frac{23}{2} \\ 0 \\ 0 \\ 0 \end{pmatrix},$$

原方程组的导出组与方程组

$$\begin{cases} x_1=-\frac{1}{2}x_3+2x_5, \\ x_2=-\frac{1}{2}x_3-x_4-3x_5 \end{cases}$$

同解,其中 $x_3,x_4,x_5$ 为自由未知量.

令 $\begin{pmatrix}x_3\\x_4\\x_5\end{pmatrix}=\begin{pmatrix}1\\0\\0\end{pmatrix},\begin{pmatrix}0\\1\\0\end{pmatrix},\begin{pmatrix}0\\0\\1\end{pmatrix}$，即得到导出组的基础解系为

$$\boldsymbol{\eta}_1=\begin{pmatrix}-\frac{1}{2}\\-\frac{1}{2}\\1\\0\\0\end{pmatrix},\quad \boldsymbol{\eta}_2=\begin{pmatrix}0\\-1\\0\\1\\0\end{pmatrix},\quad \boldsymbol{\eta}_3=\begin{pmatrix}2\\-3\\0\\0\\1\end{pmatrix}.$$

因此，方程组的通解为 $\boldsymbol{x}=\boldsymbol{\xi}^*+c_1\boldsymbol{\eta}_1+c_2\boldsymbol{\eta}_2+c_3\boldsymbol{\eta}_3$，其中 $c_1,c_2,c_3$ 为任意常数.

**例 25**　设线性方程组为

$$\begin{cases}(1+\lambda)x_1+x_2+x_3=0,\\x_1+(1+\lambda)x_2+x_3=3,\\x_1+x_2+(1+\lambda)x_3=\lambda,\end{cases}$$

问 $\lambda$ 取何值时，线性方程组：(1)有唯一解；(2)无解；(3)有无穷多解？并在有无穷多解时求其通解.

**解**　把 $\overline{\boldsymbol{A}}$ 化为行阶梯形矩阵：

$$\overline{\boldsymbol{A}}=\left(\begin{array}{ccc:c}1+\lambda&1&1&0\\1&1+\lambda&1&3\\1&1&1+\lambda&\lambda\end{array}\right)\longrightarrow\left(\begin{array}{ccc:c}1&1&1+\lambda&\lambda\\1&1+\lambda&1&3\\1+\lambda&1&1&0\end{array}\right)$$

$$\longrightarrow\left(\begin{array}{ccc:c}1&1&1+\lambda&\lambda\\0&\lambda&-\lambda&3-\lambda\\0&-\lambda&-\lambda(2+\lambda)&-\lambda(1+\lambda)\end{array}\right)$$

$$\longrightarrow\left(\begin{array}{ccc:c}1&1&1+\lambda&\lambda\\0&\lambda&-\lambda&3-\lambda\\0&0&-\lambda(3+\lambda)&(1-\lambda)(3+\lambda)\end{array}\right).$$

(1) 当 $\lambda\neq0$ 且 $\lambda\neq-3$ 时，$r(\boldsymbol{A})=r(\overline{\boldsymbol{A}})=3=n$，此时方程组有唯一解；

(2) 当 $\lambda=0$ 时，有

$$\overline{\boldsymbol{A}}\longrightarrow\left(\begin{array}{ccc:c}1&1&1&0\\0&0&0&3\\0&0&0&3\end{array}\right)\longrightarrow\begin{pmatrix}1&1&1&0\\0&0&0&1\\0&0&0&0\end{pmatrix},$$

此时 $r(\overline{\boldsymbol{A}})=2,r(\boldsymbol{A})=1$，故线性方程组无解；

(3) 当 $\lambda=-3$ 时，有

$$\overline{\boldsymbol{A}}\longrightarrow\begin{pmatrix}1&1&-2&-3\\0&-3&3&6\\0&0&0&0\end{pmatrix}\longrightarrow\begin{pmatrix}1&1&-2&-3\\0&-1&1&2\\0&0&0&0\end{pmatrix}\longrightarrow\begin{pmatrix}1&0&-1&-1\\0&1&-1&-2\\0&0&0&0\end{pmatrix},$$

此时 $r(\boldsymbol{A})=r(\overline{\boldsymbol{A}})=2<3$，故线性方程组有无穷多解，同解的线性方程组为

$$\begin{cases}x_1=x_3-1,\\x_2=x_3-2,\end{cases}$$

$x_3$ 为自由未知量.令 $x_3=0$,得方程组的一个特解为

$$\boldsymbol{\xi}^*=\begin{pmatrix}-1\\-2\\0\end{pmatrix},$$

原方程组的导出组与方程组

$$\begin{cases}x_1=x_3,\\x_2=x_3\end{cases}$$

同解,$x_3$ 为自由未知量.令 $x_3=1$,可得导出组的基础解系为

$$\boldsymbol{\eta}=\begin{pmatrix}1\\1\\1\end{pmatrix},$$

因此,原方程组的通解为 $\boldsymbol{x}=\boldsymbol{\xi}^*+c\boldsymbol{\eta}$($c$ 为任意常数).

## 习题 3.5

1. 求下列齐次线性方程组的基础解系:

(1) $\begin{cases}x_1-8x_2+10x_3+2x_4=0,\\2x_1+4x_2+5x_3-x_4=0,\\3x_1+8x_2+6x_3-2x_4=0;\end{cases}$　　(2) $\begin{cases}2x_1-3x_2-2x_3+x_4=0,\\3x_1+5x_2+4x_3-2x_4=0,\\8x_1+7x_2+6x_3-3x_4=0.\end{cases}$

2. 设 $\boldsymbol{\alpha}_1,\boldsymbol{\alpha}_2$ 是某个齐次线性方程组的基础解系,证明:$\boldsymbol{\alpha}_1+\boldsymbol{\alpha}_2,2\boldsymbol{\alpha}_1-\boldsymbol{\alpha}_2$ 也是该齐次线性方程组的基础解系.

3. 求下列非齐次线性方程组的一个解及其导出组的基础解系:

(1) $\begin{cases}x_1+x_2=5,\\2x_1+x_2+x_3+2x_4=1,\\5x_1+3x_2+2x_3+2x_4=3;\end{cases}$　　(2) $\begin{cases}x_1-5x_2+2x_3-3x_4=11,\\5x_1+3x_2+6x_3-x_4=-1,\\2x_1+4x_2+2x_3+x_4=-6.\end{cases}$

4. 设四元非齐次线性方程组 $\boldsymbol{Ax}=\boldsymbol{b}$ 的系数矩阵 $\boldsymbol{A}$ 的秩为 2,已知它的 3 个解向量为 $\boldsymbol{\eta}_1,\boldsymbol{\eta}_2,\boldsymbol{\eta}_3$,其中 $\boldsymbol{\eta}_1=\begin{pmatrix}4\\3\\2\\1\end{pmatrix},\boldsymbol{\eta}_2=\begin{pmatrix}1\\3\\5\\1\end{pmatrix},\boldsymbol{\eta}_3=\begin{pmatrix}-2\\6\\3\\2\end{pmatrix}$,求该方程组的通解.

5. 设矩阵 $\boldsymbol{A}=\begin{pmatrix}1&2&1&2\\0&1&t&t\\1&t&0&1\end{pmatrix}$,齐次线性方程组 $\boldsymbol{Ax}=\boldsymbol{0}$ 的基础解系含有 2 个线性无关的解向量,试求方程组 $\boldsymbol{Ax}=\boldsymbol{0}$ 的全部解.

6. 设矩阵 $\boldsymbol{A}=\begin{pmatrix}2&1&-3\\1&2&-2\\-1&3&2\end{pmatrix}$，$\boldsymbol{b}_1=\begin{pmatrix}1\\2\\-2\end{pmatrix}$，$\boldsymbol{b}_2=\begin{pmatrix}-1\\0\\5\end{pmatrix}$，求线性方程 $\boldsymbol{Ax}=\boldsymbol{b}_1$，$\boldsymbol{Ax}=\boldsymbol{b}_2$ 的解. 提示：设 $\boldsymbol{X}=(\boldsymbol{x}_1,\boldsymbol{x}_2)$，$\boldsymbol{B}=(\boldsymbol{b}_1,\boldsymbol{b}_2)$，则 $\boldsymbol{X}=\boldsymbol{A}^{-1}\boldsymbol{B}$.

## 3.6　用 MATLAB 进行向量的计算

运用 MATLAB 可求向量组的秩，也可以求解线性方程组 $\boldsymbol{Ax}=\boldsymbol{b}$. 在 MATLAB 中，对于线性方程组 $\boldsymbol{Ax}=\boldsymbol{b}$ 主要有三种方法来求解：

第一种，如果系数矩阵 $\boldsymbol{A}$ 可逆(可以通过判断矩阵 $\boldsymbol{A}$ 的秩实现)，则可以直接由命令 x=inv(A) * b 给出方程组的解；

第二种，若 $\boldsymbol{X}$ 和 $\boldsymbol{B}$ 都是矩阵，可以通过左除和右除求得. 例如，$\boldsymbol{AX}=\boldsymbol{B}$ 的求解命令为 X=A\B，$\boldsymbol{XA}=\boldsymbol{B}$ 的求解命令为 X=B/A；

第三种，也是最常用的方法，即通过命令 rref(A)求出矩阵 $\boldsymbol{A}$ 的行最简形矩阵，从而写出线性方程组的通解.

**例 26**　求下列向量组的秩，并判断是否线性相关. $\boldsymbol{\alpha}_1=(2,1,4,3)^{\mathrm{T}}$，$\boldsymbol{\alpha}_2=(-1,1,-6,6)^{\mathrm{T}}$，$\boldsymbol{\alpha}_3=(-1,-2,2,-9)^{\mathrm{T}}$，$\boldsymbol{\alpha}_4=(1,1,-2,7)^{\mathrm{T}}$，$\boldsymbol{\alpha}_5=(2,4,4,9)^{\mathrm{T}}$.

**解**　构造矩阵

$$\boldsymbol{A}=(\boldsymbol{\alpha}_1,\boldsymbol{\alpha}_2,\boldsymbol{\alpha}_3,\boldsymbol{\alpha}_4,\boldsymbol{\alpha}_5)=\begin{pmatrix}2&-1&-1&1&2\\1&1&-2&1&4\\4&-6&2&-2&4\\3&6&-9&7&9\end{pmatrix},$$

矩阵 $\boldsymbol{A}$ 的秩就是向量组的秩.

在 MATLAB 命令窗口输入

```
a=[2 -1 -1 1 2 ;1 1 -2 1 4 ;4 -6 2 -2 4;3 6 -9 7 9];
rank(a)  %求矩阵的秩
```

运行后如图 3.1 所示.

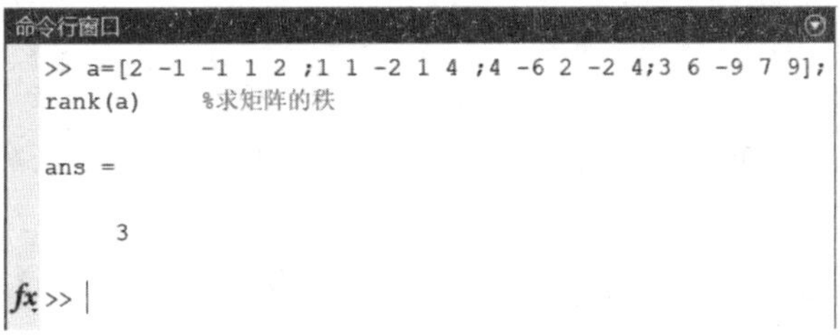


图 3.1

向量组的秩是 3，小于向量的个数 5，故该向量组线性相关.

**例 27** 求解线性方程组$\begin{cases}x_1-x_2+2x_4=-5,\\3x_1+2x_2-x_3-2x_4=6,\\4x_1+3x_2-x_3-x_4=0,\\2x_1-x_3=0.\end{cases}$

**解** 系数矩阵

$$\boldsymbol{A}=\begin{pmatrix}1&-1&0&2\\3&2&-1&-2\\4&3&-1&-1\\2&0&-1&0\end{pmatrix},$$

用 MATLAB 可求 $\boldsymbol{A}$ 的秩，$r(\boldsymbol{A})=4$，故 $\boldsymbol{A}$ 可逆，则可以直接由命令 x=inv(A) * b 给出方程组的解.

在 MATLAB 命令窗口输入

```
A=[1 -1 0 2 ; 3 2 -1 -2 ;4 3 -1 -1;2 0 -1 0];
b=[-5;6;0;0];
x=inv(A)*b
```

运行后如图 3.2 所示.

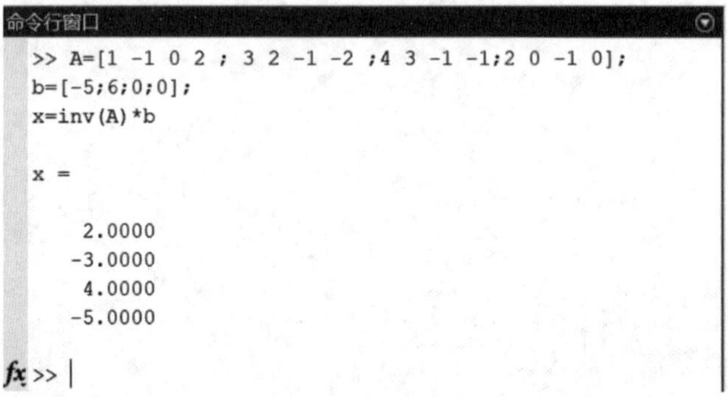
命令行窗口
>> A=[1 -1 0 2 ; 3 2 -1 -2 ;4 3 -1 -1;2 0 -1 0];
b=[-5;6;0;0];
x=inv(A)*b
x =
2.0000
-3.0000
4.0000
-5.0000
fx >>

图 3.2

**例 28** 求解非齐次线性方程组$\begin{cases}2x_1+3x_2+x_3=4,\\x_1-2x_2+4x_3=-5,\\3x_1+8x_2-2x_3=13,\\4x_1-x_2+9x_3=-6.\end{cases}$

**解** 可以通过求增广矩阵的行最简形矩阵来求方程组的通解.

在 MATLAB 命令窗口输入

```
A=[2 3 1;1 -2 4;3 8 -2;4 -1 9];
b=[4;-5;13;-6];
B=[A,b];
ans=rref(B)
```

运行后如图 3.3 所示.

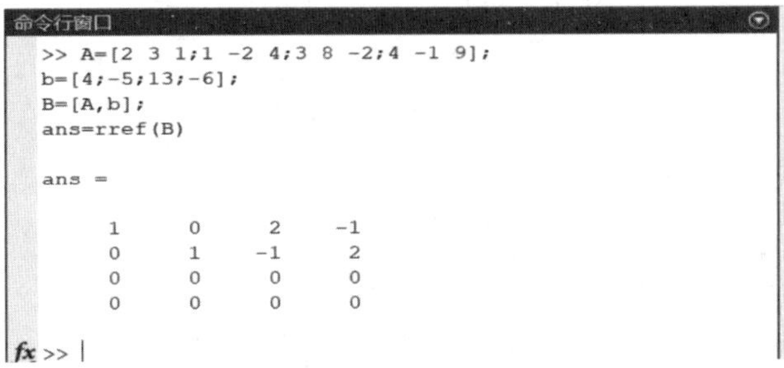


图 3.3

求得与原方程组同解的方程组为$\begin{cases} x_1=-2x_3-1, \\ x_2=x_3+2, \\ x_3=x_3. \end{cases}$

取 $x_3=c$,得原方程组的通解为

$$\begin{pmatrix} x_1 \\ x_2 \\ x_3 \end{pmatrix}=c\begin{pmatrix} -2 \\ 1 \\ 1 \end{pmatrix}+\begin{pmatrix} -1 \\ 2 \\ 0 \end{pmatrix} \quad (c \text{ 为任意常数}).$$

线性代数在数学建模中有着重要运用,很多实际问题可以归结为求线性方程组的解.

**例 29**(工资问题)　现有一个木工、一个电工、一个油漆工和一个粉饰工,四人相互同意彼此装修他们自己的房子.在装修之前,他们约定每人工作 13 天(包括给自己家干活在内),每人的日工资根据一般的市价在 210～260 元,每人的日工资数应使得每人的总收入与总支出相等.表 3.1 是他们协商后制定出的工作天数的分配方案,如何计算出他们每人应得的日工资以及每人房子的装修费(只计算工钱,不包括材料费)是多少?

**表 3.1**

| 天数 | 工种 | | | |
|---|---|---|---|---|
| | 木工 | 电工 | 油漆工 | 粉饰工 |
| 在木工家工作天数/天 | 4 | 3 | 2 | 3 |
| 在电工家工作天数/天 | 5 | 4 | 2 | 3 |
| 在油漆工家工作天数/天 | 2 | 5 | 3 | 3 |
| 在粉饰工家工作天数/天 | 2 | 1 | 6 | 4 |

(1) 问题分析.

这是一个"收入－支出"的闭合模型,为满足"平衡"条件,每人的收支相等,即要求每人在这 13 天内"总收入＝总支出".

(2) 模型建立与求解.

设木工、电工、油漆工和粉饰工的日工资分别为 $x_1$、$x_2$、$x_3$、$x_4$ 元.根据每人在这 13 天内"总收入＝总支出",可建立如下线性方程组

$$\begin{cases}4x_1+3x_2+2x_3+3x_4=13x_1,\\5x_1+4x_2+2x_3+3x_4=13x_2,\\2x_1+5x_2+3x_3+3x_4=13x_3,\\2x_1+x_2+6x_3+4x_4=13x_4.\end{cases}$$

整理得齐次线性方程组

$$\begin{cases}-9x_1+3x_2+2x_3+3x_4=0,\\5x_1-9x_2+2x_3+3x_4=0,\\2x_1+5x_2-10x_3+3x_4=0,\\2x_1+x_2+6x_3-9x_4=0.\end{cases}$$

在 MATLAB 命令窗口输入

```
clc, clear
a=[-9,3,2,3;5,-9,2,3;2,5,-10,3;2,1,6,-9];
b=sym(a)
c=rref(b)
x=[-c([1:3],4)',1]*59*4
y=13*x
```

运行后如图 3.4 所示.

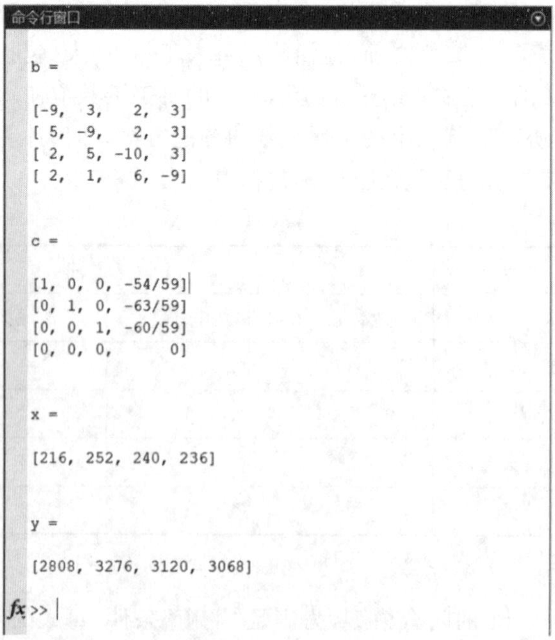
命令行窗口
b =
[-9, 3, 2, 3]
[ 5, -9, 2, 3]
[ 2, 5, -10, 3]
[ 2, 1, 6, -9]
c =
[1, 0, 0, -54/59]
[0, 1, 0, -63/59]
[0, 0, 1, -60/59]
[0, 0, 0, 0]
x =
[216, 252, 240, 236]
y =
[2808, 3276, 3120, 3068]
fx >>

图 3.4

从而木工、电工、油漆工和粉饰工的日工资分别为 216 元、252 元、240 元和 236 元. 每人房子的装修费用相当于本人 13 天的工资,因此分别为 2808 元、3276 元、3120 元和 3068 元.

# 历年考研试题选讲 3

**试题 1**(2024 年,数一)　在空间直角坐标系 $O\text{-}xyz$ 中,三个平面

$$\pi_i: a_ix+b_iy+c_iz=d_i \quad (i=1,2,3)$$

的位置关系如图 3.5 所示.

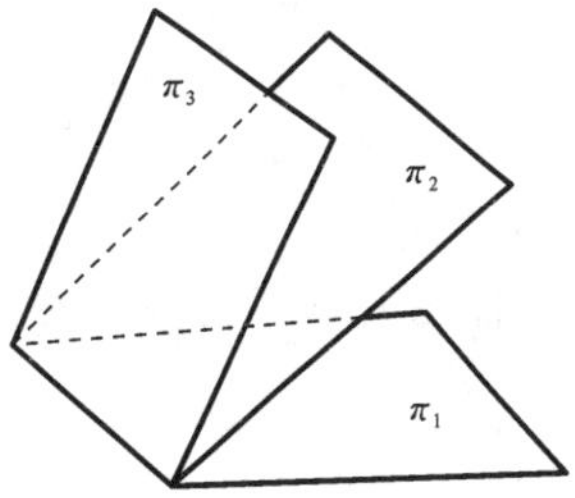

图 3.5

记 $\boldsymbol{\alpha}_i=(a_i,b_i,c_i)$,$\boldsymbol{\beta}_i=(a_i,b_i,c_i,d_i)$,若 $r\begin{pmatrix}\boldsymbol{\alpha}_1\\\boldsymbol{\alpha}_2\\\boldsymbol{\alpha}_3\end{pmatrix}=m$,$r\begin{pmatrix}\boldsymbol{\beta}_1\\\boldsymbol{\beta}_2\\\boldsymbol{\beta}_3\end{pmatrix}=n$,则(　　).

A. $m=1,n=2$　　B. $m=n=2$　　C. $m=2,n=3$　　D. $m=n=3$

**解**　记 $\boldsymbol{A}=\begin{pmatrix}\boldsymbol{\alpha}_1\\\boldsymbol{\alpha}_2\\\boldsymbol{\alpha}_3\end{pmatrix}$,$\boldsymbol{b}=\begin{pmatrix}d_1\\d_2\\d_3\end{pmatrix}$,由于三个平面交于一条直线,也即方程组 $\boldsymbol{Ax}=\boldsymbol{b}$ 有无穷多解,故根据线性方程组解的存在条件可知,$r(\boldsymbol{A})=r(\boldsymbol{A},\boldsymbol{b})<3$. 又三个平面不平行,故必有 $r(\boldsymbol{A})=r(\boldsymbol{A},\boldsymbol{b})>1$,所以 $r(\boldsymbol{A})=r(\boldsymbol{A},\boldsymbol{b})=2$,故正确选项为 B.

**试题 2**(2024 年,数一)　设向量 $\boldsymbol{\alpha}_1=\begin{pmatrix}a\\1\\-1\\1\end{pmatrix}$,$\boldsymbol{\alpha}_2=\begin{pmatrix}1\\1\\b\\a\end{pmatrix}$,$\boldsymbol{\alpha}_3=\begin{pmatrix}1\\a\\-1\\1\end{pmatrix}$,若 $\boldsymbol{\alpha}_1,\boldsymbol{\alpha}_2,\boldsymbol{\alpha}_3$ 线性相关,且其中任意两个向量均线性无关,则(　　).

A. $a=1,b\neq-1$　　　B. $a=1,b=-1$

C. $a\neq-2,b=2$　　　D. $a=-2,b=2$

**解**　由题设可知 $\boldsymbol{\alpha}_1,\boldsymbol{\alpha}_3$ 线性无关,所以 $a\neq1$,且 $r(\boldsymbol{\alpha}_1,\boldsymbol{\alpha}_2,\boldsymbol{\alpha}_3)=2$. 对向量组$(\boldsymbol{\alpha}_1,\boldsymbol{\alpha}_2,\boldsymbol{\alpha}_3)$实施初等行变换,有

$$(\boldsymbol{\alpha}_1,\boldsymbol{\alpha}_2,\boldsymbol{\alpha}_3)=\begin{pmatrix}a&1&1\\1&1&a\\-1&b&-1\\1&a&1\end{pmatrix}\rightarrow\begin{pmatrix}1&1&a\\0&1&-1-a\\0&0&a+b\\0&0&a+2\end{pmatrix},$$

从而可知 $a+2=0$,$a+b=0$,解得 $a=-2$,$b=2$,此时 $\boldsymbol{\alpha}_1,\boldsymbol{\alpha}_2,\boldsymbol{\alpha}_3$ 两两线性无关,故正确选项为 D.

**试题 3**(2020 年,数二,数三)　设四阶矩阵 $\boldsymbol{A}=(a_{ij})$不可逆,$a_{12}$ 的代数余子式 $\boldsymbol{A}_{12}\neq0$,$\boldsymbol{\alpha}_1,\boldsymbol{\alpha}_2,\boldsymbol{\alpha}_3,\boldsymbol{\alpha}_4$ 为矩阵 $\boldsymbol{A}$ 的列向量组,$\boldsymbol{A}^*$ 为 $\boldsymbol{A}$ 的伴随矩阵,则方程组 $\boldsymbol{A}^*\boldsymbol{x}=\boldsymbol{0}$ 的通解为(　　).

A. $\boldsymbol{x}=k_1\boldsymbol{\alpha}_1+k_2\boldsymbol{\alpha}_2+k_3\boldsymbol{\alpha}_3$,其中 $k_1,k_2,k_3$ 为任意常数

B. $\boldsymbol{x}=k_1\boldsymbol{\alpha}_1+k_2\boldsymbol{\alpha}_2+k_3\boldsymbol{\alpha}_4$,其中 $k_1,k_2,k_3$ 为任意常数

C. $\boldsymbol{x}=k_1\boldsymbol{\alpha}_1+k_2\boldsymbol{\alpha}_3+k_3\boldsymbol{\alpha}_4$，其中 $k_1,k_2,k_3$ 为任意常数

D. $\boldsymbol{x}=k_1\boldsymbol{\alpha}_2+k_2\boldsymbol{\alpha}_3+k_3\boldsymbol{\alpha}_4$，其中 $k_1,k_2,k_3$ 为任意常数

**解** 由于 $\boldsymbol{A}_{12}\neq 0$，所以 $r(\boldsymbol{A}^*)\geqslant 1$. 再由伴随矩阵的秩的公式 $r(\boldsymbol{A}^*)=\begin{cases}n, & r(\boldsymbol{A})=n,\\ 1, & r(\boldsymbol{A})=n-1,\\ 0, & r(\boldsymbol{A})<n-1,\end{cases}$ 可知 $r(\boldsymbol{A}^*)=1$，$r(\boldsymbol{A})=3$. $\boldsymbol{A}^*\boldsymbol{x}=\boldsymbol{0}$ 的基础解系由 3 个解向量构成. 又因为 $\boldsymbol{A}^*\boldsymbol{A}=|\boldsymbol{A}|\boldsymbol{E}=\boldsymbol{O}$，$\boldsymbol{A}$ 的每一列 $\boldsymbol{\alpha}_1,\boldsymbol{\alpha}_2,\boldsymbol{\alpha}_3,\boldsymbol{\alpha}_4$ 是 $\boldsymbol{A}^*\boldsymbol{x}=\boldsymbol{0}$ 的解向量. 只要找到 $\boldsymbol{A}^*\boldsymbol{x}=\boldsymbol{0}$ 的 3 个线性无关解就构成基础解系. 由 $\boldsymbol{A}\boldsymbol{A}^*=(\boldsymbol{\alpha}_1,\boldsymbol{\alpha}_2,\boldsymbol{\alpha}_3,\boldsymbol{\alpha}_4)\begin{pmatrix}\boldsymbol{A}_{11}\\ \boldsymbol{A}_{12}\\ \boldsymbol{A}_{13}\\ \boldsymbol{A}_{14}\end{pmatrix}=\boldsymbol{O}$，可知 $\boldsymbol{A}_{11}\boldsymbol{\alpha}_1+\boldsymbol{A}_{12}\boldsymbol{\alpha}_2+\boldsymbol{A}_{13}\boldsymbol{\alpha}_3+\boldsymbol{A}_{14}\boldsymbol{\alpha}_4=\boldsymbol{0}$，因为 $\boldsymbol{A}_{12}\neq\boldsymbol{0}$，因此 $\boldsymbol{\alpha}_2$ 可由 $\boldsymbol{\alpha}_1,\boldsymbol{\alpha}_3,\boldsymbol{\alpha}_4$ 线性表示，故 $\boldsymbol{\alpha}_1,\boldsymbol{\alpha}_3,\boldsymbol{\alpha}_4$ 线性无关. 因为 $r(\boldsymbol{A})=r(\boldsymbol{\alpha}_1,\boldsymbol{\alpha}_2,\boldsymbol{\alpha}_3,\boldsymbol{\alpha}_4)=3$. 因此 $\boldsymbol{\alpha}_1,\boldsymbol{\alpha}_3,\boldsymbol{\alpha}_4$ 为基础解系，故正确选项为 C.

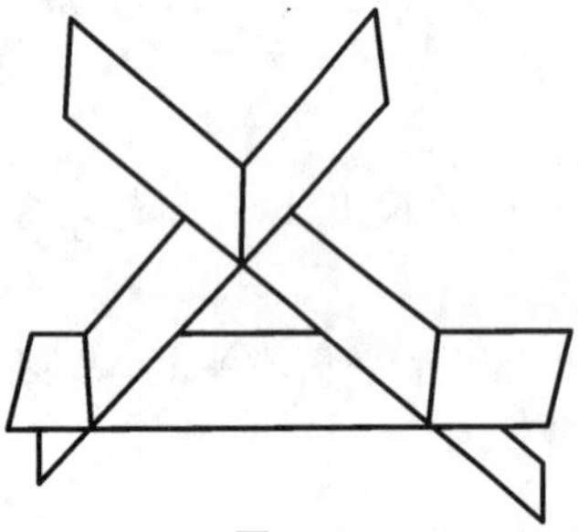

图 3.6

**试题 4**（2019 年，数一） 如图 3.6 所示，有 3 个平面两两相交，交线相互平行，它们的方程为 $a_{i1}x+a_{i2}y+a_{i3}z=d_i$ $(i=1,2,3)$，组成的线性方程组的系数矩阵和增广矩阵分别记为 $\boldsymbol{A},\bar{\boldsymbol{A}}$，则（　　）.

A. $r(\boldsymbol{A})=2,r(\bar{\boldsymbol{A}})=3$　　B. $r(\boldsymbol{A})=2,r(\bar{\boldsymbol{A}})=2$

C. $r(\boldsymbol{A})=1,r(\bar{\boldsymbol{A}})=2$　　D. $r(\boldsymbol{A})=1,r(\bar{\boldsymbol{A}})=1$

**解** 令 $\pi_i: a_{i1}x+a_{i2}y+a_{i3}z=d_i(i=1,2,3)$. 由于 $\pi_1,\pi_2,\pi_3$ 没有共同交点，即方程组无解，则 $r(\boldsymbol{A})<r(\bar{\boldsymbol{A}})\leqslant 3$，所以 B、D 排除，又 $r(\boldsymbol{A})=2$，以 $\pi_1,\pi_2$ 为例，由于 $\begin{cases}a_{11}x+a_{12}y+a_{13}z=d_1,\\ a_{21}x+a_{22}y+a_{23}z=d_2\end{cases}$ 的公共解为一条直线，所以 $3-r\left(\begin{pmatrix}a_{11} & a_{12} & a_{13}\\ a_{21} & a_{22} & a_{23}\end{pmatrix}\right)=1$，由此可得 $r\left(\begin{pmatrix}a_{11} & a_{12} & a_{13}\\ a_{21} & a_{22} & a_{23}\end{pmatrix}\right)=2$，因此 $r(\boldsymbol{A})=2,r(\bar{\boldsymbol{A}})=3$，即正确选项为 A.

**试题 5**（2019 年，数三） 设 $\boldsymbol{A}=\begin{pmatrix}1 & 0 & -1\\ 1 & 1 & -1\\ 0 & 1 & a^2-1\end{pmatrix}$，$\boldsymbol{b}=\begin{pmatrix}0\\ 1\\ a\end{pmatrix}$，线性方程组 $\boldsymbol{A}\boldsymbol{x}=\boldsymbol{b}$ 有无穷多解，则 $a=$______.

**解** 思路一：由 $\boldsymbol{A}\boldsymbol{x}=\boldsymbol{b}$ 有无穷多解，可知 $r(\boldsymbol{A}\ \vdots\ \boldsymbol{b})=r(\boldsymbol{A})\leqslant 2$，所以 $|\boldsymbol{A}|=a^2-1=0$，即 $a=\pm 1$. 当 $a=1$ 时，$r(\boldsymbol{A}\ \vdots\ \boldsymbol{b})=r(\boldsymbol{A})=2$；当 $a=-1$ 时，$r(\boldsymbol{A}\ \vdots\ \boldsymbol{b})>r(\boldsymbol{A})$. 所以 $a=1$.

思路二：对增广矩阵实施初等行变换，得

$$(\boldsymbol{A},\boldsymbol{b})=\begin{pmatrix}1 & 0 & -1 & 0\\ 1 & 1 & -1 & 1\\ 0 & 1 & a^2-1 & a\end{pmatrix}\to\begin{pmatrix}1 & 0 & -1 & 0\\ 0 & 1 & 0 & 1\\ 0 & 0 & a^2-1 & a-1\end{pmatrix}.$$

因此当 $a=1$ 时，$r(\boldsymbol{A}\ \vdots\ \boldsymbol{b})=r(\boldsymbol{A})=2<3$，所以 $\boldsymbol{A}\boldsymbol{x}=\boldsymbol{b}$ 有无穷多解.

**试题 6**（2022 年，数二，数三）　设 $\boldsymbol{\alpha}_1=\begin{pmatrix}\lambda\\1\\1\end{pmatrix},\boldsymbol{\alpha}_2=\begin{pmatrix}1\\\lambda\\1\end{pmatrix},\boldsymbol{\alpha}_3=\begin{pmatrix}1\\1\\\lambda\end{pmatrix},\boldsymbol{\alpha}_4=\begin{pmatrix}1\\\lambda\\\lambda^2\end{pmatrix}$，若 $\boldsymbol{\alpha}_1,\boldsymbol{\alpha}_2,\boldsymbol{\alpha}_3$ 与 $\boldsymbol{\alpha}_1,\boldsymbol{\alpha}_2,\boldsymbol{\alpha}_4$ 等价，则 $\lambda$ 的取值范围是(　　).

A. $\{0,1\}$　　B. $\{\lambda|\lambda\in\mathbf{R},\lambda\neq-1\}$

C. $\{\lambda|\lambda\in\mathbf{R},\lambda\neq-1,\lambda\neq-2\}$　　D. $\{\lambda|\lambda\in\mathbf{R},\lambda\neq-2\}$

**解**　由于

$$|\boldsymbol{\alpha}_1,\boldsymbol{\alpha}_2,\boldsymbol{\alpha}_3|=\begin{vmatrix}\lambda&1&1\\1&\lambda&1\\1&1&\lambda\end{vmatrix}=\lambda^3-3\lambda+2=(\lambda-1)^2(\lambda+2),$$

$$|\boldsymbol{\alpha}_1,\boldsymbol{\alpha}_2,\boldsymbol{\alpha}_4|=\begin{vmatrix}\lambda&1&1\\1&\lambda&\lambda\\1&1&\lambda^2\end{vmatrix}=\lambda^4-2\lambda^2+1=(\lambda-1)^2(\lambda+1)^2.$$

当 $\lambda=1$ 时，$\boldsymbol{\alpha}_1=\boldsymbol{\alpha}_2=\boldsymbol{\alpha}_3=\boldsymbol{\alpha}_4=\begin{pmatrix}1\\1\\1\end{pmatrix}$，此时 $\boldsymbol{\alpha}_1,\boldsymbol{\alpha}_2,\boldsymbol{\alpha}_3$ 与 $\boldsymbol{\alpha}_1,\boldsymbol{\alpha}_2,\boldsymbol{\alpha}_4$ 等价.

当 $\lambda=-2$ 时，$2=r(\boldsymbol{\alpha}_1,\boldsymbol{\alpha}_2,\boldsymbol{\alpha}_3)<r(\boldsymbol{\alpha}_1,\boldsymbol{\alpha}_2,\boldsymbol{\alpha}_4)=3$，$\boldsymbol{\alpha}_1,\boldsymbol{\alpha}_2,\boldsymbol{\alpha}_3$ 与 $\boldsymbol{\alpha}_1,\boldsymbol{\alpha}_2,\boldsymbol{\alpha}_4$ 不等价.

当 $\lambda=-1$ 时，$3=r(\boldsymbol{\alpha}_1,\boldsymbol{\alpha}_2,\boldsymbol{\alpha}_3)>r(\boldsymbol{\alpha}_1,\boldsymbol{\alpha}_2,\boldsymbol{\alpha}_4)=1$，$\boldsymbol{\alpha}_1,\boldsymbol{\alpha}_2,\boldsymbol{\alpha}_3$ 与 $\boldsymbol{\alpha}_1,\boldsymbol{\alpha}_2,\boldsymbol{\alpha}_4$ 不等价.

因此当 $\lambda=-2$ 或 $\lambda=-1$ 时，$\boldsymbol{\alpha}_1,\boldsymbol{\alpha}_2,\boldsymbol{\alpha}_3$ 与 $\boldsymbol{\alpha}_1,\boldsymbol{\alpha}_2,\boldsymbol{\alpha}_4$ 不等价，所以 $\lambda$ 的取值范围为

$$\{\lambda|\lambda\in\mathbf{R},\lambda\neq-1,\lambda\neq-2\}.$$

故选 C.

**试题 7**（2020 年，数一）　已知直线 $L_1:\dfrac{x-a_2}{a_1}=\dfrac{y-b_2}{b_1}=\dfrac{z-c_2}{c_1}$ 与 $L_2:\dfrac{x-a_3}{a_2}=\dfrac{y-b_3}{b_2}=\dfrac{z-c_3}{c_2}$ 相交于一点，记向量 $\boldsymbol{\alpha}_i=\begin{pmatrix}a_i\\b_i\\c_i\end{pmatrix}$，$i=1,2,3$，则(　　).

A. $\boldsymbol{\alpha}_1$ 可由 $\boldsymbol{\alpha}_2,\boldsymbol{\alpha}_3$ 线性表示　　B. $\boldsymbol{\alpha}_2$ 可由 $\boldsymbol{\alpha}_1,\boldsymbol{\alpha}_3$ 线性表示

C. $\boldsymbol{\alpha}_3$ 可由 $\boldsymbol{\alpha}_1,\boldsymbol{\alpha}_2$ 线性表示　　D. $\boldsymbol{\alpha}_1,\boldsymbol{\alpha}_2,\boldsymbol{\alpha}_3$ 线性无关

**解**　令

$$L_1:\frac{x-a_2}{a_1}=\frac{y-b_2}{b_1}=\frac{z-c_2}{c_1}=t，有\begin{pmatrix}x\\y\\z\end{pmatrix}=\begin{pmatrix}a_2\\b_2\\c_2\end{pmatrix}+t\begin{pmatrix}a_1\\b_1\\c_1\end{pmatrix}=\boldsymbol{\alpha}_2+t\boldsymbol{\alpha}_1.$$

由 $L_2$ 方程，得

$$\begin{pmatrix}x\\y\\z\end{pmatrix}=\begin{pmatrix}a_3\\b_3\\c_3\end{pmatrix}+t\begin{pmatrix}a_2\\b_2\\c_2\end{pmatrix}=\boldsymbol{\alpha}_3+t\boldsymbol{\alpha}_2,$$

由于两条线相交，即存在 $t$ 使得 $\boldsymbol{\alpha}_2+t\boldsymbol{\alpha}_1=\boldsymbol{\alpha}_3+t\boldsymbol{\alpha}_2$，即 $\boldsymbol{\alpha}_3=t\boldsymbol{\alpha}_1+(1-t)\boldsymbol{\alpha}_2$，所以 $\boldsymbol{\alpha}_3$ 可由 $\boldsymbol{\alpha}_1,\boldsymbol{\alpha}_2$ 线性表示，故选 C.

## 总习题 3

1. 填空题.

(1) 使向量组 $\boldsymbol{\alpha}=(a,0,1)^{\mathrm{T}},\boldsymbol{\beta}=(0,a,2)^{\mathrm{T}},\boldsymbol{\gamma}=(10,3,a)^{\mathrm{T}}$ 线性无关的 $a$ 的值是______.

(2) 已知向量组 $\boldsymbol{\alpha}_1=(1,3,6,2)^{\mathrm{T}},\boldsymbol{\alpha}_2=(2,1,2,-1)^{\mathrm{T}},\boldsymbol{\alpha}_3=(1,-1,a,-2)^{\mathrm{T}}$ 的秩为 2，则 $a=$______.

(3) 设 $\boldsymbol{A}=(\boldsymbol{\alpha}_1,\boldsymbol{\alpha}_2,\boldsymbol{\alpha}_3)$ 为三阶矩阵，若 $\boldsymbol{\alpha}_1,\boldsymbol{\alpha}_2$ 线性无关，且 $\boldsymbol{\alpha}_3=-\boldsymbol{\alpha}_1+2\boldsymbol{\alpha}_2$，则线性方程组 $\boldsymbol{Ax}=\boldsymbol{0}$ 的通解为______.

(4) 已知向量组

$$\boldsymbol{\alpha}_1=\begin{pmatrix}1\\0\\1\\1\end{pmatrix},\quad \boldsymbol{\alpha}_2=\begin{pmatrix}-1\\-1\\0\\1\end{pmatrix},\quad \boldsymbol{\alpha}_3=\begin{pmatrix}0\\1\\-1\\1\end{pmatrix},\quad \boldsymbol{\beta}=\begin{pmatrix}1\\1\\1\\-1\end{pmatrix},$$

$$\boldsymbol{\gamma}=k_1\boldsymbol{\alpha}_1+k_2\boldsymbol{\alpha}_2+k_3\boldsymbol{\alpha}_3,$$

若 $\boldsymbol{\gamma}^{\mathrm{T}}\boldsymbol{\alpha}_i=\boldsymbol{\beta}^{\mathrm{T}}\boldsymbol{\alpha}_i\ (i=1,2,3)$，则 $k_1^2+k_2^2+k_3^2=$______.

2. 选择题.

(1) 设 $\boldsymbol{A}$ 是四阶矩阵，$\boldsymbol{A}^*$ 为 $\boldsymbol{A}$ 的伴随矩阵，若线性方程组 $\boldsymbol{Ax}=\boldsymbol{0}$ 的基础解系中只有 2 个向量，则 $\boldsymbol{A}^*$ 的秩是(　　).

A. 0　　B. 1　　C. 2　　D. 3

(2) 已知向量组

$$\boldsymbol{\alpha}_1=\begin{pmatrix}1\\2\\3\end{pmatrix},\quad \boldsymbol{\alpha}_2=\begin{pmatrix}2\\1\\1\end{pmatrix},\quad \boldsymbol{\beta}_1=\begin{pmatrix}2\\5\\9\end{pmatrix},\quad \boldsymbol{\beta}_2=\begin{pmatrix}1\\0\\1\end{pmatrix},$$

若 $\boldsymbol{\gamma}$ 既可由 $\boldsymbol{\alpha}_1,\boldsymbol{\alpha}_2$ 线性表示，又可由 $\boldsymbol{\beta}_1,\boldsymbol{\beta}_2$ 线性表示，则 $\boldsymbol{\gamma}=$(　　).

A. $k\begin{pmatrix}3\\3\\4\end{pmatrix}\ (k\in\mathbf{R})$　　B. $k\begin{pmatrix}3\\5\\10\end{pmatrix}\ (k\in\mathbf{R})$

C. $k\begin{pmatrix}-1\\1\\2\end{pmatrix}\ (k\in\mathbf{R})$　　D. $k\begin{pmatrix}1\\5\\8\end{pmatrix}\ (k\in\mathbf{R})$

(3) 设矩阵

$$\boldsymbol{A}=\begin{pmatrix}1&1&1\\1&a&a^2\\1&b&b^2\end{pmatrix},\quad \boldsymbol{b}=\begin{pmatrix}1\\2\\4\end{pmatrix},$$

则线性方程组 $\boldsymbol{Ax}=\boldsymbol{b}$ 解的情况为(　　).

A. 无解　　B. 有解

C. 有无穷多解或无解　　D. 有唯一解或无解

(4) 设 $\boldsymbol{A}$ 为 $n(\geqslant 2)$ 阶矩阵，且 $|\boldsymbol{A}|=0$，则(　　).

A. $\boldsymbol{A}$ 的列秩等于 0

B. $\boldsymbol{A}$ 的任意列向量都可以由其他列向量线性表示

C. $\boldsymbol{A}$ 的秩等于 0

D. $\boldsymbol{A}$ 中必有一个列向量可由其他列向量线性表示

(5) 设 $\boldsymbol{A}$ 为 $4\times 3$ 矩阵，$\boldsymbol{\eta}_1,\boldsymbol{\eta}_2,\boldsymbol{\eta}_3$ 是非齐次线性方程组 $\boldsymbol{Ax}=\boldsymbol{\beta}$ 的 3 个线性无关的解，$k_1$，$k_2$ 为任意常数，则 $\boldsymbol{Ax}=\boldsymbol{\beta}$ 的通解为(　　).

A. $\dfrac{\boldsymbol{\eta}_2+\boldsymbol{\eta}_3}{2}+k_1(\boldsymbol{\eta}_2-\boldsymbol{\eta}_1)$

B. $\dfrac{\boldsymbol{\eta}_2-\boldsymbol{\eta}_3}{2}+k_1(\boldsymbol{\eta}_2-\boldsymbol{\eta}_1)$

C. $\dfrac{\boldsymbol{\eta}_2+\boldsymbol{\eta}_3}{2}+k_1(\boldsymbol{\eta}_2-\boldsymbol{\eta}_1)+k_2(\boldsymbol{\eta}_3-\boldsymbol{\eta}_1)$

D. $\dfrac{\boldsymbol{\eta}_2-\boldsymbol{\eta}_3}{2}+k_1(\boldsymbol{\eta}_2-\boldsymbol{\eta}_1)+k_2(\boldsymbol{\eta}_3-\boldsymbol{\eta}_1)$

3. 设 $\boldsymbol{Ax}=\boldsymbol{0}$ 是 $\boldsymbol{Ax}=\boldsymbol{b}$ 的导出组，其中 $\boldsymbol{A}$ 是 $m\times n$ 矩阵，判断下列命题正误.

(1) 若 $\boldsymbol{Ax}=\boldsymbol{0}$ 只有零解，则 $\boldsymbol{Ax}=\boldsymbol{b}$ 有唯一解；

(2) 若 $\boldsymbol{Ax}=\boldsymbol{0}$ 有非零解，则 $\boldsymbol{Ax}=\boldsymbol{b}$ 有无穷多解；

(3) 若 $\boldsymbol{\eta}$ 是 $\boldsymbol{Ax}=\boldsymbol{0}$ 的通解，$\boldsymbol{\xi}$ 是 $\boldsymbol{Ax}=\boldsymbol{b}$ 的一个解，则 $\boldsymbol{\eta}+k\boldsymbol{\xi}$ 是 $\boldsymbol{Ax}=\boldsymbol{b}$ 的通解；

(4) 若 $\boldsymbol{Ax}=\boldsymbol{0}$ 有非零解，$\boldsymbol{A}^{\mathrm{T}}\boldsymbol{x}=\boldsymbol{0}$ 也有非零解；

(5) 若 $\boldsymbol{x}_1,\boldsymbol{x}_2,\boldsymbol{x}_3$ 均为 $\boldsymbol{Ax}=\boldsymbol{b}$ 的解，则 $\boldsymbol{x}_1+\boldsymbol{x}_2-2\boldsymbol{x}_3$ 是 $\boldsymbol{Ax}=\boldsymbol{0}$ 的一个解；

(6) 若 $r(\boldsymbol{A})=m$，则 $\boldsymbol{Ax}=\boldsymbol{b}$ 有解；

(7) 若 $r(\boldsymbol{A})=n$，则 $\boldsymbol{Ax}=\boldsymbol{b}$ 有唯一解.

4. 用消元法解下列线性方程组：

(1) $\begin{cases} -x_1+2x_2=3, \\ 2x_1+x_2+x_3=2, \\ 4x_1+5x_2+7x_3=0, \\ x_1+x_2+5x_3=-7; \end{cases}$　　(2) $\begin{cases} x_1-2x_2+x_3-x_4=-1, \\ x_1-2x_2+x_3+5x_4=5, \\ x_1-2x_2+x_3+x_4=1. \end{cases}$

5. 设 $\boldsymbol{A}=\boldsymbol{\alpha}\boldsymbol{\alpha}^{\mathrm{T}}+\boldsymbol{\beta}\boldsymbol{\beta}^{\mathrm{T}}$，$\boldsymbol{\alpha},\boldsymbol{\beta}$ 是三维列向量，试证明：

(1) $r(\boldsymbol{A})\leqslant 2$；

(2) 若 $\boldsymbol{\alpha},\boldsymbol{\beta}$ 线性相关，则 $r(\boldsymbol{A})<2$.

6. 设 $\boldsymbol{A}=\begin{pmatrix} 1 & a \\ 1 & 0 \end{pmatrix}$，$\boldsymbol{B}=\begin{pmatrix} 0 & 1 \\ 1 & b \end{pmatrix}$，当 $a,b$ 为何值时，存在矩阵 $\boldsymbol{C}$，使得 $\boldsymbol{AC}-\boldsymbol{CA}=\boldsymbol{B}$，并求所有矩阵 $\boldsymbol{C}$.

7. 设 $\boldsymbol{A}=\begin{pmatrix} 1 & -1 & -1 \\ -1 & 1 & 1 \\ 0 & -4 & -2 \end{pmatrix}$，$\boldsymbol{\xi}_1=\begin{pmatrix} -1 \\ 1 \\ -2 \end{pmatrix}$.

(1) 求满足 $\boldsymbol{A\xi}_2=\boldsymbol{\xi}_1$，$\boldsymbol{A}^2\boldsymbol{\xi}_3=\boldsymbol{\xi}_1$ 的所有向量 $\boldsymbol{\xi}_2,\boldsymbol{\xi}_3$；

(2) 对(1)中任意向量 $\boldsymbol{\xi}_2,\boldsymbol{\xi}_3$，试证明 $\boldsymbol{\xi}_1,\boldsymbol{\xi}_2,\boldsymbol{\xi}_3$ 线性无关.

8. 求下列向量组的秩，并求出它的一个极大线性无关组，把其余向量用极大线性无关组线性表出.

(1) $\boldsymbol{\alpha}_1=(1,2,1)^{\mathrm{T}},\boldsymbol{\alpha}_2=(-2,-4,-2)^{\mathrm{T}},\boldsymbol{\alpha}_3=(3,5,-6)^{\mathrm{T}}$；

(2) $\boldsymbol{\alpha}_1=(1,-1,2,4)^{\mathrm{T}},\boldsymbol{\alpha}_2=(0,3,1,2)^{\mathrm{T}},\boldsymbol{\alpha}_3=(3,0,7,14)^{\mathrm{T}},\boldsymbol{\alpha}_4=(1,-1,2,0)^{\mathrm{T}}$.

9. $\boldsymbol{A}$ 是 $m\times n$ 矩阵，其列向量组线性无关；$\boldsymbol{B}$ 是 $n$ 阶矩阵，满足 $\boldsymbol{AB}=\boldsymbol{A}$. 求证 $\boldsymbol{B}=\boldsymbol{I}$.

10. 解下列齐次线性方程组，若有非零解，求其通解.

(1) $\begin{cases}x_1+2x_2+x_3=0,\\2x_1+3x_2+5x_3=0,\\x_1+3x_2-2x_3=0;\end{cases}$

(2) $\begin{cases}x_1-x_3=0,\\x_2-x_4=0,\\-x_1+x_2-x_4=0.\end{cases}$

11. 求解下列非齐次线性方程组：

(1) $\begin{cases}2x_1+3x_2+x_3=3,\\x_1+2x_2+x_3=1,\\x_1-x_2-2x_3=0;\end{cases}$

(2) $\begin{cases}2x_1-x_2+3x_3+4x_4=5,\\4x_1-2x_2+5x_3+6x_4=7,\\6x_1-3x_2+7x_3+8x_4=9,\\8x_1-4x_2+9x_3+10x_4=11.\end{cases}$

12. 设 $\boldsymbol{A}$ 为 $4\times5$ 矩阵，$r(\boldsymbol{A})=3$，已知非齐次线性方程组 $\boldsymbol{Ax}=\boldsymbol{b}$ 有解 $\boldsymbol{\xi}_1,\boldsymbol{\xi}_2,\boldsymbol{\xi}_3,\boldsymbol{\xi}_4$，且 $\boldsymbol{\xi}_1=(1,2,3,4,5)^{\mathrm{T}},\boldsymbol{\xi}_2+\boldsymbol{\xi}_3=(0,3,1,0,2)^{\mathrm{T}},\boldsymbol{\xi}_2+\boldsymbol{\xi}_4=(0,0,0,1,1)^{\mathrm{T}}$，求 $\boldsymbol{Ax}=\boldsymbol{b}$ 的通解.

13. 设矩阵 $\boldsymbol{A}=\begin{pmatrix}1&-2&3&-4\\0&1&-1&1\\1&2&0&-3\end{pmatrix}$，$\boldsymbol{I}$ 为三阶单位矩阵.

(1) 求方程组 $\boldsymbol{Ax}=\boldsymbol{0}$ 的一个基础解系；

(2) 求满足 $\boldsymbol{AB}=\boldsymbol{I}$ 的所有矩阵 $\boldsymbol{B}$.

14. 设矩阵

$$\boldsymbol{A}=\begin{pmatrix}1&-1&-1\\2&a&1\\-1&1&a\end{pmatrix},\quad \boldsymbol{B}=\begin{pmatrix}2&2\\1&a\\-a-1&-2\end{pmatrix}.$$

当 $a$ 为何值时，方程 $\boldsymbol{AX}=\boldsymbol{B}$ 无解？有唯一解？有无穷多解？

## 拓展阅读

### 线性方程组

线性方程组在数学领域的各个分支中，以及在自然科学、工程技术、生产实际中经常遇到. 同时，线性方程组也是线性代数课程中最基本的内容之一.

线性方程组的解法，早在中国古代的数学著作《九章算术·方程》中已做了比较完整的论述. 在中国人的手稿中出现了解释如何使用消去变元的方法求解带有三个未知量的方程，其中所述方法实质上相当于现代的对方程组的增广矩阵施行初等行变换从而消去未知量的方法，即高斯消元法. 在西方，线性方程组的研究是在 17 世纪后期由莱布尼茨开创的. 他曾研究由含两个未知量的三个线性方程组成的方程组. 麦克劳林在 18 世纪上半叶研究了具有二、三、四个未知量的线性方程组，得到了现在称为克莱姆法则的结果. 克莱姆不久也发表了这个法则. 18 世纪下半叶，法国数学家贝祖对线性方程组理论进行了一系列研究，证明了 $n$ 个 $n$ 元齐次线性方程组有非零解的条件是系数行列式等于零.

19 世纪，英国数学家史密斯和道奇森继续研究线性方程组理论，前者引进了方程组的增广矩阵和非增广矩阵的概念，后者证明了 $n$ 个未知数 $m$ 个方程的方程组相容的充要条件是系数矩阵和增广矩阵的秩相同. 这些正是现代方程组理论中的重要结果之一.

线性代数在应用上的重要性与计算机的计算性能成正比例增长，而这一性能伴随着计算机软硬件的创新在不断提升. 最终，计算机并行处理和大规模计算的迅猛发展将会把计算机科学与线性代数紧密地联系在一起，并广泛应用于解决飞机制造、桥梁设计、交通规划、石油勘探、经济管理等领域的科学问题.

# 第 4 章　矩阵的相似

## 知识目标

（1）熟悉特征多项式、特征值与特征向量的概念及有关的性质；掌握矩阵的特征值与特征向量的求解技巧.

（2）熟悉矩阵相似的概念，了解相似矩阵的特征值与特征向量的关系；熟悉判定一个矩阵能否对角化的条件，并能将其化为对角矩阵.

## 能力目标

（1）鼓励学生将特征值和特征向量应用于实际问题，如振动分析、图像处理等，能够提取问题中的关键信息并将其转化为特征值和特征向量问题进行建模，培养学生的建模能力.

（2）培养学生的软件应用能力，会用 MATLAB 软件求解矩阵的特征值和特征向量和将矩阵对角化，提升学生的信息技术应用能力.

## 素质目标

（1）教学中可布置环境污染问题让学生采取小组分工合作的方式完成，培养学生团队意识和沟通能力，同时引导学生爱护环境，为环境保护做出自己的贡献.

（2）教学中鼓励学生探索特征值在不同领域的新应用，激发学生的创新思维，培养学生的创新精神.

本章讨论矩阵在相似变换下的简化问题，主要讨论矩阵能否与对角矩阵相似的有关问题，也称为矩阵的可对角化问题. 这一问题与矩阵的特征值和特征向量有密切的联系. 本章内容不仅有非常重要的理论意义，而且也有极其广泛的应用.

# 4.1 相似矩阵

## 4.1.1 相似矩阵的概念

**定义 1** 设 $\boldsymbol{A}$ 和 $\boldsymbol{B}$ 都是 $n$ 阶矩阵，如果存在一个可逆矩阵 $\boldsymbol{P}$，使得 $\boldsymbol{P}^{-1}\boldsymbol{AP}=\boldsymbol{B}$，则称矩阵 $\boldsymbol{A}$ 相似于矩阵 $\boldsymbol{B}$，记作 $\boldsymbol{A}\sim\boldsymbol{B}$. 对 $\boldsymbol{A}$ 进行 $\boldsymbol{P}^{-1}\boldsymbol{AP}$ 运算称为对 $\boldsymbol{A}$ 进行相似变换，称可逆矩阵 $\boldsymbol{P}$ 为把 $\boldsymbol{A}$ 变成 $\boldsymbol{B}$ 的相似变换矩阵.

例如

$$\boldsymbol{A}=\begin{pmatrix}3&1\\5&-1\end{pmatrix},\quad \boldsymbol{B}=\begin{pmatrix}4&0\\0&-2\end{pmatrix},\quad \boldsymbol{P}=\begin{pmatrix}1&1\\1&-5\end{pmatrix},$$

则

$$\boldsymbol{P}^{-1}=\begin{pmatrix}\frac{5}{6}&\frac{1}{6}\\\frac{1}{6}&-\frac{1}{6}\end{pmatrix},$$

$$\boldsymbol{P}^{-1}\boldsymbol{AP}=\begin{pmatrix}\frac{5}{6}&\frac{1}{6}\\\frac{1}{6}&-\frac{1}{6}\end{pmatrix}\begin{pmatrix}3&1\\5&-1\end{pmatrix}\begin{pmatrix}1&1\\1&-5\end{pmatrix}=\begin{pmatrix}4&0\\0&-2\end{pmatrix}=\boldsymbol{B},$$

故 $\boldsymbol{A}\sim\boldsymbol{B}$，即

$$\begin{pmatrix}3&1\\5&-1\end{pmatrix}\sim\begin{pmatrix}4&0\\0&-2\end{pmatrix}.$$

**注** $\boldsymbol{P}^{-1}\boldsymbol{AP}$ 显然表示对 $n$ 阶矩阵 $\boldsymbol{A}$ 作一系列的初等变换，只是对初等变换的要求更高，即 $\boldsymbol{A}$ 左乘与右乘的矩阵是互逆的. 因此，相似变换是一种特殊的初等变换，也就是说，矩阵之间的相似是矩阵之间等价的一种特殊情形.

矩阵之间的相似关系也是一种等价关系，具有如下性质：

(1) 自反性：$\forall \boldsymbol{A},\boldsymbol{A}\sim\boldsymbol{A}$.

(2) 对称性：若 $\boldsymbol{A}\sim\boldsymbol{B}$，则 $\boldsymbol{B}\sim\boldsymbol{A}$.

(3) 传递性：若 $\boldsymbol{A}\sim\boldsymbol{B},\boldsymbol{B}\sim\boldsymbol{C}$，则 $\boldsymbol{A}\sim\boldsymbol{C}$.

## 4.1.2 相似矩阵的性质

**性质 1** 相似矩阵有相同的行列式.

**证明** 若 $\boldsymbol{A}\sim\boldsymbol{B}$，则存在可逆矩阵 $\boldsymbol{P}$，使得 $\boldsymbol{P}^{-1}\boldsymbol{AP}=\boldsymbol{B}$. 两边取行列式，得 $|\boldsymbol{B}|=|\boldsymbol{P}^{-1}\boldsymbol{AP}|=|\boldsymbol{P}^{-1}||\boldsymbol{A}||\boldsymbol{P}|=|\boldsymbol{P}|^{-1}|\boldsymbol{A}||\boldsymbol{P}|=|\boldsymbol{A}|$.

**性质 2** 相似矩阵具有相同的可逆性，如果它们可逆，则它们的逆矩阵也相似.

**证明** 若 $\boldsymbol{A}\sim\boldsymbol{B}$，则由性质 1 知 $|\boldsymbol{A}|=|\boldsymbol{B}|$，故 $\boldsymbol{A}$ 与 $\boldsymbol{B}$ 具有相同的可逆性；若 $\boldsymbol{A}$ 与 $\boldsymbol{B}$ 相似，且都可逆，则存在可逆矩阵 $\boldsymbol{P}$，使 $\boldsymbol{P}^{-1}\boldsymbol{AP}=\boldsymbol{B}$，于是

$$\boldsymbol{B}^{-1}=(\boldsymbol{P}^{-1}\boldsymbol{AP})^{-1}=\boldsymbol{P}^{-1}\boldsymbol{A}^{-1}(\boldsymbol{P}^{-1})^{-1}=\boldsymbol{P}^{-1}\boldsymbol{A}^{-1}\boldsymbol{P}$$

即 $\boldsymbol{A}^{-1}$ 与 $\boldsymbol{B}^{-1}$ 相似.

**性质 3** 相似矩阵的秩相等.

**证明** 若 $\boldsymbol{A}\sim\boldsymbol{B}$,则 $\boldsymbol{A}\cong\boldsymbol{B}$,而等价的矩阵有相同的秩,故 $\boldsymbol{A}$ 与 $\boldsymbol{B}$ 的秩相等.

**性质 4** 若 $\boldsymbol{A}\sim\boldsymbol{B}$,则 $\boldsymbol{A}^{\mathrm{T}}\sim\boldsymbol{B}^{\mathrm{T}}$ 且 $\boldsymbol{A}^k\sim\boldsymbol{B}^k$,其中 $k$ 为非负数.

证明留作练习.

**性质 5** 若 $\boldsymbol{A}\sim\boldsymbol{B}$,则 $f(\boldsymbol{A})\sim f(\boldsymbol{B})$,其中

$$f(x)=a_nx^n+a_{n-1}x^{n-1}+\cdots+a_1x+a_0,$$

$$f(\boldsymbol{A})=a_n\boldsymbol{A}^n+a_{n-1}\boldsymbol{A}^{n-1}+\cdots+a_1\boldsymbol{A}+a_0\boldsymbol{I}.$$

证明从略.

方阵与对角矩阵相似的问题,具体来说就是如下几个方面.

(1) 是否所有的 $n$ 阶矩阵都能与一个对角矩阵相似?如果不是,那么什么样的 $n$ 阶矩阵能与一个对角矩阵相似,或者更进一步,$n$ 阶矩阵与一个对角矩阵相似的充分必要条件是什么?

(2) 如果 $n$ 阶矩阵 $\boldsymbol{A}$ 能与一个对角矩阵相似,那么使得 $\boldsymbol{P}^{-1}\boldsymbol{A}\boldsymbol{P}$ 为对角矩阵的可逆矩阵(即相似变换矩阵)$\boldsymbol{P}$ 的结构如何?如何求出?

(3) 如果 $\boldsymbol{P}^{-1}\boldsymbol{A}\boldsymbol{P}$ 为对角矩阵,那么该对角矩阵的具体形式如何?即若 $n$ 阶矩阵 $\boldsymbol{A}$ 能与对角矩阵相似,那么这一对角矩阵应有何种结构?

为了解决以上几个问题,4.2 节将引入矩阵的特征值与特征向量的概念,并讨论其性质.

### 习题 4.1

1. 设 $\boldsymbol{A}$ 是非奇异矩阵,证明:$\boldsymbol{AB}$ 与 $\boldsymbol{BA}$ 相似.

2. 设 $\boldsymbol{A}\sim\boldsymbol{B},\boldsymbol{C}\sim\boldsymbol{D}$,证明:$\begin{pmatrix}\boldsymbol{A}&\boldsymbol{O}\\\boldsymbol{O}&\boldsymbol{C}\end{pmatrix}\sim\begin{pmatrix}\boldsymbol{B}&\boldsymbol{O}\\\boldsymbol{O}&\boldsymbol{D}\end{pmatrix}$.

## 4.2 矩阵的特征值与特征向量

特征值与特征向量是非常重要的概念,其内容也极为丰富.它不仅在讨论方阵对角化问题上起着实质的作用,而且在数学的其他分支,以及工程技术、经济管理等领域都有极为广泛的作用.

### 4.2.1 特征值与特征向量的概念

首先来看这样一个问题.

如果 $n$ 阶矩阵 $\boldsymbol{A}$ 与一个对角矩阵 $\boldsymbol{\Lambda}$ 相似,即存在可逆矩阵 $\boldsymbol{P}$,使得 $\boldsymbol{P}^{-1}\boldsymbol{A}\boldsymbol{P}=\boldsymbol{\Lambda}$,即

$$\boldsymbol{A}\boldsymbol{P}=\boldsymbol{P}\boldsymbol{\Lambda}.$$

设 $\boldsymbol{P}=(\boldsymbol{p}_1,\boldsymbol{p}_2,\cdots,\boldsymbol{p}_n)$,其中 $\boldsymbol{p}_i(i=1,2,\cdots,n)$ 为矩阵 $\boldsymbol{P}$ 的列向量,有

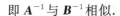

$$\boldsymbol{\Lambda}=\begin{pmatrix}\lambda_1 & & & \\ & \lambda_2 & & \\ & & \ddots & \\ & & & \lambda_n\end{pmatrix},$$

则 $\boldsymbol{AP}=\boldsymbol{P\Lambda}$，即

$$\boldsymbol{A}(\boldsymbol{p}_1,\boldsymbol{p}_2,\cdots,\boldsymbol{p}_n)=(\boldsymbol{p}_1,\boldsymbol{p}_2,\cdots,\boldsymbol{p}_n)\begin{pmatrix}\lambda_1 & & & \\ & \lambda_2 & & \\ & & \ddots & \\ & & & \lambda_n\end{pmatrix},$$

于是

$$(\boldsymbol{Ap}_1,\boldsymbol{Ap}_2,\cdots,\boldsymbol{Ap}_n)=(\lambda_1\boldsymbol{p}_1,\lambda_2\boldsymbol{p}_2,\cdots,\lambda_n\boldsymbol{p}_n),$$

即

$$\boldsymbol{Ap}_i=\lambda_i\boldsymbol{p}_i\quad(i=1,2,\cdots,n).\tag{4.1}$$

以上分析可知，若 $n$ 阶矩阵 $\boldsymbol{A}$ 与对角矩阵 $\boldsymbol{\Lambda}$ 相似，则必可得到关系式(4.1). 下面从关系式(4.1)引入特征值与特征向量的概念.

**定义 2**　设 $\boldsymbol{A}$ 是 $n$ 阶矩阵，如果存在数 $\lambda$ 与非零向量 $\boldsymbol{\xi}$，使得

$$\boldsymbol{A\xi}=\lambda\boldsymbol{\xi},\tag{4.2}$$

则称数 $\lambda$ 是 $\boldsymbol{A}$ 的一个特征值，非零向量 $\boldsymbol{\xi}$ 称为 $\boldsymbol{A}$ 的属于特征值 $\lambda$ 的特征向量.

例如

$$\boldsymbol{A}=\begin{pmatrix}-2 & 1 & 1\\ 0 & 2 & 0\\ -4 & 1 & 3\end{pmatrix},\quad \boldsymbol{\xi}_1=\begin{pmatrix}1\\4\\0\end{pmatrix},\quad \boldsymbol{\xi}_2=\begin{pmatrix}0\\-1\\1\end{pmatrix},\quad \boldsymbol{\xi}_3=\begin{pmatrix}1\\0\\1\end{pmatrix},$$

易得

$$\boldsymbol{A\xi}_1=2\boldsymbol{\xi}_1,\quad \boldsymbol{A\xi}_2=2\boldsymbol{\xi}_2,\quad \boldsymbol{A\xi}_3=-\boldsymbol{\xi}_3,$$

故 $\lambda_1=\lambda_2=2,\lambda_3=-1$ 即是 $\boldsymbol{A}$ 的特征值，$\boldsymbol{\xi}_1,\boldsymbol{\xi}_2$ 是 $\boldsymbol{A}$ 的属于特征值 $\lambda_1=\lambda_2=2$ 的特征向量，$\boldsymbol{\xi}_3$ 是 $\boldsymbol{A}$ 的属于特征值 $\lambda_3=-1$ 的特征向量.

**注**　(1) 特征向量一定为非零向量.

(2) 若 $\boldsymbol{\xi}$ 为 $\boldsymbol{A}$ 的属于特征值 $\lambda$ 的特征向量，则 $k\boldsymbol{\xi}(k\neq 0,k\in\mathbf{R})$ 也是 $\boldsymbol{A}$ 的属于特征值 $\lambda$ 的特征向量.

(3) 若 $\boldsymbol{\xi}_1,\boldsymbol{\xi}_2$ 均为 $\boldsymbol{A}$ 的属于特征值 $\lambda$ 的特征向量，且 $\boldsymbol{\xi}_1+\boldsymbol{\xi}_2\neq\mathbf{0}$，则 $\boldsymbol{\xi}_1+\boldsymbol{\xi}_2$ 也是 $\boldsymbol{A}$ 的属于特征值 $\lambda$ 的特征向量. 更一般地，若 $\boldsymbol{\xi}_1,\boldsymbol{\xi}_2,\cdots,\boldsymbol{\xi}_s$ 均为 $\boldsymbol{A}$ 的属于特征值 $\lambda$ 的特征向量，则任何非零线性组合

$$\boldsymbol{\xi}=k_1\boldsymbol{\xi}_1+k_2\boldsymbol{\xi}_2+\cdots+k_s\boldsymbol{\xi}_s\neq\mathbf{0}$$

也是 $\boldsymbol{A}$ 的属于特征值 $\lambda$ 的特征向量.

以上结论不难通过定义验证.

式(4.2)可改写成

$$(\lambda\boldsymbol{I}-\boldsymbol{A})\boldsymbol{\xi}=\mathbf{0}.\tag{4.3}$$

这就表明，特征向量 $\boldsymbol{\xi}$ 是齐次线性方程组

$$(\lambda\boldsymbol{I}-\boldsymbol{A})\boldsymbol{x}=\mathbf{0}\tag{4.4}$$

的一个非零解. 反之，齐次线性方程组(4.4)的任一非零解也必是 $n$ 阶矩阵 $\boldsymbol{A}$ 的属于特征值 $\lambda$

的一个特征向量.而齐次线性方程组(4.4)有非零解的充分必要条件是系数行列式等于零,即

$$|\lambda\boldsymbol{I}-\boldsymbol{A}|=\begin{vmatrix}\lambda-a_{11} & -a_{12} & \cdots & -a_{1n}\\ -a_{21} & \lambda-a_{22} & \cdots & -a_{2n}\\ \vdots & \vdots & & \vdots\\ -a_{n1} & -a_{n2} & \vdots & \lambda-a_{nn}\end{vmatrix}=0. \tag{4.5}$$

**定义 3** 设 $\boldsymbol{A}$ 是 $n$ 阶矩阵,矩阵 $\lambda\boldsymbol{I}-\boldsymbol{A}$ 称为 $\boldsymbol{A}$ 的特征矩阵,行列式 $|\lambda\boldsymbol{I}-\boldsymbol{A}|$ 是关于 $\lambda$ 的一个多项式(记作 $f(\lambda)$),称为 $\boldsymbol{A}$ 的特征多项式,方程 $|\lambda\boldsymbol{I}-\boldsymbol{A}|=0$ 称为 $\boldsymbol{A}$ 的特征方程.

以上分析表明,如果 $\lambda$ 是方阵 $\boldsymbol{A}$ 的特征值,那么 $\lambda$ 一定是 $\boldsymbol{A}$ 的特征方程 $|\lambda\boldsymbol{I}-\boldsymbol{A}|=0$ 的根.此时齐次线性方程组(4.4)必有非零解,$\boldsymbol{A}$ 的属于特征值 $\lambda$ 的特征向量就是方程组(4.4)的一个非零解.

反之,如果 $\lambda$ 是 $\boldsymbol{A}$ 的特征方程 $|\lambda\boldsymbol{I}-\boldsymbol{A}|=0$ 的根,此时齐次线性方程组 $(\lambda\boldsymbol{I}-\boldsymbol{A})\boldsymbol{x}=\boldsymbol{0}$ 必有非零解.如果 $\boldsymbol{\xi}$ 是它的一个非零解,即

$$(\lambda\boldsymbol{I}-\boldsymbol{A})\boldsymbol{\xi}=\boldsymbol{0},$$

则

$$\boldsymbol{A\xi}=\lambda\boldsymbol{\xi}.$$

这表明 $\lambda$ 是方阵 $\boldsymbol{A}$ 的特征值,$\boldsymbol{\xi}$ 是属于特征值 $\lambda$ 的特征向量.

不难看出,对角矩阵、上(下)三角矩阵的特征值就是其对角线上的元素.

### 4.2.2 特征值与特征向量的求法

由前段讨论可将求方阵 $\boldsymbol{A}$ 的特征值与特征向量的具体步骤概括如下:

第一步,计算 $\boldsymbol{A}$ 的特征多项式

$$f(\lambda)=|\lambda\boldsymbol{I}-\boldsymbol{A}|;$$

第二步,求出特征方程 $|\lambda\boldsymbol{I}-\boldsymbol{A}|=0$ 的全部根,它们就是 $\boldsymbol{A}$ 的全部特征值;

第三步,对于每个特征值 $\lambda_i$,求出相应的齐次线性方程组

$$(\lambda_i\boldsymbol{I}-\boldsymbol{A})\boldsymbol{x}=\boldsymbol{0}$$

的一个基础解系 $\boldsymbol{\xi}_1,\boldsymbol{\xi}_2,\cdots,\boldsymbol{\xi}_s$,则 $\boldsymbol{A}$ 的属于特征值 $\lambda_i$ 的全部特征向量就是 $k_1\boldsymbol{\xi}_1+k_2\boldsymbol{\xi}_2+\cdots+k_s\boldsymbol{\xi}_s$($k_1,k_2,\cdots,k_s$ 为不全为零的任意常数).

**注** 本章只讨论特征方程 $|\lambda\boldsymbol{I}-\boldsymbol{A}|=0$ 在实数域上的根的个数与方程次数相等的情形(重根按重数计算).

**例 1** 求矩阵 $\boldsymbol{A}=\begin{pmatrix}3 & 1\\ 5 & -1\end{pmatrix}$ 的特征值与特征向量.

**解** $\boldsymbol{A}$ 的特征方程为

$$|\lambda\boldsymbol{I}-\boldsymbol{A}|=\begin{vmatrix}\lambda-3 & -1\\ -5 & \lambda+1\end{vmatrix}=(\lambda-4)(\lambda+2)=0,$$

故 $\boldsymbol{A}$ 的特征值为 $\lambda_1=-2,\lambda_2=4$.

当 $\lambda_1=-2$ 时,解齐次线性方程组 $(-2\boldsymbol{I}-\boldsymbol{A})\boldsymbol{x}=\boldsymbol{0}$,由于

$$-2\boldsymbol{I}-\boldsymbol{A}=\begin{pmatrix}-5&-1\\-5&-1\end{pmatrix}\to\begin{pmatrix}-5&-1\\0&0\end{pmatrix},$$

即 $5x_1+x_2=0$，解得它的一个基础解系为 $\boldsymbol{\xi}_1=\begin{pmatrix}-1\\5\end{pmatrix}$. 所以 $\boldsymbol{\xi}_1$ 是 $\boldsymbol{A}$ 的属于特征值 $\lambda_1=-2$ 的特征向量，而 $\boldsymbol{A}$ 的属于特征值 $\lambda_1=-2$ 的全部特征向量为 $k_1\boldsymbol{\xi}_1$ $(k_1\neq0, k_1\in\mathbf{R})$.

当 $\lambda_2=4$ 时，解齐次线性方程组 $(4\boldsymbol{I}-\boldsymbol{A})\boldsymbol{x}=\boldsymbol{0}$，由于

$$4\boldsymbol{I}-\boldsymbol{A}=\begin{pmatrix}1&-1\\-5&5\end{pmatrix}\to\begin{pmatrix}1&-1\\0&0\end{pmatrix},$$

即 $x_1-x_2=0$，解得它的一个基础解系为 $\boldsymbol{\xi}_2=\begin{pmatrix}1\\1\end{pmatrix}$. 所以 $\boldsymbol{\xi}_2$ 是 $\boldsymbol{A}$ 的属于特征值 $\lambda_2=4$ 的特征向量，而 $\boldsymbol{A}$ 的属于特征值 $\lambda_2=4$ 的全部特征向量为 $k_2\boldsymbol{\xi}_2$ $(k_2\neq0, k_2\in\mathbf{R})$.

**例 2**　求矩阵 $\boldsymbol{A}=\begin{pmatrix}-1&1&0\\-4&3&0\\1&0&2\end{pmatrix}$ 的特征值和特征向量.

**解**　$\boldsymbol{A}$ 的特征方程为

$$|\lambda\boldsymbol{I}-\boldsymbol{A}|=\begin{vmatrix}\lambda+1&-1&0\\4&\lambda-3&0\\-1&0&\lambda-2\end{vmatrix}=(\lambda-2)\begin{vmatrix}\lambda+1&-1\\4&\lambda-3\end{vmatrix}$$
$$=(\lambda-2)(\lambda-1)^2=0,$$

故 $\boldsymbol{A}$ 的特征值为 $\lambda_1=2, \lambda_2=\lambda_3=1$（2 重）.

当 $\lambda_1=2$ 时，解齐次线性方程组 $(2\boldsymbol{I}-\boldsymbol{A})\boldsymbol{x}=\boldsymbol{0}$，由于

$$2\boldsymbol{I}-\boldsymbol{A}=\begin{pmatrix}3&-1&0\\4&-1&0\\-1&0&0\end{pmatrix}\to\begin{pmatrix}1&0&0\\0&1&0\\0&0&0\end{pmatrix},$$

同解的方程组为 $\begin{cases}x_1=0,\\x_2=0,\end{cases}$ 故它的一个基础解系为 $\boldsymbol{\xi}_1=\begin{pmatrix}0\\0\\1\end{pmatrix}$. 所以 $\boldsymbol{\xi}_1$ 是 $\boldsymbol{A}$ 的属于特征值 $\lambda_1=2$ 的特征向量，而 $\boldsymbol{A}$ 的属于特征值 $\lambda_1=2$ 的全部特征向量为 $k_1\boldsymbol{\xi}_1$ $(k_1\neq0, k_1\in\mathbf{R})$.

当 $\lambda_2=\lambda_3=1$ 时，解齐次线性方程组 $(\boldsymbol{I}-\boldsymbol{A})\boldsymbol{x}=\boldsymbol{0}$，由于

$$\boldsymbol{I}-\boldsymbol{A}=\begin{pmatrix}2&-1&0\\4&-2&0\\-1&0&-1\end{pmatrix}\to\begin{pmatrix}1&0&1\\0&1&2\\0&0&0\end{pmatrix},$$

同解的方程组为 $\begin{cases}x_1+x_3=0,\\x_2+2x_3=0,\end{cases}$ 解得它的一个基础解系为 $\boldsymbol{\xi}_2=\begin{pmatrix}-1\\-2\\1\end{pmatrix}$. 所以 $\boldsymbol{\xi}_2$ 是 $\boldsymbol{A}$ 的属于特征值 $\lambda_2=\lambda_3=1$ 的特征向量，而 $\boldsymbol{A}$ 的属于特征值 $\lambda_2=\lambda_3=1$ 的全部特征向量为 $k_2\boldsymbol{\xi}_2$ $(k_2\neq0, k_2\in\mathbf{R})$.

**例 3** 求矩阵 $A=\begin{pmatrix}1&-3&3\\3&-5&3\\6&-6&4\end{pmatrix}$ 的特征值与特征向量.

**解** $A$ 的特征方程为

$$|\lambda I-A|=\begin{vmatrix}\lambda-1&3&-3\\-3&\lambda+5&-3\\-6&6&\lambda-4\end{vmatrix}\xlongequal{c_1+c_2}(\lambda+2)\begin{vmatrix}1&3&-3\\1&\lambda+5&-3\\0&6&\lambda-4\end{vmatrix}$$

$$\xlongequal{r_2-r_1}(\lambda+2)\begin{vmatrix}1&3&-3\\0&\lambda+2&0\\0&6&\lambda-4\end{vmatrix}$$

$$=(\lambda+2)^2(\lambda-4)=0,$$

故 $A$ 的特征值为 $\lambda_1=4,\lambda_2=\lambda_3=-2$(2 重).

当 $\lambda_1=4$ 时,解齐次线性方程组 $(4I-A)x=\mathbf{0}$,由于

$$4I-A=\begin{pmatrix}3&3&-3\\-3&9&-3\\-6&6&0\end{pmatrix}\to\begin{pmatrix}1&1&-1\\0&2&-1\\0&0&0\end{pmatrix},$$

同解的方程组为 $\begin{cases}x_1+x_2-x_3=0,\\2x_2-x_3=0,\end{cases}$ 解得它的一个基础解系为 $\xi_1=\begin{pmatrix}1\\1\\2\end{pmatrix}$. 所以 $\xi_1$ 是 $A$ 的属于特征值 $\lambda_1=4$ 的特征向量,而 $A$ 的属于特征值 $\lambda_1=4$ 的全部特征向量为 $k_1\xi_1(k_1\neq0,k_1\in\mathbf{R})$.

当 $\lambda_2=\lambda_3=-2$ 时,解齐次线性方程组 $(-2I-A)x=\mathbf{0}$,由于

$$-2I-A=\begin{pmatrix}-3&3&-3\\-3&3&-3\\-6&6&-6\end{pmatrix}\to\begin{pmatrix}1&-1&1\\0&0&0\\0&0&0\end{pmatrix},$$

同解的方程组为 $x_1-x_2+x_3=0$,解得它的一个基础解系为 $\xi_2=\begin{pmatrix}1\\1\\0\end{pmatrix},\xi_3=\begin{pmatrix}-1\\0\\1\end{pmatrix}$. 所以 $\xi_2,\xi_3$ 均为 $A$ 的属于特征值 $\lambda_2=\lambda_3=-2$ 的特征向量,而 $A$ 的属于特征值 $\lambda_2=\lambda_3=-2$ 的全部特征向量为 $k_2\xi_2+k_3\xi_3(k_2\in\mathbf{R},k_3\in\mathbf{R},k_2,k_3$ 不全为零).

### 4.2.3 特征值与特征向量的性质

**性质 6** $n$ 阶矩阵 $A$ 与其转置矩阵 $A^{\mathrm{T}}$ 有相同的特征值.

**证明** 因为 $|\lambda I-A^{\mathrm{T}}|=|(\lambda I-A)^{\mathrm{T}}|=|\lambda I-A|$,即 $A$ 与 $A^{\mathrm{T}}$ 有相同的特征多项式,故有相同的特征值.

**性质 7** 相似矩阵有相同的特征多项式,从而有相同的特征值.

**证明** 设 $A\sim B$,则有可逆矩阵 $P$,使得

$$B=P^{-1}AP,$$

于是

$$\begin{aligned}|\lambda I-B|&=|\lambda I-P^{-1}AP|=|P^{-1}(\lambda I)P-P^{-1}AP|\\&=|P^{-1}(\lambda I-A)P|=|P^{-1}||\lambda I-A||P|\\&=|P^{-1}P||\lambda I-A|=|\lambda I-A|,\end{aligned}$$

即 $\boldsymbol{A}$ 与 $\boldsymbol{B}$ 有相同的特征多项式，从而有相同的特征值.

**性质 8**　设 $n$ 阶矩阵 $\boldsymbol{A}=(a_{ij})_{n\times n}$ 的 $n$ 个特征值为 $\lambda_1,\lambda_2,\cdots,\lambda_n$，则：

(1) $\lambda_1+\lambda_2+\cdots+\lambda_n=a_{11}+a_{22}+\cdots+a_{nn}=\mathrm{tr}(\boldsymbol{A})$；

(2) $\lambda_1\lambda_2\cdots\lambda_n=|\boldsymbol{A}|$.

其中 $\mathrm{tr}(\boldsymbol{A})$ 称为矩阵 $\boldsymbol{A}$ 的迹.

证明从略.

由性质 3 可知，$n$ 阶矩阵 $\boldsymbol{A}$ 可逆的充分必要条件是 $\boldsymbol{A}$ 的特征值不为零.

**性质 9**　若 $\lambda$ 是矩阵 $\boldsymbol{A}$ 的特征值，$\boldsymbol{\xi}$ 是 $\boldsymbol{A}$ 的属于特征值 $\lambda$ 的特征向量，则：

(1) $k\lambda$ 是 $k\boldsymbol{A}$ 的特征值($k\in\mathbf{R}$)；

(2) $\lambda^m$ 是 $\boldsymbol{A}^m$ 的特征值($m$ 是正整数)；

(3) 当 $\boldsymbol{A}$ 可逆时，$\lambda^{-1}$ 是 $\boldsymbol{A}^{-1}$ 的特征值，$\dfrac{|\boldsymbol{A}|}{\lambda}$ 是 $\boldsymbol{A}^*$ 的特征值.

**证明**　由条件 $\boldsymbol{A\xi}=\lambda\boldsymbol{\xi}$，可得

(1) $(k\boldsymbol{A})\boldsymbol{\xi}=k(\boldsymbol{A\xi})=k(\lambda\boldsymbol{\xi})=(k\lambda)\boldsymbol{\xi}$，故 $k\lambda$ 是 $k\boldsymbol{A}$ 的特征值.

(2) $\boldsymbol{A}(\boldsymbol{A\xi})=\boldsymbol{A}(\lambda\boldsymbol{\xi})=\lambda(\boldsymbol{A\xi})=\lambda(\lambda\boldsymbol{\xi})$，即 $\boldsymbol{A}^2\boldsymbol{\xi}=\lambda^2\boldsymbol{\xi}$. 再继续施行上述步骤 $m-2$ 次，就得到 $\boldsymbol{A}^m\boldsymbol{\xi}=\lambda^m\boldsymbol{\xi}$，故 $\lambda^m$ 是 $\boldsymbol{A}^m$ 的特征值.

(3) 当 $\boldsymbol{A}$ 可逆时，显然 $\lambda\neq0$，于是 $\boldsymbol{A}^{-1}(\boldsymbol{A\xi})=\boldsymbol{A}^{-1}(\lambda\boldsymbol{\xi})=\lambda\boldsymbol{A}^{-1}\boldsymbol{\xi}$，即 $\boldsymbol{A}^{-1}\boldsymbol{\xi}=\lambda^{-1}\boldsymbol{\xi}$，故 $\lambda^{-1}$ 是 $\boldsymbol{A}^{-1}$ 的特征值.

又因为 $\boldsymbol{AA}^*=\boldsymbol{A}^*\boldsymbol{A}=|\boldsymbol{A}|\boldsymbol{I}$，两边同时乘以 $\boldsymbol{\xi}$，得到 $\boldsymbol{AA}^*\boldsymbol{\xi}=\boldsymbol{A}^*\boldsymbol{A\xi}=|\boldsymbol{A}|\boldsymbol{I\xi}$，即 $\boldsymbol{A}^*(\lambda\boldsymbol{\xi})=|\boldsymbol{A}|\boldsymbol{\xi}$，也即 $\boldsymbol{A}^*\boldsymbol{\xi}=\dfrac{|\boldsymbol{A}|}{\lambda}\boldsymbol{\xi}$，故 $\dfrac{|\boldsymbol{A}|}{\lambda}$ 是 $\boldsymbol{A}^*$ 的特征值.

**注**　进一步可证明：若 $\lambda$ 是 $\boldsymbol{A}$ 的特征值，则 $\varphi(\lambda)$ 是 $\varphi(\boldsymbol{A})$ 的特征值. 其中 $\varphi(x)=a_mx^m+a_{m-1}x^{m-1}+\cdots+a_1x+a_0$.

**例 4**　设三阶矩阵 $\boldsymbol{A}$ 的特征值为 $1,-1,2$，求 $|\boldsymbol{A}^*+3\boldsymbol{A}-2\boldsymbol{I}|$.

**解**　由于 $|\boldsymbol{A}|=1\times(-1)\times2=-2\neq0$，故 $\boldsymbol{A}$ 可逆，而 $\boldsymbol{A}^*=|\boldsymbol{A}|\boldsymbol{A}^{-1}=-2\boldsymbol{A}^{-1}$，令 $\varphi(\boldsymbol{A})=-2\boldsymbol{A}^{-1}+3\boldsymbol{A}-2\boldsymbol{I}$，按证明性质 4 的运算知，$\varphi(\boldsymbol{A})$ 的特征值为 $\varphi(\lambda)=-2\lambda^{-1}+3\lambda-2$，将 $\lambda=1,-1,2$ 代入，得到 $\varphi(\lambda)=-1,-3,3$，故

$$|\boldsymbol{A}^*+3\boldsymbol{A}-2\boldsymbol{I}|=(-1)\times(-3)\times3=9.$$

下面来讨论特征向量的性质.

**定理 1**　属于矩阵 $\boldsymbol{A}$ 的不同特征值的特征向量必线性无关.

**证明**　设 $\boldsymbol{\xi}_1,\boldsymbol{\xi}_2$ 为 $\boldsymbol{A}$ 的属于不同特征值 $\lambda_1,\lambda_2$ 的特征向量，即 $\boldsymbol{A\xi}_1=\lambda_1\boldsymbol{\xi}_1,\boldsymbol{A\xi}_2=\lambda_2\boldsymbol{\xi}_2$.

设有常数 $k_1,k_2$ 使 $k_1\boldsymbol{\xi}_1+k_2\boldsymbol{\xi}_2=\boldsymbol{0}$，则有 $\boldsymbol{A}(k_1\boldsymbol{\xi}_1+k_2\boldsymbol{\xi}_2)=\boldsymbol{0}$，即 $k_1\lambda_1\boldsymbol{\xi}_1+k_2\lambda_2\boldsymbol{\xi}_2=\boldsymbol{0}$，写成矩阵形式为

$$(k_1\boldsymbol{\xi}_1,k_2\boldsymbol{\xi}_2)\begin{pmatrix}1&\lambda_1\\1&\lambda_2\end{pmatrix}=(\boldsymbol{0},\boldsymbol{0}).$$

又因为$\begin{vmatrix}1 & \lambda_1\\1 & \lambda_2\end{vmatrix}=\lambda_2-\lambda_1\neq 0$,故$\begin{pmatrix}1 & \lambda_1\\1 & \lambda_2\end{pmatrix}$可逆,所以

$$(k_1\boldsymbol{\xi}_1,k_2\boldsymbol{\xi}_2)=(\mathbf{0},\mathbf{0})\begin{pmatrix}1 & \lambda_1\\1 & \lambda_2\end{pmatrix}^{-1}=(\mathbf{0},\mathbf{0}),$$

也即$k_1\boldsymbol{\xi}_1=\mathbf{0},k_2\boldsymbol{\xi}_2=\mathbf{0}$,又$\boldsymbol{\xi}_1\neq\mathbf{0},\boldsymbol{\xi}_2\neq\mathbf{0}$,故$k_1=k_2=0$.因此$\boldsymbol{\xi}_1,\boldsymbol{\xi}_2$线性无关.

本定理可做以下推广.

(1) 如果$\lambda_1,\lambda_2,\cdots,\lambda_s$是矩阵$\boldsymbol{A}$的不同特征值,$\boldsymbol{\xi}_1,\boldsymbol{\xi}_2,\cdots,\boldsymbol{\xi}_s$是矩阵$\boldsymbol{A}$的依次属于$\lambda_1,\lambda_2,\cdots,\lambda_s$的特征向量,那么$\boldsymbol{\xi}_1,\boldsymbol{\xi}_2,\cdots,\boldsymbol{\xi}_s$线性无关.

(2) 如果$\lambda_1,\lambda_2,\cdots,\lambda_t$是矩阵$\boldsymbol{A}$的不同特征值,$\boldsymbol{\xi}_{i1},\boldsymbol{\xi}_{i2},\cdots,\boldsymbol{\xi}_{is_i}$是矩阵$\boldsymbol{A}$的属于$\lambda_i(i=1,2,\cdots,t)$的线性无关的特征向量,那么向量组$\boldsymbol{\xi}_{11},\boldsymbol{\xi}_{12},\cdots,\boldsymbol{\xi}_{1s_1},\cdots,\boldsymbol{\xi}_{t1},\boldsymbol{\xi}_{t2},\cdots,\boldsymbol{\xi}_{ts_t}$也是线性无关的.

**例 5** 若$\boldsymbol{\xi}_1,\boldsymbol{\xi}_2$是$\boldsymbol{A}$的分别属于不同特征值$\lambda_1,\lambda_2$的特征向量,证明$\boldsymbol{\xi}_1+\boldsymbol{\xi}_2$不是$\boldsymbol{A}$的特征向量.

**证明** 由条件得

$$\boldsymbol{A}(\boldsymbol{\xi}_1+\boldsymbol{\xi}_2)=\boldsymbol{A}\boldsymbol{\xi}_1+\boldsymbol{A}\boldsymbol{\xi}_2=\lambda_1\boldsymbol{\xi}_1+\lambda_2\boldsymbol{\xi}_2. \quad ①$$

假设$\boldsymbol{\xi}_1+\boldsymbol{\xi}_2$是$\boldsymbol{A}$的属于特征值$\lambda$的特征向量,则有

$$\boldsymbol{A}(\boldsymbol{\xi}_1+\boldsymbol{\xi}_2)=\lambda(\boldsymbol{\xi}_1+\boldsymbol{\xi}_2)=\lambda\boldsymbol{\xi}_1+\lambda\boldsymbol{\xi}_2. \quad ②$$

由①②得

$$\lambda\boldsymbol{\xi}_1+\lambda\boldsymbol{\xi}_2=\lambda_1\boldsymbol{\xi}_1+\lambda_2\boldsymbol{\xi}_2,$$

即

$$(\lambda-\lambda_1)\boldsymbol{\xi}_1+(\lambda-\lambda_2)\boldsymbol{\xi}_2=\mathbf{0}.$$

由于$\boldsymbol{\xi}_1,\boldsymbol{\xi}_2$线性无关,故$\lambda-\lambda_1=\lambda-\lambda_2=0$,即$\lambda=\lambda_1=\lambda_2$,与题设矛盾,所以$\boldsymbol{\xi}_1+\boldsymbol{\xi}_2$不是$\boldsymbol{A}$的特征向量.

**例 6** 已知矩阵$\boldsymbol{A}=\begin{pmatrix}7 & 4 & -1\\4 & 7 & -1\\-4 & -4 & x\end{pmatrix}$的特征值为$\lambda_1=\lambda_2=3,\lambda_3=12$,求$x$的值,并求其特征向量.

**解** 由性质 3 知$7+7+x=3+3+12$,故$x=4$.

对于$\lambda_1=\lambda_2=3$,解其线性方程组$(3\boldsymbol{I}-\boldsymbol{A})\boldsymbol{x}=\mathbf{0}$,由于

$$3\boldsymbol{I}-\boldsymbol{A}=\begin{pmatrix}-4 & -4 & 1\\-4 & -4 & 1\\4 & 4 & -1\end{pmatrix}\rightarrow\begin{pmatrix}-4 & -4 & 1\\0 & 0 & 0\\0 & 0 & 0\end{pmatrix},$$

同解方程组为$4x_1+4x_2-x_3=0$,求得它的一个基础解系为

$$\boldsymbol{\xi}_1=\begin{pmatrix}-1\\1\\0\end{pmatrix},\quad \boldsymbol{\xi}_2=\begin{pmatrix}1\\0\\4\end{pmatrix}.$$

所以$\boldsymbol{\xi}_1,\boldsymbol{\xi}_2$均为$\boldsymbol{A}$的属于特征值$\lambda_1=\lambda_2=3$的特征向量,$\boldsymbol{A}$的属于特征值$\lambda_1=\lambda_2=3$的全部特征向量为$k_1\boldsymbol{\xi}_1+k_2\boldsymbol{\xi}_2(k_1\in\mathbf{R},k_2\in\mathbf{R},k_1,k_2$不全为零).

对于 $\lambda_3=12$，解齐次线性方程组 $(12\boldsymbol{I}-\boldsymbol{A})\boldsymbol{x}=\boldsymbol{0}$，由于

$$12\boldsymbol{I}-\boldsymbol{A}=\begin{pmatrix}5&-4&1\\-4&5&1\\4&4&8\end{pmatrix}\rightarrow\begin{pmatrix}1&0&1\\0&1&1\\0&0&0\end{pmatrix},$$

同解的方程组为 $\begin{cases}x_1+x_3=0,\\x_2+x_3=0,\end{cases}$ 解得它的一个基础解系为 $\boldsymbol{\xi}_3=\begin{pmatrix}1\\1\\-1\end{pmatrix}$. 所以 $\boldsymbol{\xi}_3$ 为 $\boldsymbol{A}$ 的属于特征值 $\lambda_3=12$ 的特征向量，$\boldsymbol{A}$ 的属于特征值 $\lambda_3=12$ 的全部特征向量为 $k_3\boldsymbol{\xi}_3(k_3\in\mathbf{R},k_3\neq0)$.

## 习题 4.2

1. 判断下列命题是否正确，为什么？

(1) 若零是某个矩阵的特征值，则与它对应的特征向量必是零向量；

(2) 若两个矩阵有相同的特征值，则它们对应的特征向量必相同；

(3) 若两个矩阵有相同的特征向量，则它们对应的特征值必相同；

(4) 不同的矩阵必有不同的特征多项式；

(5) 不同的矩阵有不同的特征值，则它们对应的特征向量必不同；

(6) 矩阵的一个特征值可以对应多个特征向量，但一个特征向量只可以属于一个特征值；

(7) 若 $\boldsymbol{A}\sim\boldsymbol{B}$，则 $\mathrm{tr}(\boldsymbol{A})=\mathrm{tr}(\boldsymbol{B})$.

2. 求下列矩阵的特征值和特征向量：

(1) $\begin{pmatrix}1&0&2\\0&-1&0\\0&4&2\end{pmatrix}$；　(2) $\begin{pmatrix}1&2&2\\2&1&2\\2&2&1\end{pmatrix}$；　(3) $\begin{pmatrix}0&0&0&1\\0&0&1&0\\0&1&0&0\\1&0&0&0\end{pmatrix}$.

3. 设 $\boldsymbol{A}^2-3\boldsymbol{A}+2\boldsymbol{I}=\boldsymbol{0}$，证明 $\boldsymbol{A}$ 的特征值只能取 1 或 2.

4. 已知三阶矩阵 $\boldsymbol{A}$ 的特征值为 $1,2,-3$，求 $|\boldsymbol{A}^*+3\boldsymbol{A}+2\boldsymbol{I}|$.

5. 设 $\boldsymbol{A}$ 为二阶矩阵，$\boldsymbol{\alpha}_1,\boldsymbol{\alpha}_2$ 为线性无关的二维列向量，$\boldsymbol{A}\boldsymbol{\alpha}_1=\boldsymbol{0},\boldsymbol{A}\boldsymbol{\alpha}_2=2\boldsymbol{\alpha}_1+\boldsymbol{\alpha}_2$. 求 $\boldsymbol{A}$ 的非零特征值.

6. 若 $\boldsymbol{A}^2=\boldsymbol{A}$，证明 $\boldsymbol{A}$ 的特征值只有 0 或 1；若 $\boldsymbol{A}^2=\boldsymbol{I}$，证明 $\boldsymbol{A}$ 的特征值只有 1 或 $-1$.

# 4.3　方阵可对角化的条件

4.2 节给出了矩阵的特征值与特征向量的性质，下面来讨论 4.1 节最后提出的几个问题. 本节先从一般的 $n$ 阶矩阵来讨论方阵可对角化的条件.

**定义 4** 如果 $n$ 阶矩阵 $\boldsymbol{A}$ 与一个对角矩阵 $\boldsymbol{\Lambda}$ 相似，即存在可逆矩阵 $\boldsymbol{P}$，使得 $\boldsymbol{P}^{-1}\boldsymbol{AP}=\boldsymbol{\Lambda}$，则称 $\boldsymbol{A}$ 可对角化，并称 $\boldsymbol{\Lambda}$ 是矩阵 $\boldsymbol{A}$ 的相似标准形.

**定理 2** $n$ 阶矩阵 $\boldsymbol{A}$ 可对角化的充分必要条件是 $\boldsymbol{A}$ 有 $n$ 个线性无关的特征向量.

**证明** 先证明必要性. 若 $\boldsymbol{A}$ 与对角矩阵 $\boldsymbol{\Lambda}$ 相似，设

$$\boldsymbol{\Lambda}=\begin{pmatrix}\lambda_1 & & & \\ & \lambda_2 & & \\ & & \ddots & \\ & & & \lambda_n\end{pmatrix},$$

将存在可逆矩阵 $\boldsymbol{P}$，使得 $\boldsymbol{P}^{-1}\boldsymbol{AP}=\boldsymbol{\Lambda}$，即 $\boldsymbol{AP}=\boldsymbol{P\Lambda}$.

将 $\boldsymbol{P}$ 按列分块，设 $\boldsymbol{P}$ 的列向量分别是 $\boldsymbol{p}_1,\boldsymbol{p}_2,\cdots,\boldsymbol{p}_n$，上式就成为

$$\boldsymbol{A}(\boldsymbol{p}_1,\boldsymbol{p}_2,\cdots,\boldsymbol{p}_n)=(\boldsymbol{p}_1,\boldsymbol{p}_2,\cdots,\boldsymbol{p}_n)\begin{pmatrix}\lambda_1 & & & \\ & \lambda_2 & & \\ & & \ddots & \\ & & & \lambda_n\end{pmatrix},$$

即 $(\boldsymbol{Ap}_1,\boldsymbol{Ap}_2,\cdots,\boldsymbol{Ap}_n)=(\lambda_1\boldsymbol{p}_1,\lambda_2\boldsymbol{p}_2,\cdots,\lambda_n\boldsymbol{p}_n)$，于是 $\boldsymbol{Ap}_i=\lambda_i\boldsymbol{p}_i\,(i=1,2,\cdots,n)$. 由于 $\boldsymbol{P}$ 是可逆矩阵，显然 $\boldsymbol{p}_i\,(i=1,2,\cdots,n)$ 都不为零，并且是线性无关的. 这表明 $\lambda_1,\lambda_2,\cdots,\lambda_n$ 正是 $\boldsymbol{A}$ 的特征值，而 $\boldsymbol{p}_1,\boldsymbol{p}_2,\cdots,\boldsymbol{p}_n$ 则是 $\boldsymbol{A}$ 的分别属于特征值 $\lambda_1,\lambda_2,\cdots,\lambda_n$ 的线性无关的特征向量，即 $\boldsymbol{A}$ 有 $n$ 个线性无关的特征向量.

再证明充分性. 设 $\boldsymbol{p}_1,\boldsymbol{p}_2,\cdots,\boldsymbol{p}_n$ 为 $\boldsymbol{A}$ 的 $n$ 个线性无关的特征向量，它们所对应的特征值分别是 $\lambda_1,\lambda_2,\cdots,\lambda_n$，则有

$$\boldsymbol{Ap}_i=\lambda_i\boldsymbol{p}_i\,(i=1,2,\cdots,n).$$

于是

$$\begin{aligned}\boldsymbol{A}(\boldsymbol{p}_1,\boldsymbol{p}_2,\cdots,\boldsymbol{p}_n)&=(\boldsymbol{Ap}_1,\boldsymbol{Ap}_2,\cdots,\boldsymbol{Ap}_n)=(\lambda_1\boldsymbol{p}_1,\lambda_2\boldsymbol{p}_2,\cdots,\lambda_n\boldsymbol{p}_n)\\&=(\boldsymbol{p}_1,\boldsymbol{p}_2,\cdots,\boldsymbol{p}_n)\begin{pmatrix}\lambda_1 & & & \\ & \lambda_2 & & \\ & & \ddots & \\ & & & \lambda_n\end{pmatrix}.\end{aligned}$$

因为 $\boldsymbol{p}_1,\boldsymbol{p}_2,\cdots,\boldsymbol{p}_n$ 线性无关，故 $\boldsymbol{P}=(\boldsymbol{p}_1,\boldsymbol{p}_2,\cdots,\boldsymbol{p}_n)$ 是可逆矩阵，且

$$\boldsymbol{AP}=\boldsymbol{P}\begin{pmatrix}\lambda_1 & & & \\ & \lambda_2 & & \\ & & \ddots & \\ & & & \lambda_n\end{pmatrix},$$

即 $\boldsymbol{P}^{-1}\boldsymbol{AP}=\begin{pmatrix}\lambda_1 & & & \\ & \lambda_2 & & \\ & & \ddots & \\ & & & \lambda_n\end{pmatrix}$，从而 $\boldsymbol{A}\sim\boldsymbol{\Lambda}$.

**推论 1** 若 $n$ 阶矩阵 $\boldsymbol{A}$ 有 $n$ 个互不相同的特征值，则 $\boldsymbol{A}$ 可对角化.

由以上讨论可知,$n$ 阶矩阵 $\boldsymbol{A}$ 不与对角矩阵相似(即 $\boldsymbol{A}$ 的线性无关的特征向量的个数小于 $n$)只能发生在矩阵 $\boldsymbol{A}$ 有重特征值的情形. 若 $n$ 阶矩阵 $\boldsymbol{A}$ 有重特征值,则它应具备什么条件才有 $n$ 个线性无关的特征向量呢?下面给出一个结论.

**推论 2**　$n$ 阶矩阵 $\boldsymbol{A}$ 可对角化的充分必要条件是属于矩阵 $\boldsymbol{A}$ 的每个特征值的线性无关的特征向量的个数恰好等于该特征值的重数,即对矩阵 $\boldsymbol{A}$ 的每个 $k_i$ 重特征值 $\lambda_i$,矩阵 $\lambda_i\boldsymbol{I}-\boldsymbol{A}$ 的秩等于 $n-k_i$.

**注**　(1) 定理 2 的证明过程实际上已经给出了方阵对角化的方法.

(2) 由于对角矩阵的特征值就是主对角线上各元素,而相似矩阵又有相同的特征值,所以当矩阵 $\boldsymbol{A}$ 与对角矩阵 $\boldsymbol{\Lambda}$ 相似时,$\boldsymbol{\Lambda}$ 的对角线上的元素都是 $\boldsymbol{A}$ 的特征值,若不计特征值 $\lambda_k$ 的排列顺序,则 $\boldsymbol{\Lambda}$ 是唯一的.

(3) 使得 $\boldsymbol{P}^{-1}\boldsymbol{AP}=\boldsymbol{\Lambda}$ 的可逆矩阵 $\boldsymbol{P}$ 就是对应于每个特征值的线性无关的特征向量作为列向量排列而成的 $n$ 阶矩阵.

**例 7**　设 $\boldsymbol{A}=\begin{pmatrix}0&0&1\\1&1&a\\1&0&0\end{pmatrix}$,问 $a$ 为何值时,矩阵 $\boldsymbol{A}$ 可对角化?

**解**　$$|\lambda\boldsymbol{I}-\boldsymbol{A}|=\begin{vmatrix}\lambda&0&-1\\-1&\lambda-1&-a\\-1&0&\lambda\end{vmatrix}=(\lambda-1)\begin{vmatrix}\lambda&-1\\-1&\lambda\end{vmatrix}=(\lambda+1)(\lambda-1)^2,$$

故 $\boldsymbol{A}$ 的特征值为 $\lambda_1=-1,\lambda_2=\lambda_3=1$.

当 $\lambda_1=-1$ 时,解齐次线性方程组 $(-\boldsymbol{I}-\boldsymbol{A})\boldsymbol{x}=\boldsymbol{0}$,由于 $r(-\boldsymbol{I}-\boldsymbol{A})=2$,可求得一个线性无关的特征向量. 故 $\boldsymbol{A}$ 可对角化$\Leftrightarrow$对应重根 $\lambda_2=\lambda_3=1$ 必有两个线性无关的特征向量$\Leftrightarrow$齐次线性方程组 $(\boldsymbol{I}-\boldsymbol{A})\boldsymbol{x}=\boldsymbol{0}$ 的系数矩阵的秩 $r(\boldsymbol{I}-\boldsymbol{A})=3-2=1$.

因为

$$\boldsymbol{I}-\boldsymbol{A}=\begin{pmatrix}1&0&-1\\-1&0&-a\\-1&0&1\end{pmatrix}\to\begin{pmatrix}1&0&-1\\0&0&-a-1\\0&0&0\end{pmatrix},$$

故当 $a=-1$ 时,$r(\boldsymbol{I}-\boldsymbol{A})=1$,此时 $\boldsymbol{A}$ 可对角化.

**例 8**　判断矩阵

$$\boldsymbol{A}=\begin{pmatrix}1&2&3\\0&1&0\\2&1&2\end{pmatrix}$$

能否对角化,若能,将它化为相似标准形.

**解**　$$|\lambda\boldsymbol{I}-\boldsymbol{A}|=\begin{vmatrix}\lambda-1&-2&-3\\0&\lambda-1&0\\-2&-1&\lambda-2\end{vmatrix}=(\lambda-1)(\lambda-4)(\lambda+1),$$

故 $\boldsymbol{A}$ 的特征值为 $\lambda_1=4,\lambda_2=1,\lambda_3=-1$. $\boldsymbol{A}$ 有三个不同的特征值,所以 $\boldsymbol{A}$ 必能对角化.

当 $\lambda_1=4$ 时,解齐次线性方程组 $(4\boldsymbol{I}-\boldsymbol{A})\boldsymbol{x}=\boldsymbol{0}$,可得基础解系 $\boldsymbol{\xi}_1=\begin{pmatrix}1\\0\\1\end{pmatrix}$,$\boldsymbol{\xi}_1$ 即是 $\boldsymbol{A}$ 的属于

特征值 $\lambda_1=4$ 的特征向量.

当 $\lambda_2=1$ 时，解齐次线性方程组 $(\boldsymbol{I}-\boldsymbol{A})\boldsymbol{x}=\boldsymbol{0}$，可得基础解系 $\boldsymbol{\xi}_2=\begin{pmatrix}1\\-6\\4\end{pmatrix}$，$\boldsymbol{\xi}_2$ 即是 $\boldsymbol{A}$ 的属于特征值 $\lambda_2=1$ 的特征向量.

当 $\lambda_3=-1$ 时，解齐次线性方程组 $(-\boldsymbol{I}-\boldsymbol{A})\boldsymbol{x}=\boldsymbol{0}$，可得基础解系 $\boldsymbol{\xi}_3=\begin{pmatrix}-3\\0\\2\end{pmatrix}$，$\boldsymbol{\xi}_3$ 即是 $\boldsymbol{A}$ 的属于特征值 $\lambda_3=-1$ 的特征向量.

令 $\boldsymbol{P}=(\boldsymbol{\xi}_1,\boldsymbol{\xi}_2,\boldsymbol{\xi}_3)=\begin{pmatrix}1&1&-3\\0&-6&0\\1&4&2\end{pmatrix}$，则 $\boldsymbol{P}^{-1}\boldsymbol{A}\boldsymbol{P}=\begin{pmatrix}4&&\\&1&\\&&-1\end{pmatrix}$.

**例 9** 已知方阵 $\boldsymbol{A}$ 的特征值是 $\lambda_1=0,\lambda_2=1,\lambda_3=3$，相应的特征向量分别是

$$\boldsymbol{\xi}_1=\begin{pmatrix}1\\1\\1\end{pmatrix},\quad \boldsymbol{\xi}_2=\begin{pmatrix}1\\0\\-1\end{pmatrix},\quad \boldsymbol{\xi}_3=\begin{pmatrix}1\\-2\\1\end{pmatrix},$$

求矩阵 $\boldsymbol{A}$.

**解** 由于特征向量是三维向量，故 $\boldsymbol{A}$ 是三阶矩阵，由题目条件知 $\boldsymbol{A}$ 有 3 个不同的特征值，所以 $\boldsymbol{A}$ 可对角化，即存在可逆矩阵 $\boldsymbol{P}$，使得 $\boldsymbol{P}^{-1}\boldsymbol{A}\boldsymbol{P}=\boldsymbol{\Lambda}=\begin{pmatrix}0&&\\&1&\\&&3\end{pmatrix}$. 其中 $\boldsymbol{P}$ 由特征向量 $\boldsymbol{\xi}_1,\boldsymbol{\xi}_2,\boldsymbol{\xi}_3$ 构成，即 $\boldsymbol{P}=\begin{pmatrix}1&1&1\\1&0&-2\\1&-1&1\end{pmatrix}$，易求得 $\boldsymbol{P}^{-1}=\dfrac{1}{6}\begin{pmatrix}2&2&2\\3&0&-3\\1&-2&1\end{pmatrix}$.

所以

$$\boldsymbol{A}=\boldsymbol{P}\boldsymbol{\Lambda}\boldsymbol{P}^{-1}=\begin{pmatrix}1&1&1\\1&0&-2\\1&-1&1\end{pmatrix}\begin{pmatrix}0&&\\&1&\\&&3\end{pmatrix}\begin{pmatrix}\frac{1}{3}&\frac{1}{3}&\frac{1}{3}\\\frac{1}{2}&0&-\frac{1}{2}\\\frac{1}{6}&-\frac{1}{3}&\frac{1}{6}\end{pmatrix}=\begin{pmatrix}1&-1&0\\-1&2&-1\\0&-1&1\end{pmatrix}.$$

方阵的对角化问题在许多领域都有广泛的应用，这里仅举一例来简单介绍它在计算方阵的幂方面的应用.

**例 10** 设 $\boldsymbol{A}=\begin{pmatrix}4&-5\\2&-3\end{pmatrix}$，计算 $\boldsymbol{A}^{100}$.

**解**
$$|\lambda\boldsymbol{I}-\boldsymbol{A}|=\begin{vmatrix}\lambda-4&5\\-2&\lambda+3\end{vmatrix}=(\lambda+1)(\lambda-2),$$

故 $\boldsymbol{A}$ 的特征值为 $\lambda_1=-1,\lambda_2=2$. 解齐次线性方程 $(-\boldsymbol{I}-\boldsymbol{A})\boldsymbol{x}=\boldsymbol{0}$ 及 $(2\boldsymbol{I}-\boldsymbol{A})\boldsymbol{x}=\boldsymbol{0}$，得到属于

$\lambda_1=-1,\lambda_2=2$ 的特征向量分别为 $\boldsymbol{\xi}_1=\begin{pmatrix}1\\1\end{pmatrix},\boldsymbol{\xi}_2=\begin{pmatrix}5\\2\end{pmatrix}$.

令 $\boldsymbol{P}=(\boldsymbol{\xi}_1,\boldsymbol{\xi}_2)=\begin{pmatrix}1&5\\1&2\end{pmatrix}$，则 $\boldsymbol{P}$ 可逆，易求得 $\boldsymbol{P}^{-1}=\dfrac{1}{3}\begin{pmatrix}-2&5\\1&-1\end{pmatrix}$，则 $\boldsymbol{P}^{-1}\boldsymbol{AP}=\boldsymbol{\Lambda}=\begin{pmatrix}-1&\\&2\end{pmatrix}$，故 $\boldsymbol{A}=\boldsymbol{P\Lambda P}^{-1}$.

于是

$$\boldsymbol{A}^{100}=(\boldsymbol{P\Lambda P}^{-1})^{100}=\boldsymbol{P\Lambda}^{100}\boldsymbol{P}^{-1}=\begin{pmatrix}1&5\\1&2\end{pmatrix}\begin{pmatrix}-1&0\\0&2\end{pmatrix}^{100}\begin{pmatrix}-\dfrac{2}{3}&\dfrac{5}{3}\\\dfrac{1}{3}&-\dfrac{1}{3}\end{pmatrix}$$

$$=\frac{1}{3}\begin{pmatrix}1&5\\1&2\end{pmatrix}\begin{pmatrix}1&0\\0&2^{100}\end{pmatrix}\begin{pmatrix}-2&5\\1&-1\end{pmatrix}$$

$$=\frac{1}{3}\begin{pmatrix}-2+5\times2^{100}&5-5\times2^{100}\\-2+2^{101}&5-2^{101}\end{pmatrix}.$$

## 习题 4.3

1. 设矩阵 $\boldsymbol{A}$ 与 $\boldsymbol{B}$ 相似，其中 $\boldsymbol{A}=\begin{pmatrix}-2&0&0\\2&a&2\\3&1&1\end{pmatrix},\boldsymbol{B}=\begin{pmatrix}-1&0&0\\0&2&0\\0&0&b\end{pmatrix}$. 求：

(1) $a$ 和 $b$ 的值；

(2) 可逆矩阵 $\boldsymbol{P}$，使得 $\boldsymbol{P}^{-1}\boldsymbol{AP}=\boldsymbol{B}$.

2. 设 $\boldsymbol{A}=\begin{pmatrix}1&0&2\\0&1&2\\3&-a-2&2a\end{pmatrix}$，求 $\boldsymbol{A}$ 的特征值. 问 $a$ 为何值时，$\boldsymbol{A}$ 可对角化；$a$ 为何值时，$\boldsymbol{A}$ 不能对角化？

3. 已知三阶矩阵 $\boldsymbol{A}$ 的特征值为 1,2,3. 设 $\boldsymbol{B}=\boldsymbol{A}^3-3\boldsymbol{A}+\boldsymbol{I}$，问矩阵 $\boldsymbol{B}$ 能否与对角矩阵相似？若能，求 $\boldsymbol{B}$ 的相似标准形.

4. 已知 $\boldsymbol{A}=\begin{pmatrix}1&2&3\\0&1&0\\2&1&2\end{pmatrix}$，求 $\boldsymbol{A}^{10}$.

5. 设 $\boldsymbol{A}$ 为三阶矩阵，已知 $\boldsymbol{I}-\boldsymbol{A},3\boldsymbol{I}-\boldsymbol{A},\boldsymbol{I}+\boldsymbol{A}$ 都不可逆，试问 $\boldsymbol{A}$ 是否相似于对角矩阵？说明理由.

6. 设 $\boldsymbol{A}$ 为二阶矩阵，$\boldsymbol{P}=(\boldsymbol{\alpha},\boldsymbol{A\alpha})$，其中 $\boldsymbol{\alpha}$ 是非零向量，且不是 $\boldsymbol{A}$ 的特征向量.

(1) 证明 $\boldsymbol{P}$ 为可逆矩阵；

(2) 若 $\boldsymbol{A}^2\boldsymbol{\alpha}+\boldsymbol{A\alpha}-6\boldsymbol{\alpha}=\boldsymbol{0}$，求 $\boldsymbol{P}^{-1}\boldsymbol{AP}$，并判断 $\boldsymbol{A}$ 是否相似于对角矩阵.

7. 在某城市有 15 万人具有本科以上学历，其中有 1.5 万人是教师. 据调查，平均每年有

10%的人从教师职业转为其他职业，又有1%的人从其他职业转为教师职业. 试预测10年以后这15万人中还有多少人在从事教师职业？

## 4.4 实对称矩阵的对角化

本节讨论实对称矩阵的对角化问题. 对于实对称矩阵这种特殊的方阵，不但一定可以对角化，即存在可逆矩阵 $\boldsymbol{P}$，使得 $\boldsymbol{P}^{-1}\boldsymbol{AP}$ 为对角矩阵，而且更进一步还能找到一个正交矩阵 $\boldsymbol{T}$，使得 $\boldsymbol{T}^{-1}\boldsymbol{AT}$ 为对角矩阵. 为此，先来讨论向量的内积与正交化.

### 4.4.1 向量的内积

在空间解析几何中，我们曾定义了三维向量的内积（也称为数量积），并且以内积为工具研究了向量的夹角问题、垂直问题. 现在把内积的概念推广到一般的 $n$ 维向量，目的是借用几何的直观性帮我们思考 $n$ 维向量的相互关系问题.

**定义 5** 设有 $n$ 维向量 $\boldsymbol{\alpha}=(a_1,a_2,\cdots,a_n)^{\mathrm{T}}$，$\boldsymbol{\beta}=(b_1,b_2,\cdots,b_n)^{\mathrm{T}}$，则称 $\boldsymbol{\alpha}^{\mathrm{T}}\boldsymbol{\beta}=a_1b_1+a_2b_2+\cdots+a_nb_n$ 为向量 $\boldsymbol{\alpha}$ 与向量 $\boldsymbol{\beta}$ 的内积，记为 $(\boldsymbol{\alpha},\boldsymbol{\beta})$，即

$$(\boldsymbol{\alpha},\boldsymbol{\beta})=\boldsymbol{\alpha}^{\mathrm{T}}\boldsymbol{\beta}=a_1b_1+a_2b_2+\cdots+a_nb_n. \tag{4.6}$$

**注** 当 $\boldsymbol{\alpha},\boldsymbol{\beta}$ 为行向量时，$\boldsymbol{\alpha}$ 与 $\boldsymbol{\beta}$ 的内积表示为 $(\boldsymbol{\alpha},\boldsymbol{\beta})=\boldsymbol{\alpha}\boldsymbol{\beta}^{\mathrm{T}}$.

容易验证向量的内积具有如下性质：

(1) $(\boldsymbol{\alpha},\boldsymbol{\beta})=(\boldsymbol{\beta},\boldsymbol{\alpha})$；

(2) $(\boldsymbol{\alpha}+\boldsymbol{\beta},\boldsymbol{\gamma})=(\boldsymbol{\alpha},\boldsymbol{\gamma})+(\boldsymbol{\beta},\boldsymbol{\gamma})$；

(3) $(\lambda\boldsymbol{\alpha},\mu\boldsymbol{\beta})=\lambda\mu(\boldsymbol{\alpha},\boldsymbol{\beta})$，其中 $\lambda,\mu$ 为任意实数；

(4) $(\boldsymbol{\alpha},\boldsymbol{\alpha})\geqslant 0$，$(\boldsymbol{\alpha},\boldsymbol{\alpha})=0$ 当且仅当 $\boldsymbol{\alpha}=\boldsymbol{0}$.

**定义 6** 称数 $\sqrt{(\boldsymbol{\alpha},\boldsymbol{\alpha})}$ 为向量 $\boldsymbol{\alpha}$ 的长度（或范数），记为 $\|\boldsymbol{\alpha}\|$，即

$$\|\boldsymbol{\alpha}\|=\sqrt{(\boldsymbol{\alpha},\boldsymbol{\alpha})}=\sqrt{a_1^2+a_2^2+\cdots+a_n^2}. \tag{4.7}$$

特别地，若 $\|\boldsymbol{\alpha}\|=1$，则称 $\boldsymbol{\alpha}$ 为单位向量.

可以证明向量的长度具有以下性质：

(1) $\|\boldsymbol{\alpha}\|\geqslant 0$，$\|\boldsymbol{\alpha}\|=0$ 当且仅当 $\boldsymbol{\alpha}=\boldsymbol{0}$.

(2) $\|\lambda\boldsymbol{\alpha}\|=|\lambda|\,\|\boldsymbol{\alpha}\|$，其中 $\lambda$ 为任意实数；

(3) $\|\boldsymbol{\alpha}+\boldsymbol{\beta}\|\leqslant\|\boldsymbol{\alpha}\|+\|\boldsymbol{\beta}\|$；

(4) $|(\boldsymbol{\alpha},\boldsymbol{\beta})|\leqslant\|\boldsymbol{\alpha}\|\,\|\boldsymbol{\beta}\|$，该式称为 Cauchy-Schwarz 不等式.

仿照三维向量的情形，可以定义向量 $\boldsymbol{\alpha}$ 与向量 $\boldsymbol{\beta}$ 的夹角为

$$\theta=\arccos\frac{(\boldsymbol{\alpha},\boldsymbol{\beta})}{\|\boldsymbol{\alpha}\|\cdot\|\boldsymbol{\beta}\|}=\arccos\frac{a_1b_1+a_2b_2+\cdots+a_nb_n}{\sqrt{a_1^2+a_2^2+\cdots+a_n^2}\sqrt{b_1^2+b_2^2+\cdots+b_n^2}}.$$

**定义 7** 如果 $(\boldsymbol{\alpha},\boldsymbol{\beta})=0$，则称向量 $\boldsymbol{\alpha}$ 与 $\boldsymbol{\beta}$ 正交（垂直）.

显然零向量与任意向量正交.

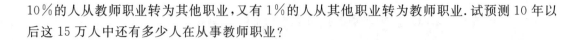

### 4.4.2　向量组的标准正交化——施密特(Schmidt)正交化方法

**定义 8**　设 $\boldsymbol{\alpha}_1,\boldsymbol{\alpha}_2,\cdots,\boldsymbol{\alpha}_s$ 是一组非零向量，如果它们两两正交，则称该向量组为正交向量组；如果其中每个向量的长度都是 1，则称为标准正交向量组(或称规范正交向量组).

**注**　(1) 这里每个向量均要求非零.

(2) 由单个非零向量组成的向量组也是正交向量组. 显然，如果 $\boldsymbol{\alpha}_1,\boldsymbol{\alpha}_2,\cdots,\boldsymbol{\alpha}_s$ 是一个标准正交向量组，则必有

$$(\boldsymbol{\alpha}_i,\boldsymbol{\alpha}_j)=\begin{cases}1 & \text{当 } i=j \text{ 时},\\ 0 & \text{当 } i\neq j \text{ 时}\end{cases}\quad (i,j=1,2,\cdots,s).$$

下面来讨论正交向量组与线性无关向量组之间的关系.

**定理 3**　正交向量组一定是线性无关的.

**证明**　设 $\boldsymbol{\alpha}_1,\boldsymbol{\alpha}_2,\cdots,\boldsymbol{\alpha}_s$ 是一个正交向量组. 令

$$k_1\boldsymbol{\alpha}_1+k_2\boldsymbol{\alpha}_2+\cdots+k_s\boldsymbol{\alpha}_s=\mathbf{0},$$

用 $\boldsymbol{\alpha}_i(i=1,2,\cdots,s)$ 与上式两边的向量作内积，得

$$(k_1\boldsymbol{\alpha}_1+k_2\boldsymbol{\alpha}_2+\cdots,k_s\boldsymbol{\alpha}_s,\boldsymbol{\alpha}_i)=(\mathbf{0},\boldsymbol{\alpha}_i)=0,$$

即有
$$k_1(\boldsymbol{\alpha}_1,\boldsymbol{\alpha}_i)+k_2(\boldsymbol{\alpha}_2,\boldsymbol{\alpha}_i)+\cdots+k_s(\boldsymbol{\alpha}_s,\boldsymbol{\alpha}_i)=k_i(\boldsymbol{\alpha}_i,\boldsymbol{\alpha}_i)=0.$$

因为 $\boldsymbol{\alpha}_i$ 为非零向量，故 $(\boldsymbol{\alpha}_i,\boldsymbol{\alpha}_i)>0$，于是得到 $k_i=0(i=1,2,\cdots,s)$. 因此 $\boldsymbol{\alpha}_1,\boldsymbol{\alpha}_2,\cdots,\boldsymbol{\alpha}_s$ 线性无关.

根据第 3 章结论可知，一个正交向量组中向量的个数 $s$ 一定不会超过向量的维数 $n$，否则向量组线性相关，与向量组正交性矛盾.

正交向量组一定是线性无关的，但一个线性无关的向量组不一定是正交向量组. 例如，向量组 $\boldsymbol{\alpha}_1=(1,0)^{\mathrm{T}},\boldsymbol{\alpha}_2=(1,1)^{\mathrm{T}}$ 是线性无关的，但不是正交的.

尽管一个线性无关的向量组 $\boldsymbol{\alpha}_1,\boldsymbol{\alpha}_2,\cdots,\boldsymbol{\alpha}_s$ 不一定是正交向量组，但是可以通过正交化过程求出与这个向量组等价的正交向量组 $\boldsymbol{\beta}_1,\boldsymbol{\beta}_2,\cdots,\boldsymbol{\beta}_s$. 这便是施密特正交化方法. 下面来讨论施密特正交化的具体过程.

**定理 4**　设 $\boldsymbol{\alpha}_1,\boldsymbol{\alpha}_2,\cdots,\boldsymbol{\alpha}_s$ 是一个线性无关的向量组，则可以找到一个正交向量组 $\boldsymbol{\beta}_1,\boldsymbol{\beta}_2,\cdots,\boldsymbol{\beta}_s$，使得 $\boldsymbol{\alpha}_1,\boldsymbol{\alpha}_2,\cdots,\boldsymbol{\alpha}_i$ 与 $\boldsymbol{\beta}_1,\boldsymbol{\beta}_2,\cdots,\boldsymbol{\beta}_i(i=1,2,\cdots,s)$ 等价.

**证明**　具体构造正交向量组的过程如下.

令 $\boldsymbol{\beta}_1=\boldsymbol{\alpha}_1$，显然 $\boldsymbol{\alpha}_1$ 与 $\boldsymbol{\beta}_1$ 等价.

再令 $\boldsymbol{\beta}_2=\boldsymbol{\alpha}_2+k_{12}\boldsymbol{\beta}_1$. 现确定系数 $k_{12}$ 以保证 $\boldsymbol{\beta}_2,\boldsymbol{\beta}_1$ 正交，即 $(\boldsymbol{\beta}_2,\boldsymbol{\beta}_1)=(\boldsymbol{\alpha}_2,\boldsymbol{\beta}_1)+k_{12}(\boldsymbol{\beta}_1,\boldsymbol{\beta}_1)=0$. 从而可得 $k_{12}=-\dfrac{(\boldsymbol{\alpha}_2,\boldsymbol{\beta}_1)}{(\boldsymbol{\beta}_1,\boldsymbol{\beta}_1)}$，亦即取 $\boldsymbol{\beta}_2=\boldsymbol{\alpha}_2-\dfrac{(\boldsymbol{\alpha}_2,\boldsymbol{\beta}_1)}{(\boldsymbol{\beta}_1,\boldsymbol{\beta}_1)}\boldsymbol{\beta}_1$. 显然 $\boldsymbol{\alpha}_1,\boldsymbol{\alpha}_2$ 与 $\boldsymbol{\beta}_1,\boldsymbol{\beta}_2$ 也等价.

再令 $\boldsymbol{\beta}_3=\boldsymbol{\alpha}_3+k_{13}\boldsymbol{\beta}_1+k_{23}\boldsymbol{\beta}_2$，为使 $\boldsymbol{\beta}_3$ 与 $\boldsymbol{\beta}_1,\boldsymbol{\beta}_2$ 都正交，即 $(\boldsymbol{\beta}_3,\boldsymbol{\beta}_1)=(\boldsymbol{\beta}_3,\boldsymbol{\beta}_2)=0$，得

$$(\boldsymbol{\beta}_3,\boldsymbol{\beta}_1)=(\boldsymbol{\alpha}_3,\boldsymbol{\beta}_1)+k_{13}(\boldsymbol{\beta}_1,\boldsymbol{\beta}_1)+k_{23}(\boldsymbol{\beta}_2,\boldsymbol{\beta}_1)=0,$$
$$(\boldsymbol{\beta}_3,\boldsymbol{\beta}_2)=(\boldsymbol{\alpha}_3,\boldsymbol{\beta}_2)+k_{13}(\boldsymbol{\beta}_1,\boldsymbol{\beta}_2)+k_{23}(\boldsymbol{\beta}_2,\boldsymbol{\beta}_2)=0,$$

也即
$$(\boldsymbol{\alpha}_3,\boldsymbol{\beta}_1)+k_{13}(\boldsymbol{\beta}_1,\boldsymbol{\beta}_1)=0,\ (\boldsymbol{\alpha}_3,\boldsymbol{\beta}_2)+k_{23}(\boldsymbol{\beta}_2,\boldsymbol{\beta}_2)=0,$$

故 $$k_{13}=-\frac{(\boldsymbol{\alpha}_3,\boldsymbol{\beta}_1)}{(\boldsymbol{\beta}_1,\boldsymbol{\beta}_1)},\quad k_{23}=-\frac{(\boldsymbol{\alpha}_3,\boldsymbol{\beta}_2)}{(\boldsymbol{\beta}_2,\boldsymbol{\beta}_2)},$$

即取 $\boldsymbol{\beta}_3=\boldsymbol{\alpha}_3-\frac{(\boldsymbol{\alpha}_3,\boldsymbol{\beta}_1)}{(\boldsymbol{\beta}_1,\boldsymbol{\beta}_1)}\boldsymbol{\beta}_1-\frac{(\boldsymbol{\alpha}_3,\boldsymbol{\beta}_2)}{(\boldsymbol{\beta}_2,\boldsymbol{\beta}_2)}\boldsymbol{\beta}_2$，并且 $\boldsymbol{\alpha}_1,\boldsymbol{\alpha}_2,\boldsymbol{\alpha}_3$ 与 $\boldsymbol{\beta}_1,\boldsymbol{\beta}_2,\boldsymbol{\beta}_3$ 也等价.

继续上述步骤，假设已找到两两正交的非零向量组 $\boldsymbol{\beta}_1,\boldsymbol{\beta}_2,\cdots,\boldsymbol{\beta}_{j-1}$ 满足条件，即使得 $\boldsymbol{\alpha}_1,\boldsymbol{\alpha}_2,\cdots,\boldsymbol{\alpha}_t$ 与 $\boldsymbol{\beta}_1,\boldsymbol{\beta}_2,\cdots,\boldsymbol{\beta}_t\ (t=1,2,\cdots,j-1<s)$ 等价，则令 $\boldsymbol{\beta}_j=\boldsymbol{\alpha}_j+k_{1j}\boldsymbol{\beta}_1+k_{2j}\boldsymbol{\beta}_2+\cdots+k_{j-1,j}\boldsymbol{\beta}_{j-1}$. 为使 $\boldsymbol{\beta}_j$ 与 $\boldsymbol{\beta}_1,\boldsymbol{\beta}_2,\cdots,\boldsymbol{\beta}_{j-1}$ 均正交，即 $(\boldsymbol{\beta}_j,\boldsymbol{\beta}_i)=(\boldsymbol{\alpha}_j,\boldsymbol{\beta}_i)+k_{ij}(\boldsymbol{\beta}_i,\boldsymbol{\beta}_i)=0(i=1,2,\cdots,j-1)$，得

$$k_{ij}=-\frac{(\boldsymbol{\alpha}_j,\boldsymbol{\beta}_i)}{(\boldsymbol{\beta}_i,\boldsymbol{\beta}_i)}\quad(i=1,2,\cdots,j-1).$$

故 $$\begin{aligned}\boldsymbol{\beta}_j&=\boldsymbol{\alpha}_j-\frac{(\boldsymbol{\alpha}_j,\boldsymbol{\beta}_1)}{(\boldsymbol{\beta}_1,\boldsymbol{\beta}_1)}\boldsymbol{\beta}_1-\frac{(\boldsymbol{\alpha}_j,\boldsymbol{\beta}_2)}{(\boldsymbol{\beta}_2,\boldsymbol{\beta}_2)}\boldsymbol{\beta}_2-\cdots-\frac{(\boldsymbol{\alpha}_j,\boldsymbol{\beta}_{j-1})}{(\boldsymbol{\beta}_{j-1},\boldsymbol{\beta}_{j-1})}\boldsymbol{\beta}_{j-1}\\&=\boldsymbol{\alpha}_j-\sum_{k=1}^{j-1}\frac{(\boldsymbol{\alpha}_j,\boldsymbol{\beta}_k)}{(\boldsymbol{\beta}_k,\boldsymbol{\beta}_k)}\boldsymbol{\beta}_k,\end{aligned}$$

这就得到一个正交向量组 $\boldsymbol{\beta}_1,\boldsymbol{\beta}_2,\cdots,\boldsymbol{\beta}_j$，使得 $\boldsymbol{\alpha}_1,\boldsymbol{\alpha}_2,\cdots,\boldsymbol{\alpha}_i$ 与 $\boldsymbol{\beta}_1,\boldsymbol{\beta}_2,\cdots,\boldsymbol{\beta}_i\ (i=1,2,\cdots,j)$ 等价.

取 $j=s$，就得到所求的向量组.

这个正交化过程通常称为向量组的施密特(Schmitdt)正交化方法.

如果再将 $\boldsymbol{\beta}_1,\boldsymbol{\beta}_2,\cdots,\boldsymbol{\beta}_s$ 单位化，即令

$$\boldsymbol{\eta}_i=\frac{1}{\|\boldsymbol{\beta}_i\|}\boldsymbol{\beta}_i\quad(i=1,2,\cdots,s),$$

就得到一组与 $\boldsymbol{\alpha}_1,\boldsymbol{\alpha}_2,\cdots,\boldsymbol{\alpha}_s$ 等价的标准正交向量组 $\boldsymbol{\eta}_1,\boldsymbol{\eta}_2,\cdots,\boldsymbol{\eta}_s$.

**例 11** 试求与向量组 $\boldsymbol{\alpha}_1,\boldsymbol{\alpha}_2,\boldsymbol{\alpha}_3$ 等价的标准正交向量组，其中 $\boldsymbol{\alpha}_1=(1,1,0)^{\mathrm{T}},\boldsymbol{\alpha}_2=(1,0,1)^{\mathrm{T}},\boldsymbol{\alpha}_3=(0,1,1)^{\mathrm{T}}$.

**解** 先正交化，令

$$\begin{aligned}\boldsymbol{\beta}_1&=\boldsymbol{\alpha}_1=(1,1,0)^{\mathrm{T}},\\ \boldsymbol{\beta}_2&=\boldsymbol{\alpha}_2-\frac{(\boldsymbol{\alpha}_2,\boldsymbol{\beta}_1)}{(\boldsymbol{\beta}_1,\boldsymbol{\beta}_1)}\boldsymbol{\beta}_1\\&=(1,0,1)^{\mathrm{T}}-\frac{1}{2}(1,1,0)^{\mathrm{T}}=\left(\frac{1}{2},-\frac{1}{2},1\right)^{\mathrm{T}},\\ \boldsymbol{\beta}_3&=\boldsymbol{\alpha}_3-\frac{(\boldsymbol{\alpha}_3,\boldsymbol{\beta}_1)}{(\boldsymbol{\beta}_1,\boldsymbol{\beta}_1)}\boldsymbol{\beta}_1-\frac{(\boldsymbol{\alpha}_3,\boldsymbol{\beta}_2)}{(\boldsymbol{\beta}_2,\boldsymbol{\beta}_2)}\boldsymbol{\beta}_2\\&=(0,1,1)^{\mathrm{T}}-\frac{1}{2}(1,1,0)^{\mathrm{T}}-\frac{1}{3}\left(\frac{1}{2},-\frac{1}{2},1\right)^{\mathrm{T}}\\&=\left(-\frac{2}{3},\frac{2}{3},\frac{2}{3}\right)^{\mathrm{T}}.\end{aligned}$$

再将 $\boldsymbol{\beta}_1,\boldsymbol{\beta}_2,\boldsymbol{\beta}_3$ 单位化，即

$$\boldsymbol{\eta}_1=\frac{1}{\|\boldsymbol{\beta}_1\|}\boldsymbol{\beta}_1=\frac{1}{\sqrt{2}}(1,1,0)^{\mathrm{T}},$$

$$\boldsymbol{\eta}_2=\frac{1}{\|\boldsymbol{\beta}_2\|}\boldsymbol{\beta}_2=\frac{1}{\sqrt{6}}(1,-1,2)^{\mathrm{T}},$$

$$\boldsymbol{\eta}_3=\frac{1}{\|\boldsymbol{\beta}_3\|}\boldsymbol{\beta}_3=\frac{1}{\sqrt{3}}(-1,1,1)^{\mathrm{T}}.$$

则 $\boldsymbol{\eta}_1,\boldsymbol{\eta}_2,\boldsymbol{\eta}_3$ 即为与 $\boldsymbol{\alpha}_1,\boldsymbol{\alpha}_2,\boldsymbol{\alpha}_3$ 等价的标准正交向量组.

**例 12**　已知 $\boldsymbol{\alpha}_1=(1,1,1)^{\mathrm{T}}$，求一组非零向量 $\boldsymbol{\alpha}_2,\boldsymbol{\alpha}_3$，使 $\boldsymbol{\alpha}_1,\boldsymbol{\alpha}_2,\boldsymbol{\alpha}_3$ 两两正交.

**解**　$\boldsymbol{\alpha}_2,\boldsymbol{\alpha}_3$ 应满足方程 $\boldsymbol{\alpha}_1^{\mathrm{T}}\boldsymbol{x}=0$，即 $x_1+x_2+x_3=0$，它的基础解系为 $\boldsymbol{\xi}_1=(1,0,-1)^{\mathrm{T}}$，$\boldsymbol{\xi}_2=(0,1,-1)^{\mathrm{T}}$. 把基础解系正交化，即为所求.

令 $\boldsymbol{\alpha}_2=\boldsymbol{\xi}_1$，$\boldsymbol{\alpha}_3=\boldsymbol{\xi}_2-\frac{(\boldsymbol{\xi}_2,\boldsymbol{\alpha}_2)}{(\boldsymbol{\alpha}_2,\boldsymbol{\alpha}_2)}\boldsymbol{\alpha}_2=\frac{1}{2}(-1,2,-1)^{\mathrm{T}}$，即

$$\boldsymbol{\alpha}_2=(1,0,-1)^{\mathrm{T}},\quad \boldsymbol{\alpha}_3=\frac{1}{2}(-1,2,-1)^{\mathrm{T}}.$$

### 4.4.3　正交矩阵

**定义 9**　如果 $n$ 阶矩阵 $\boldsymbol{A}$ 满足 $\boldsymbol{A}^{\mathrm{T}}\boldsymbol{A}=\boldsymbol{I}$，则称 $\boldsymbol{A}$ 为正交矩阵.

**定理 5**　设 $\boldsymbol{A},\boldsymbol{B}$ 都是 $n$ 阶正交矩阵，则：

(1) $\det\boldsymbol{A}=|\boldsymbol{A}|=1$ 或 $-1$；

(2) $\boldsymbol{A}^{-1}=\boldsymbol{A}^{\mathrm{T}}$；

(3) $\boldsymbol{A}^{\mathrm{T}}$（即 $\boldsymbol{A}^{-1}$）也是正交矩阵；

(4) $\boldsymbol{AB}$ 也是正交矩阵.

证明留作练习.

**定理 6**　$n$ 阶矩阵 $\boldsymbol{A}$ 是正交矩阵的充分必要条件是 $\boldsymbol{A}$ 的列(行)向量组为标准正交向量组.

证明留作练习.

**注**　定理 6 表明，只要找到 $n$ 个两两正交的 $n$ 维单位向量，则以它们为列(或行)作成的 $n$ 阶矩阵一定是正交矩阵.

**例 13**　验证矩阵 $\boldsymbol{A}=\begin{pmatrix}\cos\theta & \sin\theta\\ -\sin\theta & \cos\theta\end{pmatrix}$ 是正交矩阵.

**证明**　$\boldsymbol{A}^{\mathrm{T}}\boldsymbol{A}=\begin{pmatrix}\cos\theta & -\sin\theta\\ \sin\theta & \cos\theta\end{pmatrix}\begin{pmatrix}\cos\theta & \sin\theta\\ -\sin\theta & \cos\theta\end{pmatrix}=\begin{pmatrix}1 & 0\\ 0 & 1\end{pmatrix}$，

故 $\boldsymbol{A}$ 为正交矩阵，$\boldsymbol{A}$ 又称为旋转矩阵.

**例 14**　验证矩阵

$$\boldsymbol{A}=\begin{pmatrix}\frac{1}{2} & -\frac{1}{2} & -\frac{1}{2} & \frac{1}{2}\\ \frac{1}{2} & \frac{1}{2} & -\frac{1}{2} & -\frac{1}{2}\\ \frac{1}{\sqrt{2}} & 0 & \frac{1}{\sqrt{2}} & 0\\ 0 & \frac{1}{\sqrt{2}} & 0 & \frac{1}{\sqrt{2}}\end{pmatrix}$$

是正交矩阵.

解 $A^{T}A=\begin{pmatrix} \frac{1}{2} & \frac{1}{2} & \frac{1}{\sqrt{2}} & 0 \\ -\frac{1}{2} & \frac{1}{2} & 0 & \frac{1}{\sqrt{2}} \\ -\frac{1}{2} & -\frac{1}{2} & \frac{1}{\sqrt{2}} & 0 \\ \frac{1}{2} & -\frac{1}{2} & 0 & \frac{1}{\sqrt{2}} \end{pmatrix}\begin{pmatrix} \frac{1}{2} & -\frac{1}{2} & -\frac{1}{2} & \frac{1}{2} \\ \frac{1}{2} & \frac{1}{2} & -\frac{1}{2} & -\frac{1}{2} \\ \frac{1}{\sqrt{2}} & 0 & \frac{1}{\sqrt{2}} & 0 \\ 0 & \frac{1}{\sqrt{2}} & 0 & \frac{1}{\sqrt{2}} \end{pmatrix}=\begin{pmatrix} 1 & 0 & 0 & 0 \\ 0 & 1 & 0 & 0 \\ 0 & 0 & 1 & 0 \\ 0 & 0 & 0 & 1 \end{pmatrix}$,

所以 $A$ 为正交矩阵.

### 4.4.4 实对称矩阵的对角化

**定理 7** 实对称矩阵的特征值都是实数.

证明从略.

**推论** $n$ 阶实对称矩阵有 $n$ 个实特征值(重根按重数计算).

**定理 8** 设 $\lambda$ 是 $n$ 阶实对称矩阵 $A$ 的 $k$ 重特征值,则 $A$ 的属于特征值 $\lambda$ 的特征向量中,极大线性无关组包含的向量个数恰好为 $k$.

证明从略.

**注** 定理 8 表明,属于实对称矩阵 $A$ 的 $k$ 重特征值 $\lambda$ 的线性无关的特征向量恰好有 $k$ 个.

**定理 9** 实对称矩阵 $A$ 的属于不同特征值的特征向量一定是正交的.

**证明** 设 $\lambda_1,\lambda_2$ 是实对称矩阵 $A$ 的不同特征值,$\xi_1,\xi_2$ 分别是 $A$ 的属于特征值 $\lambda_1,\lambda_2$ 的特征向量,故

$$A\xi_1=\lambda_1\xi_1,\quad A\xi_2=\lambda_2\xi_2(\xi_1\neq 0,\xi_2\neq 0).$$

又 $A$ 是实对称矩阵,故 $A^{T}=A$,于是

$$\begin{aligned}\lambda_1(\xi_1,\xi_2)&=\lambda_1\xi_1^{T}\xi_2=(\lambda_1\xi_1)^{T}\xi_2=(A\xi_1)^{T}\xi_2=\xi_1^{T}A^{T}\xi_2=\xi_1^{T}A\xi_2=\xi_1^{T}(\lambda_2\xi_2)\\&=\lambda_2\xi_1^{T}\xi_2=\lambda_2(\xi_1,\xi_2),\end{aligned}$$

所以 $(\lambda_1-\lambda_2)(\xi_1,\xi_2)=0$ . 由于 $\lambda_1\neq\lambda_2$,故 $(\xi_1,\xi_2)=0$,即 $\xi_1$ 与 $\xi_2$ 正交.

由定理 8 和 4.2 节定理 1 的第 2 条推广知,$n$ 阶实对称矩阵 $A$ 必有 $n$ 个线性无关的特征向量,又由定理 2 知,任一 $n$ 阶实对称矩阵 $A$ 必可对角化,即存在可逆矩阵 $P$,使得 $P^{-1}AP$ 为对角矩阵. 实际上对实对称矩阵,更有如下的重要结论.

**定理 10** 对于任一 $n$ 阶实对称矩阵 $A$,一定存在 $n$ 阶正交矩阵 $T$,使得 $T^{-1}AT=\Lambda$(其中 $\Lambda$ 是以 $A$ 的 $n$ 个特征值为主对角线上元素的对角矩阵).

证明从略.

下面把实对称矩阵 $A$ 求正交矩阵 $T$ 的步骤归纳如下:

(1) 求出 $A$ 的全部不同的特征值 $\lambda_1,\lambda_2,\cdots,\lambda_s$;

(2) 对每个特征值 $\lambda_i(i=1,2,\cdots,s)$,解齐次线性方程组

$$(\lambda_i I-A)x=0,$$

求出它的一个基础解系

$$\boldsymbol{\xi}_{i1},\boldsymbol{\xi}_{i2},\cdots,\boldsymbol{\xi}_{ir_i}(i=1,2,\cdots,s);$$

(3) 将 $\boldsymbol{\xi}_{i1},\boldsymbol{\xi}_{i2},\cdots,\boldsymbol{\xi}_{ir_i}$ 正交化、单位化，得到一个标准正交向量组

$$\boldsymbol{\eta}_{i1},\boldsymbol{\eta}_{i2},\cdots,\boldsymbol{\eta}_{ir_i}$$

是属于特征值 $\lambda_i$ 的一组线性无关的特征向量.

(4) 将属于全部不同特征值 $\lambda_i(i=1,2,\cdots,s)$ 的线性无关的特征向量

$$\boldsymbol{\eta}_{11},\boldsymbol{\eta}_{12},\cdots,\boldsymbol{\eta}_{1r_1};\boldsymbol{\eta}_{21},\boldsymbol{\eta}_{22},\cdots,\boldsymbol{\eta}_{2r_2};\cdots\boldsymbol{\eta}_{s1},\boldsymbol{\eta}_{s2},\cdots\boldsymbol{\eta}_{sr_s}$$

作为列向量构成矩阵 $\boldsymbol{T}$，即为所求的正交矩阵，故有

$$\boldsymbol{T}^{-1}\boldsymbol{A}\boldsymbol{T}=\boldsymbol{\Lambda}.$$

其中 $\boldsymbol{\Lambda}$ 中 $\lambda_1,\lambda_2,\cdots,\lambda_s$ 的排列顺序与其对应的特征向量的排列顺序要一致.

**注**　当 $n$ 阶实对称矩阵 $\boldsymbol{A}$ 有个 $n$ 互不相同的特征值 $\lambda_1,\lambda_2,\cdots,\lambda_n$ 时，只需对其相应的特征向量 $\boldsymbol{\xi}_1,\boldsymbol{\xi}_2,\cdots\boldsymbol{\xi}_n$ 单位化，得到 $\boldsymbol{\eta}_1=\dfrac{\boldsymbol{\xi}_1}{\|\boldsymbol{\xi}_1\|},\boldsymbol{\eta}_2=\dfrac{\boldsymbol{\xi}_2}{\|\boldsymbol{\xi}_2\|},\cdots,\boldsymbol{\eta}_n=\dfrac{\boldsymbol{\xi}_n}{\|\boldsymbol{\xi}_n\|}$，令 $\boldsymbol{T}=(\boldsymbol{\eta}_1,\boldsymbol{\eta}_2,\cdots\boldsymbol{\eta}_n)$，则 $\boldsymbol{T}$ 为所求的正交矩阵.

**例 15**　设实对称矩阵 $\boldsymbol{A}=\begin{pmatrix}1&-2&0\\-2&2&-2\\0&-2&3\end{pmatrix}$，求一个正交矩阵 $\boldsymbol{T}$，使 $\boldsymbol{T}^{-1}\boldsymbol{A}\boldsymbol{T}$ 为对角矩阵.

**解**　$|\lambda\boldsymbol{I}-\boldsymbol{A}|=\begin{vmatrix}\lambda-1&2&0\\2&\lambda-2&2\\0&2&\lambda-3\end{vmatrix}=(\lambda+1)(\lambda-2)(\lambda-5)=0$，

故 $\boldsymbol{A}$ 的特征值为 $\lambda_1=-1,\lambda_2=2,\lambda_3=5$.

当 $\lambda_1=-1$ 时，解齐次线性方程组 $(-\boldsymbol{I}-\boldsymbol{A})\boldsymbol{x}=\boldsymbol{0}$，得基础解系 $\boldsymbol{\xi}_1=(2,2,1)^{\mathrm{T}}$；

当 $\lambda_1=2$ 时，解齐次线性方程组 $(2\boldsymbol{I}-\boldsymbol{A})\boldsymbol{x}=\boldsymbol{0}$，得基础解系 $\boldsymbol{\xi}_2=(2,-1,-2)^{\mathrm{T}}$；

当 $\lambda_3=5$ 时，解齐次线性方程组 $(5\boldsymbol{I}-\boldsymbol{A})\boldsymbol{x}=\boldsymbol{0}$，得基础解系 $\boldsymbol{\xi}_3=(1,-2,2)^{\mathrm{T}}$.

将 $\boldsymbol{\xi}_1,\boldsymbol{\xi}_2,\boldsymbol{\xi}_3$ 单位化，得

$$\boldsymbol{\eta}_1=\frac{\boldsymbol{\xi}_1}{\|\boldsymbol{\xi}_1\|}=\left(\frac{2}{3},\frac{2}{3},\frac{1}{3}\right)^{\mathrm{T}},\quad \boldsymbol{\eta}_2=\frac{\boldsymbol{\xi}_2}{\|\boldsymbol{\xi}_2\|}=\left(\frac{2}{3},-\frac{1}{3},-\frac{2}{3}\right)^{\mathrm{T}},$$

$$\boldsymbol{\eta}_3=\frac{\boldsymbol{\xi}_3}{\|\boldsymbol{\xi}_3\|}=\left(\frac{1}{3},-\frac{2}{3},\frac{2}{3}\right)^{\mathrm{T}}.$$

令 $\boldsymbol{T}=(\boldsymbol{\eta}_1,\boldsymbol{\eta}_2,\boldsymbol{\eta}_3)=\begin{pmatrix}\frac{2}{3}&\frac{2}{3}&\frac{1}{3}\\\frac{2}{3}&-\frac{1}{3}&-\frac{2}{3}\\\frac{1}{3}&-\frac{2}{3}&\frac{2}{3}\end{pmatrix}$，则 $\boldsymbol{T}^{-1}\boldsymbol{A}\boldsymbol{T}=\begin{pmatrix}-1&&\\&2&\\&&5\end{pmatrix}$.

**例 16**　设矩阵 $\boldsymbol{A}=\begin{pmatrix}2&-1&-1\\-1&2&1\\-1&1&2\end{pmatrix}$，求一个正交矩阵 $\boldsymbol{T}$，使得 $\boldsymbol{T}^{-1}\boldsymbol{A}\boldsymbol{T}$ 为对角矩阵.

**解** $$|\lambda\boldsymbol{I}-\boldsymbol{A}|=\begin{vmatrix}\lambda-2 & 1 & 1\\ 1 & \lambda-2 & -1\\ 1 & -1 & \lambda-2\end{vmatrix}=(\lambda-1)^2(\lambda-4)=0,$$

故 $\boldsymbol{A}$ 的特征值为 $\lambda_1=\lambda_2=1,\lambda_3=4$.

当 $\lambda_1=\lambda_2=1$ 时，解齐次线性方程组 $(\boldsymbol{I}-\boldsymbol{A})\boldsymbol{x}=\boldsymbol{0}$，得基础解系 $\boldsymbol{\xi}_1=(1,1,0)^{\mathrm{T}},\boldsymbol{\xi}_2=(1,-1,2)^{\mathrm{T}}$，将其正交化、单位化，得

$$\boldsymbol{\eta}_1=\left(\frac{1}{\sqrt{2}},\frac{1}{\sqrt{2}},0\right)^{\mathrm{T}},\quad \boldsymbol{\eta}_2=\left(\frac{1}{\sqrt{6}},-\frac{1}{\sqrt{6}},\frac{2}{\sqrt{6}}\right)^{\mathrm{T}}.$$

当 $\lambda_3=4$ 时，解齐次线性方程组 $(4\boldsymbol{I}-\boldsymbol{A})\boldsymbol{x}=\boldsymbol{0}$，得基础解系 $\boldsymbol{\xi}_3=(-1,1,1)^{\mathrm{T}}$，将其单位化，得 $\boldsymbol{\eta}_3=\left(-\frac{1}{\sqrt{3}},\frac{1}{\sqrt{3}},\frac{1}{\sqrt{3}}\right)^{\mathrm{T}}$.

令 $$\boldsymbol{T}=(\boldsymbol{\eta}_1,\boldsymbol{\eta}_2,\boldsymbol{\eta}_3)=\begin{pmatrix}\frac{1}{\sqrt{2}} & \frac{1}{\sqrt{6}} & -\frac{1}{\sqrt{3}}\\ \frac{1}{\sqrt{2}} & -\frac{1}{\sqrt{6}} & \frac{1}{\sqrt{3}}\\ 0 & \frac{2}{\sqrt{6}} & \frac{1}{\sqrt{3}}\end{pmatrix},\text{则 }\boldsymbol{T}^{-1}\boldsymbol{A}\boldsymbol{T}=\begin{pmatrix}1 & & \\ & 1 & \\ & & 4\end{pmatrix}.$$

## 习题 4.4

1. 设 $\boldsymbol{\alpha}=(1,2,1)^{\mathrm{T}},\boldsymbol{\beta}=(2,1,1)^{\mathrm{T}}$，求：

(1) $(\boldsymbol{\alpha}+\boldsymbol{\beta},\boldsymbol{\alpha}-\boldsymbol{\beta})$； (2) $\|3\boldsymbol{\alpha}+2\boldsymbol{\beta}\|$.

2. 已知三维向量 $\boldsymbol{\alpha}_1=(1,1,1)^{\mathrm{T}},\boldsymbol{\alpha}_2=(1,-2,1)^{\mathrm{T}}$ 正交，试求 $\boldsymbol{\alpha}_3$，使 $\boldsymbol{\alpha}_1,\boldsymbol{\alpha}_2,\boldsymbol{\alpha}_3$ 构成一个正交向量组.

3. 将下列各组向量正交化、单位化.

(1) $\boldsymbol{\alpha}_1=(1,1,1)^{\mathrm{T}},\boldsymbol{\alpha}_2=(0,1,0)^{\mathrm{T}},\boldsymbol{\alpha}_3=(0,0,1)^{\mathrm{T}}$；

(2) $\boldsymbol{\alpha}_1=(1,1,0,0)^{\mathrm{T}},\boldsymbol{\alpha}_2=(0,1,1,0)^{\mathrm{T}},\boldsymbol{\alpha}_3=(1,0,1,1)^{\mathrm{T}}$.

4. 判断下列矩阵是否为正交矩阵：

(1) $\begin{pmatrix}1 & -\frac{1}{2} & \frac{1}{3}\\ -\frac{1}{2} & 1 & \frac{1}{2}\\ \frac{1}{3} & \frac{1}{2} & -1\end{pmatrix}$； (2) $\begin{pmatrix}\frac{1}{\sqrt{3}} & -\frac{1}{\sqrt{2}} & \frac{1}{\sqrt{6}}\\ -\frac{1}{\sqrt{3}} & 0 & \frac{2}{\sqrt{6}}\\ \frac{1}{\sqrt{3}} & \frac{1}{\sqrt{2}} & \frac{1}{\sqrt{6}}\end{pmatrix}$； (3) $\begin{pmatrix}1 & 0 & 0\\ 0 & \cos\theta & \sin\theta\\ 0 & -\sin\theta & \cos\theta\end{pmatrix}$.

5. $\boldsymbol{A}$ 是对称矩阵且满足 $\boldsymbol{A}^2+6\boldsymbol{A}+8\boldsymbol{I}=\boldsymbol{0}$，证明：$\boldsymbol{A}+3\boldsymbol{I}$ 为正交矩阵.

6. 设 $\boldsymbol{A}$ 为正交矩阵，若 $|\boldsymbol{A}|=-1$，证明：$-\boldsymbol{I}-\boldsymbol{A}$ 不可逆.

7. 设 $\boldsymbol{A}$ 为奇数阶正交矩阵，且 $|\boldsymbol{A}|=1$，证明：1 是 $\boldsymbol{A}$ 的特征值.

8. 下列各对称矩阵，求正交矩阵 $\boldsymbol{T}$，使 $\boldsymbol{T}^{-1}\boldsymbol{A}\boldsymbol{T}$ 成为对角矩阵：

(1) $\begin{pmatrix} 2 & -2 & 0 \\ -2 & 1 & -2 \\ 0 & -2 & 0 \end{pmatrix}$；　(2) $\begin{pmatrix} 0 & 1 & -1 \\ 1 & 0 & -1 \\ -1 & -1 & 0 \end{pmatrix}$.

9. 设三阶实对称矩阵 $\boldsymbol{A}$ 的秩是 2，$\lambda_1=\lambda_2=6$ 是 $\boldsymbol{A}$ 的二重特征值，$\boldsymbol{\alpha}_1=(1,1,0)^{\mathrm{T}}$，$\boldsymbol{\alpha}_2=(2,1,1)^{\mathrm{T}}$，$\boldsymbol{\alpha}_3=(-1,2,-3)^{\mathrm{T}}$ 都是 $\boldsymbol{A}$ 的属于特征值 6 的特征向量，求：

(1) $\boldsymbol{A}$ 的另一特征向量；　(2) 矩阵 $\boldsymbol{A}$.

## 4.5　用 MATLAB 求特征值和特征向量

特征值和特征向量是线性代数中非常重要的概念，运用 MATLAB 的 eig(A) 函数可求矩阵 $\boldsymbol{A}$ 的特征值和特征向量，并可将能对角化的矩阵对角化，其格式为 [P,D]=eig(A)，其中 $\boldsymbol{D}$ 是对角矩阵，其主对角线上的元素为 $\boldsymbol{A}$ 的特征值，$\boldsymbol{P}$ 的列则为相应的特征向量，满足关系式 $\boldsymbol{AP}=\boldsymbol{PD}$.

**例 17**　求矩阵 $\boldsymbol{A}=\begin{pmatrix} 1 & -2 & 2 \\ -2 & -2 & 4 \\ 2 & 4 & -2 \end{pmatrix}$ 的特征值和特征向量.

**解**　在 MATLAB 命令窗口输入

```
A=[1 -2 2 ;-2 -2 4 ;2 4 -2];
[P,D]=eig(A)
```

运行后如图 4.1 所示.

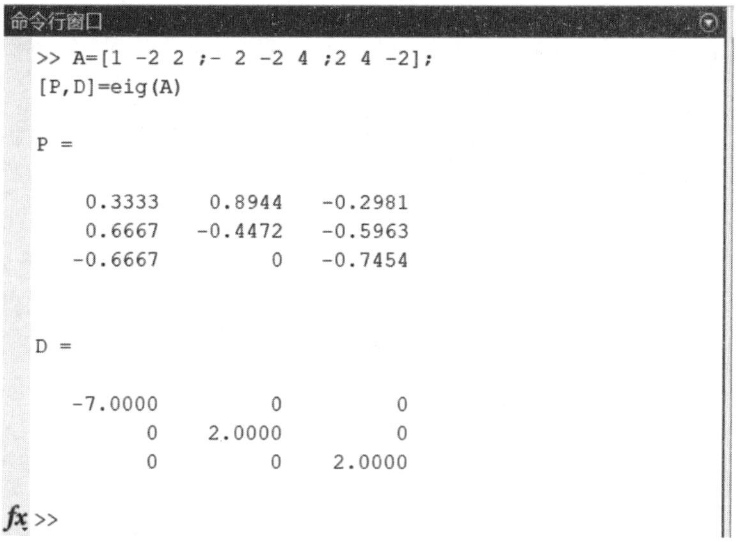
命令行窗口
>> A=[1 -2 2 ;- 2 -2 4 ;2 4 -2];
[P,D]=eig(A)
P =
0.3333 0.8944 -0.2981
0.6667 -0.4472 -0.5963
-0.6667 0 -0.7454
D =
-7.0000 0 0
0 2.0000 0
0 0 2.0000
>>

图 4.1

故 $\boldsymbol{A}$ 的特征值为 $\lambda_1=-7,\lambda_2=\lambda_3=2$，对应 $\lambda_1=-7$ 的特征向量为 $\boldsymbol{\xi}_1=\begin{pmatrix}0.3333\\0.6667\\-0.6667\end{pmatrix}$，对应 $\lambda_2=\lambda_3=2$ 的特征向量为 $\boldsymbol{\xi}_2=\begin{pmatrix}0.8944\\-0.4472\\0\end{pmatrix}$ 和 $\boldsymbol{\xi}_3=\begin{pmatrix}-0.2981\\-0.5963\\-0.7454\end{pmatrix}$.

对于实对称矩阵 $\boldsymbol{A}$，eig(A)求得的矩阵 $\boldsymbol{P}$ 是正交矩阵.

**例 18** 对矩阵 $\boldsymbol{A}=\begin{pmatrix}3&2&4\\2&0&2\\4&2&3\end{pmatrix}$，求正交矩阵 $\boldsymbol{Q}$，使得 $\boldsymbol{Q}^{\mathrm{T}}\boldsymbol{A}\boldsymbol{Q}$ 为对角矩阵.

**解** 在 MATLAB 命令窗口输入

```
A=[3 2 4 ;2 0 2 ;4 2 3];
[Q,D]=eig(A)
ans=transpose(Q)*A*Q
```

运行后如图 4.2 所示.

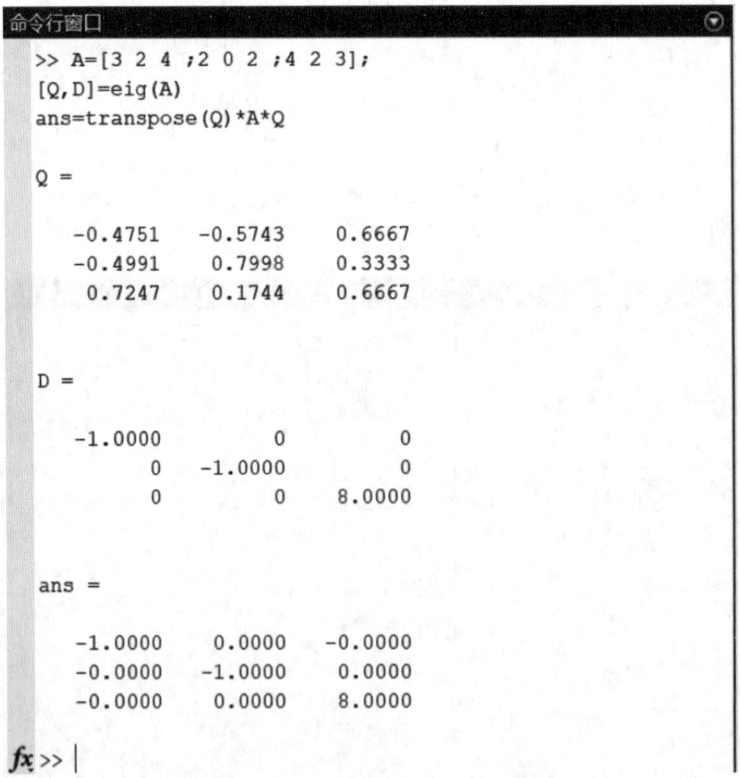
命令行窗口
>> A=[3 2 4 ;2 0 2 ;4 2 3];
[Q,D]=eig(A)
ans=transpose(Q)*A*Q
Q =
-0.4751 -0.5743 0.6667
-0.4991 0.7998 0.3333
0.7247 0.1744 0.6667
D =
-1.0000 0 0
0 -1.0000 0
0 0 8.0000
ans =
-1.0000 0.0000 -0.0000
-0.0000 -1.0000 0.0000
-0.0000 0.0000 8.0000
fx >>

图 4.2

即 $Q^TAQ=\begin{pmatrix}-1 & & \\ & -1 & \\ & & 8\end{pmatrix}$.

特征值在数学建模中也有重要运用.

**例 19**　发展与环境问题已成为 21 世纪各国政府关注的重点，工业发展势必会引起污染，污染程度与工业发展水平的关系如何，请建立工业增长水平与污染水平之间的关系模型.

(1) 问题分析.

首先要考虑用何指标来度量工业增长水平与污染水平.根据常识，污染水平以空气污染或河湖污染为考察对象，以某种污染指数为测量单位，工业发展水平以某种工业指数为测量单位，为使问题简单化并能说明问题，我们可以假设若干年后污染水平和工业发展水平与目前污染水平和工业发展水平间是一种线性关系.

(2) 模型建立与求解.

设 $x_0$ 是某地区目前的污染水平(以空气或河湖的某种污染指数为测量单位)，$y_0$ 是目前的工业发展水平(以某种工业指数为测量单位)，把这一年作为起点(亦称基年)，记作 $t=0$，若干年后(如 5 年后)的污染水平和工业发展水平分别为 $x_1$ 和 $y_1$，它们之间的关系是

$$x_1=3x_0+y_0,$$
$$y_1=2x_0+2y_0.$$

其中常数是根据专家经验或某种常识来确定的.写成矩阵形式，就是

$$\begin{pmatrix}x_1\\y_1\end{pmatrix}=\begin{pmatrix}3 & 1\\2 & 2\end{pmatrix}\begin{pmatrix}x_0\\y_0\end{pmatrix},\quad \text{或 } \boldsymbol{\alpha}_1=\boldsymbol{A}\boldsymbol{\alpha}_0,$$

其中，$\boldsymbol{A}=\begin{pmatrix}3 & 1\\2 & 2\end{pmatrix}$.

一般地，如果以若干年(如 5 年)作为一个期间，第 $t$ 个期间的污染和工业发展水平记作 $x_t$ 和 $y_t$，则有

$$\begin{cases}x_t=3x_{t-1}+y_{t-1},\\ y_t=2x_{t-1}+y_{t-1},\end{cases}\quad (t=1,2,\cdots,k). \qquad ①$$

记 $\boldsymbol{\alpha}_t=\begin{pmatrix}x_t\\y_t\end{pmatrix}$，则式①的矩阵形式为

$$\boldsymbol{\alpha}_t=\boldsymbol{A}\boldsymbol{\alpha}_{t-1},\quad (t=1,2,\cdots,k). \qquad ②$$

如果已知该地区基年的水平 $\boldsymbol{\alpha}_0=(x_0,y_0)^T=(1,7)^T$，利用式②就可预测第 $k$ 期时该地区的污染程度和工业发展水平，实际上，由式②可得

$$\boldsymbol{\alpha}_1=\boldsymbol{A}\boldsymbol{\alpha}_0,\quad \boldsymbol{\alpha}_2=\boldsymbol{A}\boldsymbol{\alpha}_1=\boldsymbol{A}^2\boldsymbol{\alpha}_0,\cdots,\boldsymbol{\alpha}_k=\boldsymbol{A}^k\boldsymbol{\alpha}_0.$$

如果直接计算 $\boldsymbol{A}$ 的各次幂，计算将十分烦琐，如果利用矩阵特征值和特征向量的有关性质，不但使计算大大简化，而且模型的结构和性质也更为清晰.为此先计算 $\boldsymbol{A}$ 的特征值和特征向量.

$\boldsymbol{A}$ 的特征多项式为

$$\det(\lambda\boldsymbol{I}-\boldsymbol{A})=\begin{vmatrix}\lambda-3 & -1\\ -2 & \lambda-2\end{vmatrix}=(\lambda-1)(\lambda-4).$$

所以，$\boldsymbol{A}$ 的特征值为 $\lambda_1=1, \lambda_2=4$.

对于 $\lambda_1=1$，解齐次线性方程组 $(\boldsymbol{I}-\boldsymbol{A})\boldsymbol{x}=\boldsymbol{0}$，可得 $\boldsymbol{A}$ 的属于 $\lambda_1=1$ 的一个特征向量 $\boldsymbol{\eta}_1=(1,-2)^{\mathrm{T}}$.

对于 $\lambda_2=4$，解齐次线性方程组 $(4\boldsymbol{I}-\boldsymbol{A})\boldsymbol{x}=\boldsymbol{0}$，可得 $\boldsymbol{A}$ 的属于 $\lambda_2=4$ 的一个特征向量 $\boldsymbol{\eta}_2=(1,1)^{\mathrm{T}}$，且 $\boldsymbol{\eta}_1,\boldsymbol{\eta}_2$ 线性无关.

因而矩阵 $\boldsymbol{A}$ 可以进行相似对角化，即存在可逆矩阵 $\boldsymbol{P}=(\boldsymbol{\eta}_1,\boldsymbol{\eta}_2)$，使得 $\boldsymbol{P}^{-1}\boldsymbol{A}\boldsymbol{P}=\boldsymbol{\Lambda}=\begin{pmatrix}1&0\\0&4\end{pmatrix}$，$\boldsymbol{A}=\boldsymbol{P}\boldsymbol{\Lambda}\boldsymbol{P}^{-1}$，$\boldsymbol{A}^k=\boldsymbol{P}\boldsymbol{\Lambda}^k\boldsymbol{P}^{-1}$，计算得到

$$\boldsymbol{\alpha}_k=\boldsymbol{A}^k\boldsymbol{\alpha}_0=\boldsymbol{P}\begin{bmatrix}1^k&0\\0&4^k\end{bmatrix}\boldsymbol{P}^{-1}\begin{pmatrix}1\\7\end{pmatrix}=\begin{bmatrix}3\times4^k-2\\3\times4^k+4\end{bmatrix}.$$

易知 $k\to+\infty$ 时，$\alpha_k$ 的第一个分量 $x_k\to+\infty$，可以看出环境的污染也将直接威胁人类的生存.

用于计算的 MATLAB 程序如下：

```
clc, clear, syms k
a=[3,1;2,2]; a=sym(a)          % 转化为符号矩阵
p=charpoly(a)                  % 求特征多项式
t=roots(p)                     % 求特征根
[vec,val]=eig(a)               % 求特征向量和特征根
Ak=vec*val^k*inv(vec)          % 求矩阵 A 的 k 次幂
alphak=Ak*[1;7]                % 求差分方程的解
```

实际上，由差分方程的求解理论知，差分方程的通解为

$$\boldsymbol{\alpha}_k=c_1\lambda_1^k\boldsymbol{\eta}_1+c_2\lambda_2^k\boldsymbol{\eta}_2,$$

由初值条件，得

$$c_1\boldsymbol{\eta}_1+c_2\boldsymbol{\eta}_2=\begin{pmatrix}1\\2\end{pmatrix},$$

解之，得

$$c_1=4,\quad c_2=3,$$

因而所求差分方程的解为 $\boldsymbol{\alpha}_k=4\lambda_1^k\boldsymbol{\eta}_1+3\lambda_2^k\boldsymbol{\eta}_2=\begin{bmatrix}3\times4^k-2\\3\times4^k+4\end{bmatrix}$.

用于计算的 MATLAB 程序如下：

```
clc, clear, syms k
a=[3,1;2,2]; a=sym(a)          % 转化为符号矩阵
p=charpoly(a)                  % 求特征多项式
t=roots(p)                     % 求特征根
[vec,val]=eig(a)               % 求特征向量和特征根
c=vec\[1;7]                    % 解方程组待定差分方程特解的常数
s=c(1)*t(1)^k*vec(:,1)+c(2)*t(2)^k*vec(:,2)      % 写出特解
```

# 历年考研试题选讲 4

**试题 1**(2024 年,数一)　设 $\boldsymbol{A}$ 是秩为 2 的三阶矩阵,$\boldsymbol{\alpha}$ 是满足 $\boldsymbol{A}\boldsymbol{\alpha}=\boldsymbol{0}$ 的非零向量,若对满足 $\boldsymbol{\beta}^{\mathrm{T}}\boldsymbol{\alpha}=0$ 的三维向量 $\boldsymbol{\beta}$,均有 $\boldsymbol{A}\boldsymbol{\beta}=\boldsymbol{\beta}$,则(　　).

A. $\boldsymbol{A}^3$ 的迹为 2　　B. $\boldsymbol{A}^3$ 的迹为 5　　C. $\boldsymbol{A}^2$ 的迹为 8　　D. $\boldsymbol{A}^2$ 的迹为 9

**解**　设 $\boldsymbol{A}=\begin{pmatrix}\boldsymbol{\beta}_1^{\mathrm{T}}\\ \boldsymbol{\beta}_2^{\mathrm{T}}\\ \boldsymbol{\beta}_3^{\mathrm{T}}\end{pmatrix}$,则由 $\boldsymbol{A}\boldsymbol{\alpha}=\boldsymbol{0}$,知 $\boldsymbol{\beta}_i^{\mathrm{T}}\boldsymbol{\alpha}=0\ (i=1,2,3)$. 由于对满足 $\boldsymbol{\beta}_i^{\mathrm{T}}\boldsymbol{\alpha}=0$ 的三维向量 $\boldsymbol{\beta}$,均有 $\boldsymbol{A}\boldsymbol{\beta}=\boldsymbol{\beta}$,故 $\boldsymbol{A}\boldsymbol{\beta}_i=\boldsymbol{\beta}_i(i=1,2,3)$且 $r(\boldsymbol{A})=2$. 也就表明 $\boldsymbol{\beta}_1,\boldsymbol{\beta}_2,\boldsymbol{\beta}_3$ 中至少有两个线性无关的向量是 $\boldsymbol{A}$ 的特征值 1 所对应的特征向量,即 1 至少是 $\boldsymbol{A}$ 的二重特征值. 而 $\boldsymbol{A}$ 显然有一个特征值是 0,所以 $\boldsymbol{A}$ 的特征值为 1,1,0,从而 $\boldsymbol{A}^2$ 和 $\boldsymbol{A}^3$ 的特征值也是 1,1,0,从而可知它们的迹都等于 2,故选 A.

**试题 2**(2024 年,数一)　已知数列$\{x_n\}$,$\{y_n\}$,$\{z_n\}$满足 $x_0=-1,y_0=0,z_0=2$,且

$$\begin{cases}x_n=-2x_{n-1}+2z_{n-1},\\ y_n=-2y_{n-1}-2z_{n-1},\\ z_n=-6x_{n-1}-3y_{n-1}+3z_{n-1},\end{cases}$$

记 $\boldsymbol{\alpha}_n=\begin{pmatrix}x_n\\ y_n\\ z_n\end{pmatrix}$,写出满足 $\boldsymbol{\alpha}_n=\boldsymbol{A}\boldsymbol{\alpha}_{n-1}$ 的矩阵 $\boldsymbol{A}$,并求 $\boldsymbol{A}^n$ 及 $x_n,y_n,z_n(n=1,2,\cdots)$的通项表达式.

**解**　由题设得 $\begin{pmatrix}x_n\\ y_n\\ z_n\end{pmatrix}=\begin{pmatrix}-2&0&2\\0&-2&-2\\-6&-3&3\end{pmatrix}\begin{pmatrix}x_n\\ y_n\\ z_n\end{pmatrix}$,故 $\boldsymbol{A}=\begin{pmatrix}-2&0&2\\0&-2&-2\\-6&-3&3\end{pmatrix}$,满足 $\boldsymbol{\alpha}_n=\boldsymbol{A}\boldsymbol{\alpha}_{n-1}$. 令

$$|\lambda\boldsymbol{I}-\boldsymbol{A}|=\begin{vmatrix}\lambda+2&0&-2\\0&\lambda+2&2\\6&3&\lambda-3\end{vmatrix}=\lambda(\lambda-1)(\lambda+2)=0,$$

得矩阵 $\boldsymbol{A}$ 的特征值为 $\lambda_1=0,\lambda_2=1,\lambda_3=-2$.

对 $\lambda_1=0$,解方程组$(0\boldsymbol{I}-\boldsymbol{A})\boldsymbol{x}=\boldsymbol{0}$,得对应的特征向量 $\boldsymbol{\alpha}_1=(1,-1,1)^{\mathrm{T}}$.

对 $\lambda_2=1$,解方程组$(\boldsymbol{I}-\boldsymbol{A})\boldsymbol{x}=\boldsymbol{0}$,得对应的特征向量 $\boldsymbol{\alpha}_2=(2,-2,3)^{\mathrm{T}}$.

对 $\lambda_3=-2$,解方程组$(-2\boldsymbol{I}-\boldsymbol{A})\boldsymbol{x}=\boldsymbol{0}$,得对应的特征向量 $\boldsymbol{\alpha}_3=(-1,2,0)^{\mathrm{T}}$.

令 $\boldsymbol{P}=(\boldsymbol{\alpha}_1,\boldsymbol{\alpha}_2,\boldsymbol{\alpha}_3)=\begin{pmatrix}1&2&-1\\-1&-2&2\\1&3&0\end{pmatrix}$,则 $\boldsymbol{P}^{-1}\boldsymbol{A}\boldsymbol{P}=\begin{pmatrix}0&0&0\\0&1&0\\0&0&-2\end{pmatrix}$.

故 $\boldsymbol{A}=\boldsymbol{P}\begin{pmatrix}0&0&0\\0&1&0\\0&0&-2\end{pmatrix}\boldsymbol{P}^{-1}$，其中 $\boldsymbol{P}^{-1}=\begin{pmatrix}6&3&-2\\-2&-1&1\\1&1&0\end{pmatrix}$.

于是可得

$$\begin{aligned}\boldsymbol{A}^n&=\boldsymbol{P}\begin{pmatrix}0&0&0\\0&1&0\\0&0&-2\end{pmatrix}^n\boldsymbol{P}^{-1}\\&=\begin{pmatrix}1&2&-1\\-1&-2&2\\1&3&0\end{pmatrix}\begin{pmatrix}0&0&0\\0&1&0\\0&0&(-2)^n\end{pmatrix}\begin{pmatrix}6&3&-2\\-2&-1&1\\1&1&0\end{pmatrix}\\&=\begin{pmatrix}-4-(-2)^n&-2-(-2)^n&2\\4-(-2)^{n+1}&2-(-2)^{n+1}&-2\\-6&-3&3\end{pmatrix}.\end{aligned}$$

由 $\boldsymbol{\alpha}_n=\boldsymbol{A}\boldsymbol{\alpha}_{n-1}$，可知 $\boldsymbol{\alpha}_n=\boldsymbol{A}^n\boldsymbol{\alpha}_0$，而 $\boldsymbol{\alpha}_0=\begin{pmatrix}x_0\\y_0\\z_0\end{pmatrix}=\begin{pmatrix}-1\\0\\2\end{pmatrix}$，所以

$$\begin{pmatrix}x_n\\y_n\\z_n\end{pmatrix}=\boldsymbol{A}^n\begin{pmatrix}x_0\\y_0\\z_0\end{pmatrix}=\begin{pmatrix}(-2)^n+8\\(-2)^{n+1}-8\\12\end{pmatrix},$$

即
$$x_n=(-2)^n+8,y_n=(-2)^{n+1}-8,z_n=12\quad(n=1,2,\cdots).$$

**试题 3**(2023 年，数二) 设矩阵 $\boldsymbol{A}$ 满足：对任意的 $x_1,x_2,x_3$ 均有

$$\boldsymbol{A}\begin{pmatrix}x_1\\x_2\\x_3\end{pmatrix}=\begin{pmatrix}x_1+x_2+x_3\\2x_1-x_2+x_3\\x_2-x_3\end{pmatrix}.$$

(1) 求 $\boldsymbol{A}$；

(2) 求可逆矩阵 $\boldsymbol{P}$ 与对角矩阵 $\boldsymbol{\Lambda}$，使得 $\boldsymbol{P}^{-1}\boldsymbol{A}\boldsymbol{P}=\boldsymbol{\Lambda}$.

**解** (1) 由 $\boldsymbol{A}\begin{pmatrix}x_1\\x_2\\x_3\end{pmatrix}=\begin{pmatrix}x_1+x_2+x_3\\2x_1-x_2+x_3\\x_2-x_3\end{pmatrix}$，得

$$\boldsymbol{A}\begin{pmatrix}x_1\\x_2\\x_3\end{pmatrix}=\begin{pmatrix}1&1&1\\2&-1&1\\0&1&-1\end{pmatrix}\begin{pmatrix}x_1\\x_2\\x_3\end{pmatrix},$$

即方程组 $\left(\boldsymbol{A}-\begin{pmatrix}1&1&1\\2&-1&1\\0&1&-1\end{pmatrix}\right)\begin{pmatrix}x_1\\x_2\\x_3\end{pmatrix}=\boldsymbol{0}$ 对任意的 $x_1,x_2,x_3$ 均成立，故

$$\boldsymbol{A}=\begin{pmatrix}1&1&1\\2&-1&1\\0&1&-1\end{pmatrix}.$$

(2) $|\boldsymbol{A}-\lambda\boldsymbol{I}|=\begin{vmatrix}1-\lambda & 1 & 1\\ 2 & -1-\lambda & 1\\ 0 & 1 & -1-\lambda\end{vmatrix}$

$$=(2+\lambda)\begin{vmatrix}1-\lambda & 0 & 1\\ 2 & 0 & -\lambda\\ 0 & 1 & -1-\lambda\end{vmatrix}$$

$$=-(2+\lambda)(\lambda-2)(\lambda+1)=0,$$

特征值为 $\lambda_1=-2,\lambda_2=2,\lambda_3=-1$.

$$\boldsymbol{A}+2\boldsymbol{I}=\begin{pmatrix}3 & 1 & 1\\ 2 & 1 & 1\\ 0 & 1 & 1\end{pmatrix}\to\begin{pmatrix}1 & 0 & 0\\ 0 & 1 & 1\\ 0 & 0 & 0\end{pmatrix},\quad \boldsymbol{\alpha}_1=\begin{pmatrix}0\\ -1\\ 1\end{pmatrix};$$

$$\boldsymbol{A}-2\boldsymbol{I}=\begin{pmatrix}-1 & 1 & 1\\ 2 & -3 & 1\\ 0 & 1 & -3\end{pmatrix}\to\begin{pmatrix}1 & 0 & -4\\ 0 & 1 & -3\\ 0 & 0 & 0\end{pmatrix},\quad \boldsymbol{\alpha}_2=\begin{pmatrix}4\\ 3\\ 1\end{pmatrix};$$

$$\boldsymbol{A}+\boldsymbol{I}=\begin{pmatrix}2 & 1 & 1\\ 2 & 0 & 1\\ 0 & 1 & 0\end{pmatrix}\to\begin{pmatrix}2 & 0 & 1\\ 0 & -1 & 0\\ 0 & 0 & 0\end{pmatrix},\quad \boldsymbol{\alpha}_3=\begin{pmatrix}-1\\ 0\\ 2\end{pmatrix}.$$

令 $\boldsymbol{P}=(\boldsymbol{\alpha}_1,\boldsymbol{\alpha}_2,\boldsymbol{\alpha}_3)=\begin{pmatrix}0 & 4 & -1\\ -1 & 3 & 0\\ 1 & 1 & 2\end{pmatrix}$,则

$$\boldsymbol{P}^{-1}\boldsymbol{AP}=\boldsymbol{\Lambda}=\begin{pmatrix}-2 & 0 & 0\\ 0 & 2 & 0\\ 0 & 0 & -1\end{pmatrix}.$$

**试题 4**(2021 年,数二,数三)　已知矩阵 $\boldsymbol{A}=\begin{pmatrix}1 & 0 & -1\\ 2 & -1 & 1\\ -1 & 2 & -5\end{pmatrix}$,若下三角可逆矩阵 $\boldsymbol{P}$ 和上三角可逆矩阵 $\boldsymbol{Q}$ 使 $\boldsymbol{PAQ}$ 为对角矩阵,则 $\boldsymbol{P},\boldsymbol{Q}$ 可分别取为(　　).

A. $\begin{pmatrix}1 & 0 & 0\\ 0 & 1 & 0\\ 0 & 0 & 1\end{pmatrix},\begin{pmatrix}1 & 0 & 1\\ 0 & 1 & 3\\ 0 & 0 & 1\end{pmatrix}$　　B. $\begin{pmatrix}1 & 0 & 0\\ 2 & -1 & 0\\ -3 & 2 & 1\end{pmatrix},\begin{pmatrix}1 & 0 & 0\\ 0 & 1 & 0\\ 0 & 0 & 1\end{pmatrix}$

C. $\begin{pmatrix}1 & 0 & 0\\ 2 & -1 & 0\\ -3 & 2 & 1\end{pmatrix},\begin{pmatrix}1 & 0 & 1\\ 0 & 1 & 3\\ 0 & 0 & 1\end{pmatrix}$　　D. $\begin{pmatrix}1 & 0 & 0\\ 0 & 1 & 0\\ 1 & 3 & 1\end{pmatrix},\begin{pmatrix}1 & 2 & -3\\ 0 & -1 & 2\\ 0 & 0 & 1\end{pmatrix}$

**解**　思路一:直接代入 C 选项矩阵,得

$$\boldsymbol{PAQ}=\begin{pmatrix}1 & 0 & 0\\ 2 & -1 & 0\\ -3 & 2 & 1\end{pmatrix}\begin{pmatrix}1 & 0 & -1\\ 2 & -1 & 1\\ -1 & 2 & -5\end{pmatrix}\begin{pmatrix}1 & 0 & 1\\ 0 & 1 & 3\\ 0 & 0 & 1\end{pmatrix}$$

$$=\begin{pmatrix}1&0&0\\2&-1&0\\-3&2&1\end{pmatrix}\begin{pmatrix}1&0&0\\2&-1&0\\-1&2&0\end{pmatrix}=\begin{pmatrix}1&0&0\\0&1&0\\0&0&0\end{pmatrix},$$

即正确选项为C.

思路二:对组合矩阵$(\boldsymbol{A},\boldsymbol{I})$实施初等变换,有

$$(\boldsymbol{A},\boldsymbol{I})=\begin{pmatrix}1&0&-1&1&0&0\\2&-1&1&0&1&0\\-1&2&-5&0&0&1\end{pmatrix}\to\begin{pmatrix}1&0&-1&1&0&0\\0&-1&3&-2&1&0\\0&2&-6&1&0&1\end{pmatrix}$$

$$\to\begin{pmatrix}1&0&-1&1&0&0\\0&1&-3&2&-1&0\\0&0&0&-3&2&1\end{pmatrix}$$

$$=(\boldsymbol{F},\boldsymbol{P}),$$

则

$$\boldsymbol{P}=\begin{pmatrix}1&0&0\\2&-1&0\\-3&2&1\end{pmatrix}.$$

类似有

$$\begin{pmatrix}\boldsymbol{F}\\\boldsymbol{I}\end{pmatrix}=\begin{pmatrix}1&0&-1\\0&1&-3\\0&0&0\\1&0&0\\0&1&0\\0&0&1\end{pmatrix}\to\begin{pmatrix}1&0&0\\0&1&0\\0&0&0\\1&0&1\\0&1&3\\0&0&1\end{pmatrix}=\begin{pmatrix}\boldsymbol{\Lambda}\\\boldsymbol{Q}\end{pmatrix},$$

故

$$\boldsymbol{Q}=\begin{pmatrix}1&0&1\\0&1&3\\0&0&1\end{pmatrix},$$

即正确选项为C.

**试题5**(2021年,数三)　设$\boldsymbol{A}=(\boldsymbol{\alpha}_1,\boldsymbol{\alpha}_2,\boldsymbol{\alpha}_3,\boldsymbol{\alpha}_4)$为四阶正交矩阵,若矩阵$\boldsymbol{B}=\begin{pmatrix}\boldsymbol{\alpha}_1^{\mathrm{T}}\\\boldsymbol{\alpha}_2^{\mathrm{T}}\\\boldsymbol{\alpha}_3^{\mathrm{T}}\end{pmatrix}$,$\boldsymbol{\beta}=\begin{pmatrix}1\\1\\1\end{pmatrix}$,$k$表示任意常数,则线性方程组$\boldsymbol{Bx}=\boldsymbol{\beta}$的通解为(　　).

A. $\boldsymbol{\alpha}_2+\boldsymbol{\alpha}_3+\boldsymbol{\alpha}_4+k\boldsymbol{\alpha}_1$　　B. $\boldsymbol{\alpha}_1+\boldsymbol{\alpha}_3+\boldsymbol{\alpha}_4+k\boldsymbol{\alpha}_2$

C. $\boldsymbol{\alpha}_1+\boldsymbol{\alpha}_2+\boldsymbol{\alpha}_4+k\boldsymbol{\alpha}_3$　　D. $\boldsymbol{\alpha}_1+\boldsymbol{\alpha}_2+\boldsymbol{\alpha}_3+k\boldsymbol{\alpha}_4$

**解**　因为$\boldsymbol{A}$为正交矩阵,所以$\boldsymbol{\alpha}_1,\boldsymbol{\alpha}_2,\boldsymbol{\alpha}_3,\boldsymbol{\alpha}_4$是一组标准正交向量组,则$r(\boldsymbol{B})=3$.

又 $B\boldsymbol{\alpha}_4=\begin{pmatrix}\boldsymbol{\alpha}_1^T\\\boldsymbol{\alpha}_2^T\\\boldsymbol{\alpha}_3^T\end{pmatrix}\boldsymbol{\alpha}_4=\mathbf{0}$,所以齐次线性方程组 $Bx=\mathbf{0}$ 有通解 $k\boldsymbol{\alpha}_4$. 而 $B(\boldsymbol{\alpha}_1+\boldsymbol{\alpha}_2+\boldsymbol{\alpha}_3)=\begin{pmatrix}\boldsymbol{\alpha}_1^T\\\boldsymbol{\alpha}_2^T\\\boldsymbol{\alpha}_3^T\end{pmatrix}(\boldsymbol{\alpha}_1+\boldsymbol{\alpha}_2+\boldsymbol{\alpha}_3)=\begin{pmatrix}1\\1\\1\end{pmatrix}=\boldsymbol{\beta}$,故线性方程组 $Bx=\boldsymbol{\beta}$ 的通解为 $x=\boldsymbol{\alpha}_1+\boldsymbol{\alpha}_2+\boldsymbol{\alpha}_3+k\boldsymbol{\alpha}_4$,其中 $k$ 为任意常数,故正确选项为 D.

**试题 6**(2021 年,数二,数三)　设矩阵 $A=\begin{pmatrix}2&1&0\\1&2&0\\1&a&b\end{pmatrix}$ 仅有两个不同的特征值. 若 $A$ 相似于对角矩阵,求 $a,b$ 的值,并求可逆矩阵 $P$,使得 $P^{-1}AP$ 为对角矩阵.

**解**　由矩阵 $A$ 的特征多项式

$$|\lambda I-A|=\begin{vmatrix}\lambda-2&-1&0\\-1&\lambda-2&0\\-1&-a&\lambda-b\end{vmatrix}=(\lambda-b)(\lambda-3)(\lambda-1),$$

得特征值为 $\lambda_1=b,\lambda_2=3,\lambda_3=1$. 又 $A$ 仅有两个不同的特征值,故 $b=3$ 或 $b=1$.

当 $b=3$ 时,由 $A$ 相似于对角矩阵可知,二重根所对应的特征值至少存在两个线性无关的特征向量,则由 $3I-A=\begin{pmatrix}1&-1&0\\-1&1&0\\-1&-a&0\end{pmatrix}$ 知 $a=-1$. 此时 $\lambda_1=\lambda_2=3$ 对应的特征向量为 $\boldsymbol{\xi}_1=\begin{pmatrix}1\\1\\0\end{pmatrix}$, $\boldsymbol{\xi}_2=\begin{pmatrix}0\\0\\1\end{pmatrix}$. 并且可得 $\lambda_3=1$ 的特征向量为 $\boldsymbol{\xi}_3=\begin{pmatrix}-1\\1\\1\end{pmatrix}$,故取 $P=\begin{pmatrix}1&0&-1\\1&0&1\\0&1&1\end{pmatrix}$ 时,可得

$$P^{-1}AP=\begin{pmatrix}3&&\\&3&\\&&1\end{pmatrix}.$$

当 $b=1$ 时,由 $A$ 相似于对角矩阵可知,二重根所对应的特征值至少存在两个线性无关的特征向量,则由 $I-A=\begin{pmatrix}-1&-1&0\\-1&-1&0\\-1&-a&0\end{pmatrix}$ 知 $a=1$. 此时 $\lambda_1=\lambda_3=1$ 对应的特征向量为 $\boldsymbol{\xi}_1=\begin{pmatrix}-1\\1\\0\end{pmatrix}$, $\boldsymbol{\xi}_2=\begin{pmatrix}0\\0\\1\end{pmatrix}$. 并且可得 $\lambda_2=3$ 的特征向量为 $\boldsymbol{\xi}_3=\begin{pmatrix}1\\1\\1\end{pmatrix}$,故取 $P=\begin{pmatrix}-1&0&1\\1&0&1\\0&1&1\end{pmatrix}$ 时,可得

$$P^{-1}AP=\begin{pmatrix}1&&\\&1&\\&&3\end{pmatrix}.$$

## 总习题 4

1. 填空题.

(1) 设向量 $\boldsymbol{x}=(1,2,3,4)^{\mathrm{T}}, \boldsymbol{y}=(1,k,-1,2)^{\mathrm{T}}$ 正交,则 $k=$______.

(2) 设 $\boldsymbol{A}=(a_{ij})$ 为三阶矩阵,$\boldsymbol{A}_{ij}$ 为其代数余子式,若 $\boldsymbol{A}$ 的每行元素之和为 2,且 $|\boldsymbol{A}|=3$,则 $\boldsymbol{A}_{11}+\boldsymbol{A}_{21}+\boldsymbol{A}_{31}=$______.

(3) 设 $\boldsymbol{A}$ 为三阶矩阵,交换 $\boldsymbol{A}$ 的第 2 行和第 3 行,再将第 2 列的 $-1$ 倍加到第 1 列,得到矩阵 $\begin{pmatrix}-2 & 1 & -1\\ 1 & -1 & 0\\ -1 & 0 & 0\end{pmatrix}$,则 $\boldsymbol{A}^{-1}$ 的迹 $\operatorname{tr}(\boldsymbol{A}^{-1})=$______.

(4) 已知三阶矩阵 $\boldsymbol{A}$ 的三个特征值为 1,2,3,则 $\boldsymbol{A}^{-1}$ 的特征值为______,$\boldsymbol{A}^2+2\boldsymbol{A}+3\boldsymbol{I}$ 的特征值为______.

2. 选择题.

(1) 设矩阵 $\boldsymbol{A}=\begin{pmatrix}0 & 0 & 1\\ 0 & 1 & 0\\ 1 & 0 & 0\end{pmatrix}$,则 $\boldsymbol{A}$ 的特征值为(　　).

A. 1,1,0　　B. $-1,1,1$　　C. 1,1,1　　D. $1,-1,-1$

(2) 设 $\boldsymbol{A},\boldsymbol{B}$ 为二阶矩阵,且 $\boldsymbol{AB}=\boldsymbol{BA}$,则"$\boldsymbol{A}$ 有两个不相等的特征值"是"$\boldsymbol{B}$ 可对角化"的(　　)

A. 充分必要条件　　B. 充分不必要条件

C. 必要不充分条件　　D. 既不充分也不必要条件

(3) 设 $\boldsymbol{A}$ 为三阶矩阵,$\boldsymbol{\Lambda}=\begin{pmatrix}1 & 0 & 0\\ 0 & -1 & 0\\ 0 & 0 & 0\end{pmatrix}$,则 $\boldsymbol{A}$ 的三个特征值为 $1,-1,0$ 的充分必要条件是(　　).

A. 存在可逆矩阵 $\boldsymbol{P},\boldsymbol{Q}$,使得 $\boldsymbol{A}=\boldsymbol{P\Lambda Q}$　　B. 存在可逆矩阵 $\boldsymbol{P}$,使得 $\boldsymbol{A}=\boldsymbol{P\Lambda P}^{-1}$

C. 存在正交矩阵 $\boldsymbol{Q}$,使得 $\boldsymbol{A}=\boldsymbol{Q\Lambda Q}^{-1}$　　D. 存在可逆矩阵 $\boldsymbol{P}$,使得 $\boldsymbol{A}=\boldsymbol{P\Lambda P}^{\mathrm{T}}$

(4) 已知 $\boldsymbol{\alpha}_1=\begin{pmatrix}1\\0\\1\end{pmatrix}, \boldsymbol{\alpha}_2=\begin{pmatrix}1\\2\\1\end{pmatrix}, \boldsymbol{\alpha}_3=\begin{pmatrix}3\\1\\2\end{pmatrix}$,记 $\boldsymbol{\beta}_1=\boldsymbol{\alpha}_1, \boldsymbol{\beta}_2=\boldsymbol{\alpha}_2-k\boldsymbol{\beta}_1, \boldsymbol{\beta}_3=\boldsymbol{\alpha}_3-l_1\boldsymbol{\beta}_1-l_2\boldsymbol{\beta}_2$,若 $\boldsymbol{\beta}_1,\boldsymbol{\beta}_2,\boldsymbol{\beta}_3$ 两两正交,则 $l_1,l_2$ 依次为(　　)

A. $\frac{5}{2},\frac{1}{2}$　　B. $-\frac{5}{2},\frac{1}{2}$　　C. $\frac{5}{2},-\frac{1}{2}$　　D. $-\frac{5}{2},-\frac{1}{2}$

(5) 设 $\boldsymbol{A}$ 为三阶矩阵,$\boldsymbol{\alpha}_1,\boldsymbol{\alpha}_2$ 为 $\boldsymbol{A}$ 属于特征值 1 的线性无关的特征向量,$\boldsymbol{\alpha}_3$ 为 $\boldsymbol{A}$ 的属于特征值 $-1$ 的特征向量,则满足 $\boldsymbol{P}^{-1}\boldsymbol{AP}=\begin{pmatrix}1 & 0 & 0\\ 0 & -1 & 0\\ 0 & 0 & 1\end{pmatrix}$ 的可逆矩阵 $\boldsymbol{P}$ 可为(　　).

A. $(\boldsymbol{\alpha}_1+\boldsymbol{\alpha}_3,\boldsymbol{\alpha}_2,-\boldsymbol{\alpha}_3)$　　B. $(\boldsymbol{\alpha}_1+\boldsymbol{\alpha}_2,\boldsymbol{\alpha}_2,-\boldsymbol{\alpha}_3)$

C. $(\boldsymbol{\alpha}_1+\boldsymbol{\alpha}_3,-\boldsymbol{\alpha}_3,\boldsymbol{\alpha}_2)$　　D. $(\boldsymbol{\alpha}_1+\boldsymbol{\alpha}_2,-\boldsymbol{\alpha}_3,\boldsymbol{\alpha}_2)$

3. 已知三阶矩阵 $\boldsymbol{A}$ 的三个特征值为 $1,-1,2$,设矩阵 $\boldsymbol{B}=\boldsymbol{A}^3-5\boldsymbol{A}^2$,试求:(1) $\boldsymbol{B}$ 的特征值;(2) $\det\boldsymbol{B}$ 及 $\det(\boldsymbol{A}-5\boldsymbol{I})$.

4. 已知三阶矩阵 $\boldsymbol{A}$ 的三个特征值为 $1,0,-1$,对应的特征向量依次为 $\boldsymbol{\xi}_1=(1,2,2)^{\mathrm{T}}$, $\boldsymbol{\xi}_2=(2,-2,1)^{\mathrm{T}}$,$\boldsymbol{\xi}_3=(-2,-1,2)^{\mathrm{T}}$,求矩阵 $\boldsymbol{A}$.

5. 判断下列矩阵能否对角化:

(1) $\boldsymbol{A}=\begin{pmatrix}1&-2&2\\-2&-2&4\\2&4&-2\end{pmatrix}$;(2) $\boldsymbol{A}=\begin{pmatrix}2&0&0\\0&0&1\\0&1&a\end{pmatrix}\left(a\neq\dfrac{3}{2}\right)$;

(3) $\boldsymbol{A}=\begin{pmatrix}2&-1&2\\5&-3&3\\-1&0&-2\end{pmatrix}$.

6. 设 $\boldsymbol{\alpha}_1,\boldsymbol{\alpha}_2,\boldsymbol{\alpha}_3$ 为一组标准正交向量组,试证:

$$\boldsymbol{\beta}_1=\frac{1}{3}(2\boldsymbol{\alpha}_1+2\boldsymbol{\alpha}_2-\boldsymbol{\alpha}_3),\quad \boldsymbol{\beta}_2=\frac{1}{3}(2\boldsymbol{\alpha}_1-\boldsymbol{\alpha}_2+2\boldsymbol{\alpha}_3),\quad \boldsymbol{\beta}_3=\frac{1}{3}(\boldsymbol{\alpha}_1-2\boldsymbol{\alpha}_2-2\boldsymbol{\alpha}_3)$$

也是标准正交向量组.

7. (1) 设线性无关向量的向量 $\boldsymbol{\alpha}_1=(1,1,1,1)^{\mathrm{T}}$,$\boldsymbol{\alpha}_2=(3,3,-1,-1)^{\mathrm{T}}$,$\boldsymbol{\alpha}_3=(-2,0,6,8)^{\mathrm{T}}$,试将 $\boldsymbol{\alpha}_1,\boldsymbol{\alpha}_2,\boldsymbol{\alpha}_3$ 正交化.

(2) 设线性无关的向量组 $\boldsymbol{\alpha}_1^{\mathrm{T}}=(1,1,1,1)$,$\boldsymbol{\alpha}_2^{\mathrm{T}}=(1,-2,-3,-4)$,$\boldsymbol{\alpha}_3^{\mathrm{T}}=(1,2,2,3)$,试求与 $\boldsymbol{\alpha}_1,\boldsymbol{\alpha}_2,\boldsymbol{\alpha}_3$ 等价的标准正交向量组.

8. 设三阶实对称矩阵 $\boldsymbol{A}$ 的特征值为 $1,2,3$,矩阵 $\boldsymbol{A}$ 的属于特征值 $1,2$ 的特征向量分别为 $\boldsymbol{x}_1=(-1,-1,1)^{\mathrm{T}}$,$\boldsymbol{x}_2=(1,-2,-1)^{\mathrm{T}}$. 求:(1) $\boldsymbol{A}$ 的属于特征值 3 的特征向量;(2) 矩阵 $\boldsymbol{A}$.

9. 设 $\boldsymbol{\alpha},\boldsymbol{\beta}$ 为三维单位向量,且 $\boldsymbol{\alpha}^{\mathrm{T}}\boldsymbol{\beta}=0$,令 $\boldsymbol{A}=\boldsymbol{\alpha}\boldsymbol{\beta}^{\mathrm{T}}+\boldsymbol{\beta}\boldsymbol{\alpha}^{\mathrm{T}}$,证明:$\boldsymbol{A}$ 与 $\begin{pmatrix}1&0&0\\0&-1&0\\0&0&0\end{pmatrix}$ 相似.

10. 设三阶实对称矩阵 $\boldsymbol{A}$ 的特征值 $\lambda_1=1,\lambda_2=2,\lambda_3=-2$,$\boldsymbol{\alpha}_1=(1,-1,1)^{\mathrm{T}}$ 是 $\boldsymbol{A}$ 的属于 $\lambda_1$ 的一个特征向量. 记 $\boldsymbol{B}=\boldsymbol{A}^5-4\boldsymbol{A}^3+\boldsymbol{I}$,其中 $\boldsymbol{I}$ 为三阶单位矩阵.

(1) 验证 $\boldsymbol{\alpha}_1$ 是 $\boldsymbol{B}$ 的特征向量,并求出 $\boldsymbol{B}$ 的全部特征值与特征向量;(2) 求矩阵 $\boldsymbol{B}$.

11. 设矩阵 $\boldsymbol{A}=\begin{pmatrix}a&-1&c\\5&b&3\\1-c&0&-a\end{pmatrix}$,其行列式 $|\boldsymbol{A}|=-1$,$\boldsymbol{A}^*$ 有一个特征值 $\lambda_0$,属于 $\lambda_0$ 的特征向量为 $\boldsymbol{\alpha}=(-1,-1,1)^{\mathrm{T}}$, 求 $a,b,c$ 及 $\lambda_0$ 的值.

12. 设三阶实对称矩阵 $\boldsymbol{A}$ 的各行元素之和均为 3,向量 $\boldsymbol{\alpha}_1=(-1,2,-1)^{\mathrm{T}}$, $\boldsymbol{\alpha}_2=(0,-1,1)^{\mathrm{T}}$ 是线性方程组 $\boldsymbol{A}\boldsymbol{x}=\boldsymbol{0}$ 的两个解,求:(1) $\boldsymbol{A}$ 的全部特征值和特征向量;(2) 正交矩阵 $\boldsymbol{T}$ 和对角矩阵 $\boldsymbol{\Lambda}$,使得 $\boldsymbol{T}^{-1}\boldsymbol{A}\boldsymbol{T}=\boldsymbol{\Lambda}$.

## 拓展阅读

### 向　量

向量又称为矢量,最初被应用于物理学.很多物理量如力、速度、位移以及电场强度、磁感应强度等都是向量.

大约公元前 350 年,古希腊著名学者亚里士多德就知道了力可以表示成向量,两个力的组合作用可用著名的平行四边形法则来得到."向量"一词来自力学、解析几何中的有向线段.最先使用有向线段表示向量的是英国科学家牛顿.调查表明,一般日常生活中使用的向量是一种带几何性质的量,除零向量外,总可以画出箭头表示方向.但是在高等数学中还有更广泛的向量.例如,把所有实系数多项式的全体看成一个多项式空间,这里的多项式都可看成向量.在这种情况下,要找出起点和终点,甚至画出箭头表示方向是办不到的.这种空间中的向量比几何中的向量要广泛得多,可以是任意数学对象或物理对象,这样就可以指导线性代数方法应用到广阔的自然科学领域中去了.因此,向量空间的概念,已成了数学中最基本的概念和线性代数的中心内容,它的理论和方法在自然科学的各领域中得到了广泛的应用.而向量及其线性运算也为"向量空间"这一抽象的概念提供了一个具体的模型.

从数学发展史来看,历史上很长一段时间,空间的向量结构并未被数学家们所认识,直到 19 世纪末 20 世纪初,人们才把空间的性质与向量运算联系起来,使向量成为具有一套优良运算通性的数学体系.向量进入数学并得到发展的阶段是 18 世纪末期,挪威测量学家韦塞尔首次利用坐标平面上的点来表示复数,并利用具有几何意义的复数运算来定义向量的运算.把坐标平面上的点用向量表示出来,并把向量的几何表示用于研究几何问题与三角问题.

三维向量分析的开创,以及三维向量同四元数的正式分裂,是居伯斯和海维塞德于 19 世纪 80 年代各自独立完成的.从此,向量的方法被引进到分析和解析几何中来,并逐步完善,成为一套优良的数学工具.

# 第5章 二 次 型

## 知识目标

(1) 了解二次型的矩阵、标准形等概念,掌握用配方法化二次型为标准形,掌握用正交变换化二次型为标准形的方法.

(2) 了解正交矩阵的概念,熟悉判定一个矩阵是否正定的方法,了解正定矩阵的若干判定条件及证明有关正定性问题.

## 能力目标

(1) 明确二次型与平面内的二次曲线(椭圆、双曲线、抛物线)、空间内的二次曲面(椭球面、双曲面、抛物面)的对应关系,会通过线性变换将一般二次型化为标准形从而研究其性质.

(2) 培养学生的软件应用能力,会用 MATLAB 软件求解二次型的标准形,提升学生的信息技术应用能力.

## 素质目标

(1) 教学中可布置二次型化简问题让学生采取小组分工合作的方式完成,培养学生团队意识和沟通能力.

(2) 教学中鼓励学生探索二次型在不同领域的新应用,激发学生的创新思维,培养学生的创新精神.

二次型的理论起源于解析几何中化二次曲线、二次曲面的方程为只含有平方项的标准形问题,它是许多数学分支的理论基础,在物理学、力学和工程技术等领域有着广泛的应用.

在解析几何中，为了便于研究二次曲线

$$ax^2+2bxy+cy^2=1 \tag{5.1}$$

的几何性质，可以选择适当的坐标旋转变换

$$\begin{cases} x=x'\cos\theta-y'\sin\theta, \\ y=x'\sin\theta+y'\cos\theta, \end{cases}$$

把方程化为标准形式

$$px'^2+qy'^2=1.$$

现在来讨论这类问题的一般情况. 方程(5.1)的左边是一个二次齐次多项式，含有平方项和交叉项. 将它化为标准形的过程，实际上是通过变量的线性变换，将这个二次齐次多项式化简为只含有平方项的过程. 通过将二次齐次多项式化为标准形，可以更好地研究其性质. 以下来讨论 $n$ 个变量的二次齐次多项式的化简问题.

## 5.1 二次型及其矩阵表示

### 5.1.1 二次型的概念

**定义 1** 含有 $n$ 个变量 $x_1,x_2,\cdots,x_n$ 的二次齐次多项式

$$\begin{aligned} f(x_1,x_2,\cdots,x_n)=&a_{11}x_1^2+2a_{12}x_1x_2+2a_{13}x_1x_3+\cdots+2a_{1n}x_1x_n \\ &+a_{22}x_2^2+2a_{23}x_2x_3+\cdots+2a_{2n}x_2x_n+\cdots+a_{nn}x_n^2 \end{aligned} \tag{5.2}$$

称为 $n$ 元二次型，简称二次型.

如果二次型的系数 $a_{ij}$ 为复数，则称之为复二次型；如果二次型的系数 $a_{ij}$ 为实数，则称之为实二次型. 本书只讨论实二次型，并且各变量也在实数范围内取值.

例如，下列二(三)元多项式都是二次型：

$$f(x,y)=x^2+5xy-3y^2;$$

$$f(x_1,x_2,x_3)=x_1^2+2x_1x_3+x_2^2-x_3^2;$$

$$f(x_1,x_2,x_3)=x_1x_2+3x_1x_3+5x_2x_3.$$

而下列二(三)元多项式都不是二次型：

$$f(x,y)=x^2+5xy-y^2+2;$$

$$f(x_1,x_2,x_3)=x_1^2+x_1x_2+x_2^2+3x_1.$$

因为 $x_ix_j=x_jx_i$，令

$$a_{ji}=a_{ij}\quad(i<j),$$

则有 $2a_{ij}x_ix_j=a_{ij}x_ix_j+a_{ji}x_jx_i$，于是二次型(5.2)可以写成

$$\begin{aligned} f(x_1,x_2,\cdots,x_n)=&\ a_{11}x_1^2+a_{12}x_1x_2+a_{13}x_1x_3+\cdots+a_{1n}x_1x_n \\ &+a_{21}x_2x_1+a_{22}x_2^2+a_{23}x_2x_3+\cdots+a_{2n}x_2x_n \\ &+\cdots \\ &+a_{n1}x_nx_1+a_{n2}x_nx_2+\cdots+a_{nn}x_n^2 \end{aligned}$$

$$= \sum_{i=1}^{n} \sum_{j=1}^{n} a_{ij} x_i x_j. \tag{5.3}$$

把式(5.3)的系数排成一个矩阵

$$A = \begin{pmatrix} a_{11} & a_{12} & \cdots & a_{1n} \\ a_{21} & a_{22} & \cdots & a_{2n} \\ \vdots & \vdots & & \vdots \\ a_{n1} & a_{n2} & \cdots & a_{nn} \end{pmatrix},$$

称之为二次型(5.2)的矩阵,矩阵 $\boldsymbol{A}$ 的秩称为二次型(5.2)的秩,记作 $r(f)$.

若令 $\boldsymbol{x} = \begin{pmatrix} x_1 \\ x_2 \\ \vdots \\ x_n \end{pmatrix}$,则二次型(5.2)就可以用矩阵的乘积表示.因为

$$\boldsymbol{x}^{\mathrm{T}} \boldsymbol{A} \boldsymbol{x} = (x_1, x_2, \cdots, x_n) \begin{pmatrix} a_{11} & a_{12} & \cdots & a_{1n} \\ a_{21} & a_{22} & \cdots & a_{2n} \\ \vdots & \vdots & & \vdots \\ a_{n1} & a_{n2} & \cdots & a_{nn} \end{pmatrix} \begin{pmatrix} x_1 \\ x_2 \\ \vdots \\ x_n \end{pmatrix}$$

$$= (x_1, x_2, \cdots, x_n) \begin{pmatrix} \sum_{j=1}^{n} a_{1j} x_j \\ \sum_{j=1}^{n} a_{2j} x_j \\ \vdots \\ \sum_{j=1}^{n} a_{nj} x_j \end{pmatrix}$$

$$= \sum_{i=1}^{n} \sum_{j=1}^{n} a_{ij} x_i x_j,$$

所以

$$f(x_1, x_2, \cdots, x_n) = \boldsymbol{x}^{\mathrm{T}} \boldsymbol{A} \boldsymbol{x}. \tag{5.4}$$

式(5.4)称为二次型(5.2)的矩阵表示形式.

**注**　(1) 由 $a_{ij} = a_{ji}$ 知,二次型的矩阵 $\boldsymbol{A}$ 一定是对称矩阵.

(2) 二次型与它的矩阵之间存在一一对应关系,即给定一个 $n$ 元二次型,就有相对应的一个 $n$ 阶对称矩阵;反之,给定一个 $n$ 阶对称矩阵,就有唯一一个 $n$ 元二次型.

**例 1**　求二次型 $f(x_1, x_2, x_3) = x_1^2 + 2x_2^2 - 3x_3^2 + 8x_1x_2 + 12x_2x_3$ 的矩阵.

**解**　所求矩阵为

$$\boldsymbol{A} = \begin{pmatrix} 1 & 4 & 0 \\ 4 & 2 & 6 \\ 0 & 6 & -3 \end{pmatrix}.$$

**例 2** 求对称矩阵

$$A=\begin{pmatrix} -2 & \sqrt{3} & \frac{1}{2} \\ \sqrt{3} & 1 & 2 \\ \frac{1}{2} & 2 & -1 \end{pmatrix}$$

对应的二次型.

**解** 矩阵 $\boldsymbol{A}$ 所对应的二次型为

$$f(x_1,x_2,x_3)=-2x_1^2+x_2^2-x_3^2+2\sqrt{3}x_1x_2+x_1x_3+4x_2x_3.$$

**例 3** 写出二次型 $f(x_1,x_2,\cdots,x_n)=a_1x_1^2+a_2x_2^2+\cdots+a_nx_n^2$ 的矩阵表示形式.

**解** $f(x_1,x_2,\cdots,x_n)=(x_1,x_2,\cdots,x_n)\begin{pmatrix} a_1 & & & \\ & a_2 & & \\ & & \ddots & \\ & & & a_n \end{pmatrix}\begin{pmatrix} x_1 \\ x_2 \\ \vdots \\ x_n \end{pmatrix}.$

**注** 由本例可看出,若二次型中只含有平方项,则其矩阵为对角矩阵.

### 5.1.2 矩阵的合同

**定义 2** 设 $x_1,x_2,\cdots,x_n;y_1,y_2,\cdots,y_n$ 是两组变量,关系式

$$\begin{cases} x_1=c_{11}y_1+c_{12}y_2+\cdots+c_{1n}y_n, \\ x_2=c_{21}y_1+c_{22}y_2+\cdots+c_{2n}y_n, \\ \quad\vdots \\ x_n=c_{n1}y_1+c_{n2}y_2+\cdots+c_{nn}y_n \end{cases} \tag{5.5}$$

称为由变量 $x_1,x_2,\cdots,x_n$ 到变量 $y_1,y_2,\cdots,y_n$ 的线性变换,并简记为 $\boldsymbol{x}=\boldsymbol{C}\boldsymbol{y}$. 其中,系数矩阵

$$C=\begin{pmatrix} c_{11} & c_{12} & \cdots & c_{1n} \\ c_{21} & c_{22} & \cdots & c_{2n} \\ \vdots & \vdots & & \vdots \\ c_{n1} & c_{n2} & \cdots & c_{nn} \end{pmatrix}$$

称为线性变换矩阵. 如果 $\boldsymbol{C}$ 可逆,则称线性变换(5.5)是可逆线性变换;如果 $\boldsymbol{C}$ 是正交矩阵,则称线性变换(5.5)是正交变换.

若令

$$\boldsymbol{x}=\begin{pmatrix} x_1 \\ x_2 \\ \vdots \\ x_n \end{pmatrix},\quad \boldsymbol{y}=\begin{pmatrix} y_1 \\ y_2 \\ \vdots \\ y_n \end{pmatrix},$$

则线性变换(5.5)就可以表示成

$$\boldsymbol{x}=\boldsymbol{C}\boldsymbol{y}. \tag{5.6}$$

把式(5.5)代入式(5.2),就可得到一个关于 $y_1, y_2, \cdots y_n$ 的二次齐次多项式,也就是说,线性变换把二次型变成二次型. 于是就可以讨论如何利用合适的线性变换把二次型变简单些. 本章就要讨论一个二次型如何经过可逆线性变换变为平方和形式.

一个二次型经过可逆线性变换变成一个新的二次型,那么原来的二次型与新的二次型之间有什么关系呢? 下面利用二次型的矩阵进行讨论.

设 $f(x_1, x_2, \cdots, x_n) = \boldsymbol{x}^{\mathrm{T}}\boldsymbol{A}\boldsymbol{x}$ 为二次型,作可逆线性变换 $\boldsymbol{x} = \boldsymbol{C}\boldsymbol{y}$. 代入得

$$f(x_1, x_2, \cdots, x_n) = \boldsymbol{x}^{\mathrm{T}}\boldsymbol{A}\boldsymbol{x} = (\boldsymbol{C}\boldsymbol{y})^{\mathrm{T}}\boldsymbol{A}(\boldsymbol{C}\boldsymbol{y}) = \boldsymbol{y}^{\mathrm{T}}(\boldsymbol{C}^{\mathrm{T}}\boldsymbol{A}\boldsymbol{C})\boldsymbol{y}.$$

由于 $(\boldsymbol{C}^{\mathrm{T}}\boldsymbol{A}\boldsymbol{C})^{\mathrm{T}} = \boldsymbol{C}^{\mathrm{T}}\boldsymbol{A}^{\mathrm{T}}(\boldsymbol{C}^{\mathrm{T}})^{\mathrm{T}} = \boldsymbol{C}^{\mathrm{T}}\boldsymbol{A}\boldsymbol{C}$,故 $\boldsymbol{C}^{\mathrm{T}}\boldsymbol{A}\boldsymbol{C}$ 还是一个对称矩阵,$\boldsymbol{y}^{\mathrm{T}}(\boldsymbol{C}^{\mathrm{T}}\boldsymbol{A}\boldsymbol{C})\boldsymbol{y}$ 是关于 $y_1, y_2, \cdots, y_n$ 的二次型,显然其对应的矩阵为 $\boldsymbol{C}^{\mathrm{T}}\boldsymbol{A}\boldsymbol{C}$.

关于 $\boldsymbol{A}$ 与 $\boldsymbol{C}^{\mathrm{T}}\boldsymbol{A}\boldsymbol{C}$ 的关系,给定下列定义.

**定义 3**　设 $\boldsymbol{A}, \boldsymbol{B}$ 为两个 $n$ 阶矩阵,如果存在 $n$ 阶可逆矩阵 $\boldsymbol{C}$,使得 $\boldsymbol{C}^{\mathrm{T}}\boldsymbol{A}\boldsymbol{C} = \boldsymbol{B}$,则称矩阵 $\boldsymbol{A}$ 合同于矩阵 $\boldsymbol{B}$,或称 $\boldsymbol{A}$ 与 $\boldsymbol{B}$ 合同,记作 $\boldsymbol{A} \simeq \boldsymbol{B}$.

**注**　在定义两个矩阵合同时,并不要求它们是对称矩阵. 但在实际中,往往针对对称矩阵研究合同关系. 由前面讨论可知,对称性在合同关系下保持不变.

矩阵的合同具有以下性质:

(1) 自反性:$\forall \boldsymbol{A}, \boldsymbol{A} \simeq \boldsymbol{A}$;

(2) 对称性:若 $\boldsymbol{A} \simeq \boldsymbol{B}$,则 $\boldsymbol{B} \simeq \boldsymbol{A}$;

(3) 传递性:若 $\boldsymbol{A} \simeq \boldsymbol{B}, \boldsymbol{B} \simeq \boldsymbol{C}$,则 $\boldsymbol{A} \simeq \boldsymbol{C}$.

**注**　(1) 若 $\boldsymbol{A} \simeq \boldsymbol{B}$,即 $\boldsymbol{B} = \boldsymbol{C}^{\mathrm{T}}\boldsymbol{A}\boldsymbol{C}$,则 $|\boldsymbol{B}| = |\boldsymbol{C}|^2|\boldsymbol{A}|$,故 $\boldsymbol{A}$ 与 $\boldsymbol{B}$ 有相同的可逆性.

(2) 若 $\boldsymbol{A} \simeq \boldsymbol{B}$,即 $\boldsymbol{B} = \boldsymbol{C}^{\mathrm{T}}\boldsymbol{A}\boldsymbol{C}$,故 $r(\boldsymbol{B}) = r(\boldsymbol{C}^{\mathrm{T}}\boldsymbol{A}\boldsymbol{C}) = r(\boldsymbol{A})$.

(3) 矩阵之间的合同关系与矩阵之间的相似关系是两种不同的关系. 合同关系一般讨论对称矩阵之间的关系,但即使是对称矩阵,也能找到合同但不相似的矩阵及相似而不合同的矩阵.

例如,$\boldsymbol{A} = \begin{pmatrix} 1 & 0 \\ 0 & 1 \end{pmatrix}, \boldsymbol{B} = \begin{pmatrix} 1 & 0 \\ 0 & 4 \end{pmatrix}$,存在可逆矩阵 $\boldsymbol{C} = \begin{pmatrix} 1 & 0 \\ 0 & 2 \end{pmatrix}$,使得 $\boldsymbol{B} = \boldsymbol{C}^{\mathrm{T}}\boldsymbol{A}\boldsymbol{C}$,故 $\boldsymbol{B}$ 与 $\boldsymbol{A}$ 合同,但它们的特征值不相等,因此 $\boldsymbol{A}$ 与 $\boldsymbol{B}$ 不相似.

## 习题 5.1

1. 判断下列各式是不是二次型:

(1) $f_1 = x_1^2 + 4x_1x_2 + 2x_2^2 + 4x_2x_3 + 3x_3^2$;

(2) $f_2 = x_1^2 + \sqrt{x_1x_2} + 2x_2^2 + 4x_3^2$;

(3) $f_3 = x_1x_2 + x_2x_3 + x_3x_1$.

2. 把下列二次型用矩阵的形式表示:

(1) $f_1 = x_1^2 + 6x_1x_2 + 4x_2^2$;

(2) $f_2 = x_1^2 + 4x_1x_2 + 2x_2^2 + 4x_2x_3 + 3x_3^2$;

(3) $f_3 = -x_1^2 - 3x_2^2 - 11x_3^2 + 2x_1x_2 - 4x_2x_3 - 2x_1x_3$.

3. 求下列二次型所对应的矩阵：

(1) $f_1=2x_1^2+x_2^2-4x_1x_2-4x_2x_3$；

(2) $f_2=(a_1x_1+a_2x_2+a_3x_3)^2$.

4. 已知二次型 $f(x_1,x_2,x_3)=5x_1^2+5x_2^2+cx_3^2-2x_1x_2+6x_1x_3-6x_2x_3$，其秩为 2，求 $c$ 的值.

## 5.2 二次型的标准形

二次型的基本问题就是如何通过可逆线性变换把二次型化为只含有平方项的二次型.

**定义 4** 若二次型 $f(x_1,x_2,\cdots x_n)=\boldsymbol{x}^{\mathrm{T}}\boldsymbol{A}\boldsymbol{x}$ 经过可逆线性变换 $\boldsymbol{x}=\boldsymbol{C}\boldsymbol{y}$，变成平方和 $\boldsymbol{y}^{\mathrm{T}}\boldsymbol{B}\boldsymbol{y}=\boldsymbol{y}^{\mathrm{T}}(\boldsymbol{C}^{\mathrm{T}}\boldsymbol{A}\boldsymbol{C})\boldsymbol{y}=d_1y_1^2+d_2y_2^2+\cdots+d_ny_n^2$ 的形式，则称 $\boldsymbol{y}^{\mathrm{T}}\boldsymbol{B}\boldsymbol{y}$ 是二次型 $\boldsymbol{x}^{\mathrm{T}}\boldsymbol{A}\boldsymbol{x}$ 的标准形.

把二次型化为标准形的实质就是要寻找可逆矩阵 $\boldsymbol{C}$，使二次型 $\boldsymbol{x}^{\mathrm{T}}\boldsymbol{A}\boldsymbol{x}$ 的矩阵 $\boldsymbol{A}$ 变为与其合同的对角矩阵 $\boldsymbol{B}$.

下面介绍三种将二次型化为标准形的方法.

### 5.2.1 配方法

**定理 1** 任意一个二次型都可以经过可逆线性变换化为标准形.

证明从略.

配方法化二次型为标准形的具体步骤如下.

(1) 若二次型含有 $x_i$ 的平方项，则先把含有 $x_i$ 的乘积项集中，然后配方，再对其余的变量重复上述过程，直到所有变量都配成平方项为止. 经过可逆线性变换，就得到标准形.

(2) 若二次型不含有平方项，但是 $a_{ij}\neq 0(i\neq j)$，则先作可逆线性变换

$$\begin{cases}x_i=y_i-y_j,\\ x_j=y_i+y_j, \quad (k=1,2\cdots,n \text{ 且 } k\neq i,j),\\ x_k=y_k,\end{cases}$$

化二次型为含有平方项的二次型，然后按步骤(1)中的方法配方.

**例 4** 化二次型 $f(x_1,x_2,x_3)=x_1^2+2x_2^2+2x_3^2-2x_1x_2+4x_1x_3-6x_2x_3$ 为标准形，并求出所作的可逆线性变换.

**解**

$$\begin{aligned}f(x_1,x_2,x_3)&=x_1^2+2x_2^2+2x_3^2-2x_1x_2+4x_1x_3-6x_2x_3\\&=x_1^2+2x_1(-x_2+2x_3)+(-x_2+2x_3)^2\\&\quad-(-x_2+2x_3)^2+2x_2^2+2x_3^2-6x_2x_3\\&=(x_1-x_2+2x_3)^2+x_2^2-2x_3^2-2x_2x_3\\&=(x_1-x_2+2x_3)^2+(x_2-x_3)^2-3x_3^2.\end{aligned}$$

令

$$\begin{cases}y_1=x_1-x_2+2x_3,\\ y_2=x_2-x_3,\\ y_3=x_3,\end{cases}$$

即

$$\begin{cases} x_1 = y_1 + y_2 - y_3, \\ x_2 = y_2 + y_3, \\ x_3 = y_3, \end{cases}$$

于是标准形为

$$f = y_1^2 + y_2^2 - 3y_3^2,$$

所作的线性变换为

$$\begin{pmatrix} x_1 \\ x_2 \\ x_3 \end{pmatrix} = \begin{pmatrix} 1 & 1 & -1 \\ 0 & 1 & 1 \\ 0 & 0 & 1 \end{pmatrix} \begin{pmatrix} y_1 \\ y_2 \\ y_3 \end{pmatrix}.$$

线性变换矩阵 $\boldsymbol{C} = \begin{pmatrix} 1 & 1 & -1 \\ 0 & 1 & 1 \\ 0 & 0 & 1 \end{pmatrix}$，其行列式 $|\boldsymbol{C}| = 1 \neq 0$，故以上线性变换为可逆线性变换.

**例 5**　化二次型

$$f(x_1, x_2, x_3) = 2x_1x_2 + 3x_1x_3 - x_2x_3$$

为标准形，并求出所作的可逆线性变换.

**解**　由于所给的二次型中不含平方项，所以令

$$\begin{cases} x_1 = y_1 + y_2, \\ x_2 = y_1 - y_2, \\ x_3 = y_3, \end{cases}$$

即

$$\begin{pmatrix} x_1 \\ x_2 \\ x_3 \end{pmatrix} = \begin{pmatrix} 1 & 1 & 0 \\ 1 & -1 & 0 \\ 0 & 0 & 1 \end{pmatrix} \begin{pmatrix} y_1 \\ y_2 \\ y_3 \end{pmatrix},$$

代入 $f = 2x_1x_2 + 3x_1x_3 - x_2x_3$，得

$$\begin{aligned} f &= 2(y_1^2 - y_2^2) + 3(y_1 + y_2)y_3 - (y_1 - y_2)y_3 \\ &= 2y_1^2 + 2y_1y_3 - 2y_2^2 + 4y_2y_3 \\ &= 2\left(y_1 + \frac{1}{2}y_3\right)^2 - \frac{1}{2}y_3^2 - 2y_2^2 + 4y_2y_3 \\ &= 2\left(y_1 + \frac{1}{2}y_3\right)^2 - 2(y_2 - y_3)^2 + \frac{3}{2}y_3^2. \end{aligned}$$

令

$$\begin{cases} z_1 = y_1 + \frac{1}{2}y_3, \\ z_2 = y_2 - y_3, \\ z_3 = y_3, \end{cases}$$

即

$$\begin{cases} y_1 = z_1 - \frac{1}{2}z_3, \\ y_2 = z_2 + z_3, \\ y_3 = z_3, \end{cases}$$

也即

$$\begin{pmatrix} y_1 \\ y_2 \\ y_3 \end{pmatrix} = \begin{pmatrix} 1 & 0 & -\frac{1}{2} \\ 0 & 1 & 1 \\ 0 & 0 & 1 \end{pmatrix} \begin{pmatrix} z_1 \\ z_2 \\ z_3 \end{pmatrix}$$

于是标准形为

$$f = 2z_1^2 - 2z_2^2 + \frac{3}{2}z_3^2,$$

所作的线性变换为连续两次线性变换的结果，即

$$\begin{pmatrix} x_1 \\ x_2 \\ x_3 \end{pmatrix} = \begin{pmatrix} 1 & 1 & 0 \\ 1 & -1 & 0 \\ 0 & 0 & 1 \end{pmatrix} \begin{pmatrix} 1 & 0 & -\frac{1}{2} \\ 0 & 1 & 1 \\ 0 & 0 & 1 \end{pmatrix} \begin{pmatrix} z_1 \\ z_2 \\ z_3 \end{pmatrix} = \begin{pmatrix} 1 & 1 & \frac{1}{2} \\ 1 & -1 & -\frac{3}{2} \\ 0 & 0 & 1 \end{pmatrix} \begin{pmatrix} z_1 \\ z_2 \\ z_3 \end{pmatrix}.$$

线性变换的矩阵 $\boldsymbol{C} = \begin{pmatrix} 1 & 1 & \frac{1}{2} \\ 1 & -1 & -\frac{3}{2} \\ 0 & 0 & 1 \end{pmatrix}$，其行列式 $|\boldsymbol{C}| = -2 \neq 0$，故以上线性变换为可逆线性变换.

由于二次型与对称矩阵是一一对应的，所以定理 1 用矩阵的语言叙述如下：

**定理 2** 任一实对称矩阵都与一个对角矩阵合同，即对任一实对称矩阵 $\boldsymbol{A}$，都存在可逆矩阵 $\boldsymbol{C}$，使 $\boldsymbol{C}^{\mathrm{T}}\boldsymbol{A}\boldsymbol{C} = \boldsymbol{B}$ 为对角矩阵.

### 5.2.2 初等变换法

用配方法化二次型为标准形往往比较麻烦，求所用的可逆线性变换即相对应的可逆矩阵 $\boldsymbol{C}$ 也比较麻烦. 现在介绍的初等变换法就是要借助矩阵方法的优越性，利用初等行变换与初等矩阵的概念简化运算过程，直接求出可逆矩阵 $\boldsymbol{C}$.

设有可逆线性变换 $\boldsymbol{x} = \boldsymbol{C}\boldsymbol{y}$，它把二次型 $\boldsymbol{x}^{\mathrm{T}}\boldsymbol{A}\boldsymbol{x}$ 化为标准形 $\boldsymbol{y}^{\mathrm{T}}\boldsymbol{B}\boldsymbol{y}$，则 $\boldsymbol{C}^{\mathrm{T}}\boldsymbol{A}\boldsymbol{C} = \boldsymbol{B}$（其中 $\boldsymbol{B}$ 为对角矩阵）. 已知任一可逆矩阵均可表示为若干个初等矩阵的乘积，故存在初等矩阵 $\boldsymbol{P}_1, \boldsymbol{P}_2, \cdots, \boldsymbol{P}_s$，使 $\boldsymbol{C} = \boldsymbol{P}_1\boldsymbol{P}_2\cdots\boldsymbol{P}_s$，于是

$$\boldsymbol{C}^{\mathrm{T}}\boldsymbol{A}\boldsymbol{C} = \boldsymbol{P}_s^{\mathrm{T}}\cdots\boldsymbol{P}_2^{\mathrm{T}}\boldsymbol{P}_1^{\mathrm{T}}\boldsymbol{A}\boldsymbol{P}_1\boldsymbol{P}_2\cdots\boldsymbol{P}_s = \boldsymbol{B} \quad (\text{对角矩阵}).$$

又 $\boldsymbol{C} = \boldsymbol{P}_1\boldsymbol{P}_2\cdots\boldsymbol{P}_s = \boldsymbol{I}\boldsymbol{P}_1\boldsymbol{P}_2\cdots\boldsymbol{P}_s$（即如果将使 $\boldsymbol{A}$ 合同变换为对角矩阵所作的一系列初等列变换同样施加于单位矩阵 $\boldsymbol{I}$，就得到可逆矩阵 $\boldsymbol{C}$）.

由此可见，对 $2n\times n$ 矩阵 $\begin{pmatrix}\boldsymbol{A}\\\boldsymbol{I}\end{pmatrix}$ 施以相应于右乘 $\boldsymbol{P}_1\boldsymbol{P}_2\cdots\boldsymbol{P}_s$ 的初等列变换，再对 $\boldsymbol{A}$ 施以相应于左乘 $\boldsymbol{P}_1^{\mathrm{T}}\boldsymbol{P}_2^{\mathrm{T}}\cdots\boldsymbol{P}_s^{\mathrm{T}}$ 的初等行变换，则矩阵 $\boldsymbol{A}$ 变为与之合同的对角矩阵，而单位矩阵 $\boldsymbol{I}$ 就变为所要求的可逆矩阵 $\boldsymbol{C}$.

**注**　对矩阵 $\begin{pmatrix}\boldsymbol{A}\\\boldsymbol{I}\end{pmatrix}$ 的初等行(列)变换必须成对施行，这样就能保证 $\boldsymbol{A}$ 与对角矩阵合同.

**例 6**　用初等变换法将例 4 中的二次型

$$f(x_1,x_2,x_3)=x_1^2+2x_2^2+2x_3^2-2x_1x_2+4x_1x_3-6x_2x_3$$

化为标准形，并求所作的可逆线性变换的矩阵.

**解**　二次型的矩阵为

$$\boldsymbol{A}=\begin{pmatrix}1&-1&2\\-1&2&-3\\2&-3&2\end{pmatrix},$$

$$\begin{pmatrix}\boldsymbol{A}\\\boldsymbol{I}\end{pmatrix}=\begin{pmatrix}1&-1&2\\-1&2&-3\\2&-3&2\\1&0&0\\0&1&0\\0&0&1\end{pmatrix}\xrightarrow[c_3-2c_1]{c_2+c_1}\begin{pmatrix}1&0&0\\-1&1&-1\\2&-1&-2\\1&1&-2\\0&1&0\\0&0&1\end{pmatrix}\xrightarrow[r_3-2r_1]{r_2+r_1}\begin{pmatrix}1&0&0\\0&1&-1\\0&-1&-2\\1&1&-2\\0&1&0\\0&0&1\end{pmatrix}$$

$$\xrightarrow{c_3+c_2}\begin{pmatrix}1&0&0\\0&1&0\\0&-1&-3\\1&1&-1\\0&1&1\\0&0&1\end{pmatrix}\xrightarrow{r_3+r_2}\begin{pmatrix}1&0&0\\0&1&0\\0&0&-3\\1&1&-1\\0&1&1\\0&0&1\end{pmatrix},$$

故可逆线性变换的矩阵为

$$\boldsymbol{C}=\begin{pmatrix}1&1&-1\\0&1&1\\0&0&1\end{pmatrix},$$

令 $\begin{cases}x_1=y_1+y_2-y_3,\\x_2=y_2+y_3,\\x_3=y_3,\end{cases}$ 则二次型的标准形为

$$f=y_1^2+y_2^2-3y_3^2.$$

**例 7**　用初等变换法将例 5 的二次型

$$f(x_1,x_2,x_3)=2x_1x_2+3x_1x_3-x_2x_3$$

化为标准形，并求所作的可逆线性变换.

**解**　二次型的矩阵为

$$\boldsymbol{A}=\begin{pmatrix}0 & 1 & \frac{3}{2}\\ 1 & 0 & -\frac{1}{2}\\ \frac{3}{2} & -\frac{1}{2} & 0\end{pmatrix},$$

因为矩阵 $\boldsymbol{A}$ 的对角线上的元素都是 0,所以首先应把左上角元素换成非零元素,具体做法如下:

$$\begin{pmatrix}\boldsymbol{A}\\ \boldsymbol{I}\end{pmatrix}=\begin{pmatrix}0 & 1 & \frac{3}{2}\\ 1 & 0 & -\frac{1}{2}\\ \frac{3}{2} & -\frac{1}{2} & 0\\ 1 & 0 & 0\\ 0 & 1 & 0\\ 0 & 0 & 1\end{pmatrix}\xrightarrow{c_1+c_2}\begin{pmatrix}1 & 1 & \frac{3}{2}\\ 1 & 0 & -\frac{1}{2}\\ 1 & -\frac{1}{2} & 0\\ 1 & 0 & 0\\ 1 & 1 & 0\\ 0 & 0 & 1\end{pmatrix}\xrightarrow{r_1+r_2}\begin{pmatrix}2 & 1 & 1\\ 1 & 0 & -\frac{1}{2}\\ 1 & -\frac{1}{2} & 0\\ 1 & 0 & 0\\ 1 & 1 & 0\\ 0 & 0 & 1\end{pmatrix}$$

$$\xrightarrow[c_3-\frac{1}{2}c_1]{c_2-\frac{1}{2}c_1}\begin{pmatrix}2 & 0 & 0\\ 1 & -\frac{1}{2} & -1\\ 1 & -1 & -\frac{1}{2}\\ 1 & -\frac{1}{2} & -\frac{1}{2}\\ 1 & \frac{1}{2} & -\frac{1}{2}\\ 0 & 0 & 1\end{pmatrix}\xrightarrow[r_3-\frac{1}{2}r_1]{r_2-\frac{1}{2}r_1}\begin{pmatrix}2 & 0 & 0\\ 0 & -\frac{1}{2} & -1\\ 0 & -1 & -\frac{1}{2}\\ 1 & -\frac{1}{2} & -\frac{1}{2}\\ 1 & \frac{1}{2} & -\frac{1}{2}\\ 0 & 0 & 1\end{pmatrix}$$

$$\xrightarrow{c_3-2c_2}\begin{pmatrix}2 & 0 & 0\\ 0 & -\frac{1}{2} & 0\\ 0 & -1 & \frac{3}{2}\\ 1 & -\frac{1}{2} & \frac{1}{2}\\ 1 & \frac{1}{2} & -\frac{3}{2}\\ 0 & 0 & 1\end{pmatrix}\xrightarrow{r_3-2r_2}\begin{pmatrix}2 & 0 & 0\\ 0 & -\frac{1}{2} & 0\\ 0 & 0 & \frac{3}{2}\\ 1 & -\frac{1}{2} & \frac{1}{2}\\ 1 & \frac{1}{2} & -\frac{3}{2}\\ 0 & 0 & 1\end{pmatrix},$$

故所作的可逆线性变换为

$$\begin{pmatrix}x_1\\ x_2\\ x_3\end{pmatrix}=\begin{pmatrix}1 & -\frac{1}{2} & \frac{1}{2}\\ 1 & \frac{1}{2} & -\frac{3}{2}\\ 0 & 0 & 1\end{pmatrix}\begin{pmatrix}y_1\\ y_2\\ y_3\end{pmatrix},$$

即

$$\begin{cases} x_1 = y_1 - \dfrac{1}{2}y_2 + \dfrac{1}{2}y_3, \\ x_2 = y_1 + \dfrac{1}{2}y_2 - \dfrac{3}{2}y_3, \\ x_3 = y_3, \end{cases}$$

则二次型的标准形为

$$f = 2y_1^2 - \frac{1}{2}y_2^2 + \frac{3}{2}y_3^2.$$

**注**　本例求得的标准形在形式上不同于例 5 中求得的结果，这说明用不同的可逆线性变换，化二次型所得的标准形一般不同，即二次型的标准形不是唯一的.

### 5.2.3　正交变换法

由以上讨论可知，二次型 $f(x_1, x_2, \cdots x_n) = \boldsymbol{x}^{\mathrm{T}}\boldsymbol{A}\boldsymbol{x}$ 在可逆线性变换下可化为 $\boldsymbol{y}^{\mathrm{T}}(\boldsymbol{C}^{\mathrm{T}}\boldsymbol{A}\boldsymbol{C})\boldsymbol{y}$. 因为将二次型化为标准形的实质是寻找可逆矩阵 $\boldsymbol{C}$，使 $\boldsymbol{C}^{\mathrm{T}}\boldsymbol{A}\boldsymbol{C}$ 为对角矩阵. 又 4.4 节中讨论了实对称矩阵的对角化问题：对于任一 $n$ 阶实对称矩阵 $\boldsymbol{A}$，一定存在正交矩阵 $\boldsymbol{T}$，使得 $\boldsymbol{T}^{-1}\boldsymbol{A}\boldsymbol{T} = \boldsymbol{\Lambda}$，其中 $\boldsymbol{\Lambda} = \begin{pmatrix} \lambda_1 & & & \\ & \lambda_2 & & \\ & & \ddots & \\ & & & \lambda_n \end{pmatrix}$，这里 $\lambda_1, \lambda_2, \cdots, \lambda_n$ 是 $\boldsymbol{A}$ 的 $n$ 个特征值. 因为 $\boldsymbol{T}$ 是正交矩阵，所以 $\boldsymbol{T}^{-1} = \boldsymbol{T}^{\mathrm{T}}$，于是 $\boldsymbol{T}^{\mathrm{T}}\boldsymbol{A}\boldsymbol{T} = \boldsymbol{T}^{-1}\boldsymbol{A}\boldsymbol{T} = \boldsymbol{\Lambda}$，因此有以下重要定理.

**定理 3**　对于任意一个实二次型 $f(x_1, x_2, \cdots x_n) = \boldsymbol{x}^{\mathrm{T}}\boldsymbol{A}\boldsymbol{x}$，总有正交变换 $\boldsymbol{x} = \boldsymbol{T}\boldsymbol{y}$（$\boldsymbol{T}$ 为正交矩阵），使 $f$ 化为标准形 $f = \lambda_1 y_1^2 + \lambda_2 y_2^2 + \cdots + \lambda_n y_n^2$，其中 $\lambda_1, \lambda_2, \cdots, \lambda_n$ 是实对称矩阵 $\boldsymbol{A}$ 的全部特征值，正交矩阵 $\boldsymbol{T}$ 的 $n$ 个列向量恰为 $\boldsymbol{A}$ 的对应于特征值 $\lambda_1, \lambda_2, \cdots, \lambda_n$ 的标准正交特征向量.

**例 8**　用正交变换将二次型

$$f(x_1, x_2, x_3) = 3x_1^2 + 6x_2^2 + 3x_3^2 - 4x_1x_2 - 8x_1x_3 - 4x_2x_3$$

化为标准形，并求所作的正交变换.

**解**　二次型的矩阵为

$$\boldsymbol{A} = \begin{pmatrix} 3 & -2 & -4 \\ -2 & 6 & -2 \\ -4 & -2 & 3 \end{pmatrix},$$

$$|\lambda\boldsymbol{I} - \boldsymbol{A}| = \begin{vmatrix} \lambda-3 & 2 & 4 \\ 2 & \lambda-6 & 2 \\ 4 & 2 & \lambda-3 \end{vmatrix} = (\lambda+2)(\lambda-7)^2,$$

故 $\boldsymbol{A}$ 的特征值为 $\lambda_1 = \lambda_2 = 7, \lambda_3 = -2$.

当 $\lambda_1 = \lambda_2 = 7$ 时，解齐次线性方程组 $(7\boldsymbol{I} - \boldsymbol{A})\boldsymbol{x} = \boldsymbol{0}$，得到基础解系

$$\boldsymbol{\xi}_1=\begin{pmatrix}-1\\2\\0\end{pmatrix},\quad \boldsymbol{\xi}_2=\begin{pmatrix}-1\\0\\1\end{pmatrix},$$

将 $\boldsymbol{\xi}_1,\boldsymbol{\xi}_2$ 正交化,得

$$\boldsymbol{\beta}_1=\boldsymbol{\xi}_1,$$

$$\boldsymbol{\beta}_2=\boldsymbol{\xi}_2-\frac{(\boldsymbol{\xi}_2,\boldsymbol{\beta}_1)}{(\boldsymbol{\beta}_1,\boldsymbol{\beta}_1)}\boldsymbol{\beta}_1=\frac{1}{5}\begin{pmatrix}-4\\-2\\5\end{pmatrix},$$

再将 $\boldsymbol{\beta}_1,\boldsymbol{\beta}_2$ 单位化,得

$$\boldsymbol{\eta}_1=\frac{1}{\sqrt{5}}\begin{pmatrix}-1\\2\\0\end{pmatrix},\quad \boldsymbol{\eta}_2=\frac{1}{3\sqrt{5}}\begin{pmatrix}-4\\-2\\5\end{pmatrix}.$$

当 $\lambda_3=-2$ 时,解齐次线性方程组 $(-2\boldsymbol{I}-\boldsymbol{A})\boldsymbol{x}=\boldsymbol{0}$,得到基础解系

$$\boldsymbol{\xi}_3=\begin{pmatrix}2\\1\\2\end{pmatrix},$$

将 $\boldsymbol{\xi}_3$ 单位化,得

$$\boldsymbol{\eta}_3=\frac{1}{3}\begin{pmatrix}2\\1\\2\end{pmatrix}.$$

令

$$T=(\boldsymbol{\eta}_1,\boldsymbol{\eta}_2,\boldsymbol{\eta}_3)=\begin{pmatrix}\frac{-1}{\sqrt{5}} & \frac{-4}{3\sqrt{5}} & \frac{2}{3}\\ \frac{2}{\sqrt{5}} & \frac{-2}{3\sqrt{5}} & \frac{1}{3}\\ 0 & \frac{5}{3\sqrt{5}} & \frac{2}{3}\end{pmatrix},$$

则 $\boldsymbol{T}$ 是正交矩阵,且 $\boldsymbol{T}^{\mathrm{T}}\boldsymbol{A}\boldsymbol{T}=\boldsymbol{T}^{-1}\boldsymbol{A}\boldsymbol{T}=\begin{pmatrix}7 & & \\ & 7 & \\ & & -2\end{pmatrix}$,故经过正交变换得

$$\begin{pmatrix}x_1\\x_2\\x_3\end{pmatrix}=\begin{pmatrix}\frac{-1}{\sqrt{5}} & \frac{-4}{3\sqrt{5}} & \frac{2}{3}\\ \frac{2}{\sqrt{5}} & \frac{-2}{3\sqrt{5}} & \frac{1}{3}\\ 0 & \frac{5}{3\sqrt{5}} & \frac{2}{3}\end{pmatrix}\begin{pmatrix}y_1\\y_2\\y_3\end{pmatrix},$$

故原二次型化为标准形

$$f=7y_1^2+7y_2^2-2y_3^2.$$

**例 9**　将曲面方程

$$2x^2+3y^2+3z^2-2xy-2xz=1$$

化为标准方程,并指出其所代表的曲面.

**解**　方程左边二次型的矩阵为

$$\boldsymbol{A}=\begin{pmatrix}2&-1&-1\\-1&3&0\\-1&0&3\end{pmatrix},$$

$$|\lambda\boldsymbol{I}-\boldsymbol{A}|=\begin{vmatrix}\lambda-2&1&1\\1&\lambda-3&0\\1&0&\lambda-3\end{vmatrix}=(\lambda-1)(\lambda-3)(\lambda-4),$$

故 $\boldsymbol{A}$ 的特征值为 $\lambda_1=1,\lambda_2=3,\lambda_3=4$.

解齐次线性方程组 $(\lambda_i\boldsymbol{I}-\boldsymbol{A})\boldsymbol{x}=\boldsymbol{0}(i=1,2,3)$,求得属于特征 $\lambda_1=1,\lambda_2=3,\lambda_3=4$ 的特征向量分别为

$$\boldsymbol{\xi}_1=\begin{pmatrix}2\\1\\1\end{pmatrix},\quad \boldsymbol{\xi}_2=\begin{pmatrix}0\\1\\-1\end{pmatrix},\quad \boldsymbol{\xi}_3=\begin{pmatrix}-1\\1\\1\end{pmatrix}.$$

由于 $\boldsymbol{\xi}_1,\boldsymbol{\xi}_2,\boldsymbol{\xi}_3$ 正交(属于不同的特征值),只需将它们单位化,得到

$$\boldsymbol{\eta}_1=\frac{1}{\sqrt{6}}\begin{pmatrix}2\\1\\1\end{pmatrix},\quad \boldsymbol{\eta}_2=\frac{1}{\sqrt{2}}\begin{pmatrix}0\\1\\-1\end{pmatrix},\quad \boldsymbol{\eta}_3=\frac{1}{\sqrt{3}}\begin{pmatrix}-1\\1\\1\end{pmatrix},$$

故令

$$\boldsymbol{T}=(\boldsymbol{\eta}_1,\boldsymbol{\eta}_2,\boldsymbol{\eta}_3)=\begin{pmatrix}\frac{2}{\sqrt{6}}&0&\frac{-1}{\sqrt{3}}\\\frac{1}{\sqrt{6}}&\frac{1}{\sqrt{2}}&\frac{1}{\sqrt{3}}\\\frac{1}{\sqrt{6}}&-\frac{1}{\sqrt{2}}&\frac{1}{\sqrt{3}}\end{pmatrix},$$

则 $\boldsymbol{T}$ 是正交矩阵,且 $\boldsymbol{T}^{\mathrm{T}}\boldsymbol{A}\boldsymbol{T}=\boldsymbol{T}^{-1}\boldsymbol{A}\boldsymbol{T}=\begin{pmatrix}1&&\\&3&\\&&4\end{pmatrix}$,故曲面方程经正交变换得

$$\begin{pmatrix}x\\y\\z\end{pmatrix}=\begin{pmatrix}\frac{2}{\sqrt{6}}&0&\frac{-1}{\sqrt{3}}\\\frac{1}{\sqrt{6}}&\frac{1}{\sqrt{2}}&\frac{1}{\sqrt{3}}\\\frac{1}{\sqrt{6}}&-\frac{1}{\sqrt{2}}&\frac{1}{\sqrt{3}}\end{pmatrix}\begin{pmatrix}x'\\y'\\z'\end{pmatrix}$$

将其化为标准方程　$x'^2+3y'^2+4z'^2=1.$

由解析几何知,该曲面是椭球面.

**注**　二次型的标准形中非零项的个数即为二次型的秩.

## 习题 5.2

1. 用配方法化下列二次型为标准形：

(1) $f(x_1,x_2,x_3)=3x_1^2-2x_1x_2-2x_1x_3+4x_2x_3$；

(2) $f(x_1,x_2,x_3)=2x_1x_2+2x_1x_3-6x_2x_3$；

(3) $f(x_1,x_2,x_3)=x_1^2+2x_2^2+5x_3^2+2x_1x_2+2x_1x_3+6x_2x_3$.

2. 用初等变换法化下列二次型为标准形：

(1) $f(x_1,x_2,x_3)=3x_1^2-2x_1x_2-2x_1x_3+4x_2x_3$；

(2) $f(x_1,x_2,x_3)=x_1^2+2x_2^2+5x_3^2+2x_1x_2+2x_1x_3+6x_2x_3$.

3. 用正交变换法化下列二次型为标准形：

(1) $f(x_1,x_2,x_3)=x_1^2+2x_2^2+3x_3^2-4x_1x_2-4x_2x_3$；

(2) $f(x_1,x_2,x_3)=x_1^2-2x_2^2-2x_3^2-4x_1x_2+4x_1x_3+8x_2x_3$.

4. 已知实二次型 $f(x_1,x_2,x_3)=a(x_1^2+x_2^2+x_3^2)+4x_1x_2+4x_1x_3+4x_2x_3$ 经正交变换 $\boldsymbol{x}=\boldsymbol{T}\boldsymbol{y}$ 可化为标准形 $f=6y_1^2$，求 $a$ 的值.

5. 已知二次型 $f(x_1,x_2,x_3)=(1-a)x_1^2+(1-a)x_2^2+2x_3^2+2(1+a)x_1x_2$ 的秩为 2. 求：(1) $a$ 的值；(2) 正交变换 $\boldsymbol{x}=\boldsymbol{T}\boldsymbol{y}$，将 $f(x_1,x_2,x_3)$ 化为标准形.

6. 求一个正交变换，把二次曲面的方程 $x_1^2+2x_2^2+x_3^2-2x_1x_3=1$ 化为标准方程.

# 5.3 二次型与对称矩阵的有定性

由 5.2 节可知，任意一个实二次型都可经过适当的可逆线性变换化为标准形. 但是，如果所作的可逆线性变换不同，得到的标准形一般不同，也就是说，二次型的标准形不是唯一的. 但不同的标准形之间有一个共同特点：非零项的个数相同，且正项(系数为正数的项)个数相同，从而负项(系数为负数的项)个数也相同，这就是下面的定理.

## 5.3.1 惯性定理和规范形

**定理 4**(惯性定理) 设二次型 $f=\boldsymbol{x}^{\mathrm{T}}\boldsymbol{A}\boldsymbol{x}$，它的秩为 $r$，有两个可逆线性变换 $\boldsymbol{x}=\boldsymbol{C}\boldsymbol{y}$ 及 $\boldsymbol{x}=\boldsymbol{P}\boldsymbol{z}$ 分别化二次型为

$$f=t_1y_1^2+t_2y_2^2+\cdots+t_ry_r^2\quad(t_i\neq0,i=1,2,\cdots,r)$$

及

$$f=k_1z_1^2+k_2z_2^2+\cdots+k_rz_r^2\quad(k_i\neq0,i=1,2,\cdots,r),$$

则 $t_1,t_2,\cdots,t_r$ 中正数的个数与 $k_1,k_2,\cdots,k_r$ 中正数的个数相等.

证明从略.

**定义 5**　二次型的标准形中,正平方项的个数 $p$ 称为二次型的正惯性指数,负平方项的个数 $q=r-p$(其中 $r$ 为二次型的秩)称为二次型的负惯性指数;正惯性指数与负惯性指数的差 $p-q=p-(r-p)=2p-r$ 称为二次型的符号差.

例如,$f=2y_1^2-y_2^2+3y_3^2$,则 $f$ 的正惯性指数为 2,负惯性指数为 1,符号差为 1.

**定义 6**　将二次型 $f(x_1,x_2,\cdots,x_n)$ 的标准形按如下形式给出

$$f=d_1y_1^2+\cdots+d_py_p^2-d_{p+1}y_{p+1}^2-\cdots-d_ry_r^2, \tag{5.7}$$

其中 $d_i>0(i=1,2,\cdots,r)$,$r$ 为二次型的秩.通过如下可逆线性变换

$$\begin{cases} y_i=\dfrac{1}{\sqrt{d_i}}z_i & (i=1,2,\cdots,r), \\ y_j=z_j & (j=r+1,\cdots,n), \end{cases}$$

则二次型(5.7)化为

$$f=z_1^2+\cdots+z_p^2-z_{p+1}^2-\cdots-z_r^2, \tag{5.8}$$

式(5.8)称为二次型 $f(x_1,x_2,\cdots,x_n)$ 的规范形.

**定理 5**　任何二次型都可通过可逆线性变换化为规范形,且规范形是唯一的.

**例 10**　化二次型

$$f(x_1,x_2,x_3)=2x_1x_2+3x_1x_3-x_2x_3$$

为规范形,并求其正惯性指数.

**解**　先将二次型化为标准形,由例 5 知其标准形为

$$f=2z_1^2-2z_2^2+\frac{3}{2}z_3^2.$$

令

$$\begin{cases} w_1=\sqrt{2}z_1, \\ w_2=\sqrt{2}z_2, \\ w_3=\sqrt{\dfrac{3}{2}}z_3, \end{cases}$$

即

$$\begin{cases} z_1=\dfrac{1}{\sqrt{2}}w_1, \\ z_2=\dfrac{1}{\sqrt{2}}w_2, \\ z_3=\sqrt{\dfrac{2}{3}}w_3, \end{cases}$$

则 $f$ 可化为规范形

$$f=w_1^2-w_2^2+w_3^2.$$

其正惯性指数为 2.

### 5.3.2 二次型的有定性的概念

**定义 7** 设 $f=\boldsymbol{x}^{\mathrm{T}}\boldsymbol{A}\boldsymbol{x}(\boldsymbol{A}^{\mathrm{T}}=\boldsymbol{A})$是实二次型.

(1) 如果对任何非零向量 $\boldsymbol{x}$,都有

$$\boldsymbol{x}^{\mathrm{T}}\boldsymbol{A}\boldsymbol{x}>0 \quad (\boldsymbol{x}^{\mathrm{T}}\boldsymbol{A}\boldsymbol{x}<0)$$

成立,则称 $f=\boldsymbol{x}^{\mathrm{T}}\boldsymbol{A}\boldsymbol{x}$ 为正定(负定)二次型,矩阵 $\boldsymbol{A}$ 称为正定(负定)矩阵.

(2) 如果对任何非零向量 $\boldsymbol{x}$,都有

$$\boldsymbol{x}^{\mathrm{T}}\boldsymbol{A}\boldsymbol{x}\geqslant 0 \quad (\boldsymbol{x}^{\mathrm{T}}\boldsymbol{A}\boldsymbol{x}\leqslant 0)$$

成立,且有非零向量 $\boldsymbol{x}_0$,使 $\boldsymbol{x}_0^{\mathrm{T}}\boldsymbol{A}\boldsymbol{x}_0=0$,则称 $f=\boldsymbol{x}^{\mathrm{T}}\boldsymbol{A}\boldsymbol{x}$ 为半正定(半负定)二次型,矩阵 $\boldsymbol{A}$ 称为半正定(负半定)矩阵.

(3) 如果 $f=\boldsymbol{x}^{\mathrm{T}}\boldsymbol{A}\boldsymbol{x}$ 既不是半正定的又不是半负定的,则称 $f=\boldsymbol{x}^{\mathrm{T}}\boldsymbol{A}\boldsymbol{x}$ 为不定二次型.

**注** 二次型的正定(负定)、半正定(半负定)统称为二次型及其矩阵的有定性.二次型的有定性与其矩阵的有定性之间具有一一对应关系.因此,二次型的有定性判别可转化为其矩阵的有定性判别.

例如:(1) 二次型 $f(x_1,x_2,\cdots,x_n)=x_1^2+x_2^2+\cdots+x_n^2$,当 $\boldsymbol{x}=(x_1,x_2,\cdots,x_n)^{\mathrm{T}}\neq\boldsymbol{0}$ 时,显然有 $f(x_1,x_2,\cdots,x_n)>0$,所以这个二次型是正定的,其矩阵 $\boldsymbol{I}_n$ 是正定矩阵.

(2) 二次型 $f(x_1,x_2,x_3)=-x_1^2-x_2^2-x_3^2-2x_1x_2+2x_1x_3+2x_2x_3$,可变形为 $f=-(x_1+x_2+x_3)^2\leqslant 0$,且当 $x_1+x_2-x_3=0$ 时,$f(x_1,x_2,x_3)=0$,故是半负定的,其对应的矩阵 $\begin{pmatrix}-1&-1&1\\-1&-1&1\\1&1&-1\end{pmatrix}$是半负定矩阵.

(3) 二次型 $f(x_1,x_2)=x_1^2-2x_2^2$ 是不定二次型,因为其符号有时正、有时负,如

$$f(1,1)=-1<0, \quad f(2,1)=2>0.$$

### 5.3.3 二次型及其矩阵有定性的判别

**定理 6** $n$ 元实二次型 $f(x_1,x_2,\cdots,x_n)$是正定二次型的充分必要条件是它的正惯性指数为 $n$.

证明从略.

由定理 6 不难得出:

**推论** $n$ 元实二次型 $f(x_1,x_2,\cdots,x_n)$为正定二次型的充分必要条件是它的规范形为

$$f=z_1^2+z_2^2+\cdots+z_n^2.$$

相应地,正定二次型 $f=\boldsymbol{x}^{\mathrm{T}}\boldsymbol{A}\boldsymbol{x}$ 的矩阵 $\boldsymbol{A}$ 有如下结论.

**定理 7** 实对称矩阵 $\boldsymbol{A}$ 为正定矩阵的充分必要条件是 $\boldsymbol{A}$ 与单位矩阵 $\boldsymbol{I}$ 合同.

证明从略.

**推论** 实对称矩阵 $\boldsymbol{A}$ 为正定矩阵的充分必要条件是存在可逆矩阵 $\boldsymbol{C}$,使得 $\boldsymbol{A}=\boldsymbol{C}^{\mathrm{T}}\boldsymbol{C}$.

**证明** 由定理 7 知 $\boldsymbol{A}\simeq\boldsymbol{I}$,即存在可逆矩阵 $\boldsymbol{C}$,使得

$$C^{T}IC=C^{T}C=A.$$

**定理 8**　实对称矩阵 $\boldsymbol{A}$ 为正定矩阵的充分必要条件是 $\boldsymbol{A}$ 的特征值全大于零.

**证明**　因为任意实二次型 $f(x_1,x_2,\cdots,x_n)=\boldsymbol{x}^{T}\boldsymbol{A}\boldsymbol{x}$ 都可经正交线性变换 $\boldsymbol{x}=\boldsymbol{T}\boldsymbol{y}$ 化为标准形

$$f=\lambda_1 y_1^2+\lambda_2 y_2^2+\cdots+\lambda_n y_n^2,$$

其中 $\lambda_1,\lambda_2,\cdots,\lambda_n$ 是 $\boldsymbol{A}$ 的全部特征值.

又 $\boldsymbol{A}$ 是正定矩阵，当且仅当 $\boldsymbol{x}^{T}\boldsymbol{A}\boldsymbol{x}$ 是正定二次型，由定理 6 知 $\lambda_1,\lambda_2,\cdots,\lambda_n$ 全大于零，由此得证.

**推论**　若实对称矩阵 $\boldsymbol{A}$ 为正定矩阵，则 $|\boldsymbol{A}|>0$.

下面介绍另一种判别正定二次型的方法.

**定义 8**　设 $\boldsymbol{A}=(a_{ij})_{nn}$ 是一个 $n$ 阶矩阵，若 $\boldsymbol{A}$ 的 $k$ 阶子式

$$\begin{vmatrix} a_{i_1j_1} & a_{i_1j_2} & \cdots & a_{i_1j_k} \\ a_{i_2j_1} & a_{i_2j_2} & \cdots & a_{i_2j_k} \\ \vdots & \vdots & & \vdots \\ a_{i_kj_1} & a_{i_kj_2} & \cdots & a_{i_kj_k} \end{vmatrix}$$

的行标与列标都相同，即 $i_1=j_1,i_2=j_2,\cdots,i_k=j_k$，则称为 $\boldsymbol{A}$ 的 $k$ 阶主子式. 其中主子式

$$|\boldsymbol{A}_k|=\begin{vmatrix} a_{11} & a_{12} & \cdots & a_{1k} \\ a_{21} & a_{22} & \cdots & a_{2k} \\ \vdots & \vdots & & \vdots \\ a_{k1} & a_{k2} & \cdots & a_{kk} \end{vmatrix}$$

称为 $\boldsymbol{A}$ 的 $k$ 阶顺序主子式.

**定理 9**　$n$ 阶实对称矩阵 $\boldsymbol{A}$ 为正定矩阵的充分必要条件是 $\boldsymbol{A}$ 的所有顺序主子式全大于零，即 $|\boldsymbol{A}_k|>0(k=1,2,\cdots,n)$.

证明从略.

**注**　(1) 定理 9 也可叙述为，$n$ 元实二次型 $f(x_1,x_2,\cdots,x_n)$ 为正定二次型的充分必要条件是它的矩阵 $\boldsymbol{A}$ 的所有顺序主子式全大于零.

(2) 若 $f=\boldsymbol{x}^{T}\boldsymbol{A}\boldsymbol{x}$ 为正定的，则 $-f=\boldsymbol{x}^{T}(-\boldsymbol{A})\boldsymbol{x}$ 为负定的；反之，若 $f=\boldsymbol{x}^{T}\boldsymbol{A}\boldsymbol{x}$ 为负定的，则 $-f=\boldsymbol{x}^{T}(-\boldsymbol{A})\boldsymbol{x}$ 为正定的. 所以，从判别正定二次型的充分必要条件，可得到判别负定二次型的充分必要条件：

二次型 $f=\boldsymbol{x}^{T}\boldsymbol{A}\boldsymbol{x}$ 为负定二次型 $\Leftrightarrow f=\boldsymbol{x}^{T}\boldsymbol{A}\boldsymbol{x}$ 的负惯性指数为 $n$

$\Leftrightarrow f$ 的矩阵 $\boldsymbol{A}$ 的所有特征值全为负数

$\Leftrightarrow f$ 的矩阵 $\boldsymbol{A}$ 的奇数阶顺序主子式为负，而偶数阶顺序主子式为正，即

$$(-1)^k|\boldsymbol{A}_k|>0\ (k=1,2,\cdots,n),$$

其中 $|\boldsymbol{A}_k|$ 是 $\boldsymbol{A}$ 的 $k$ 阶顺序主子式.

**例 11**　判断下列二次型是否为正定或负定二次型：

(1) $f=5x_1^2+2x_2^2+8x_3^2+4x_1x_2+6x_2x_3$；

(2) $f=-12x_1^2-10x_2^2-8x_3^2+6x_1x_2+4x_1x_3+2x_2x_3$.

**解** (1) $f$ 的矩阵为

$$A=\begin{pmatrix}5&2&0\\2&2&3\\0&3&8\end{pmatrix},$$

因为

$$|A_1|=|5|>0,\quad |A_2|=\begin{vmatrix}5&2\\2&2\end{vmatrix}=6>0,\quad |A_3|=\begin{vmatrix}5&2&0\\2&2&3\\0&3&8\end{vmatrix}=3>0,$$

故二次型是正定的.

(2) $f$ 的矩阵为

$$A=\begin{pmatrix}-12&3&2\\3&-10&1\\2&1&-8\end{pmatrix},$$

因为

$$|A_1|=|-12|=-12<0,\quad |A_2|=\begin{vmatrix}-12&3\\3&-10\end{vmatrix}=111>0,$$

$$|A_3|=\begin{vmatrix}-12&3&2\\3&-10&1\\2&1&-8\end{vmatrix}=-824<0,$$

故二次型是负定的.

## 习题 5.3

1. 判断下列二次型是否为正定二次型：

(1) $f=2x_1^2+x_2^2-4x_1x_2-4x_2x_3$；

(2) $f=x_1^2+2x_2^2+6x_3^2+2x_1x_2+6x_2x_3+2x_1x_3$；

(3) $f=2x_1^2+3x_2^2+x_3^2+2\sqrt{2}x_1x_2$.

2. 若下列二次型为正定二次型，则 $t$ 取何值？

(1) $f=2x_1^2+x_2^2+x_3^2+2x_1x_2+tx_2x_3$；

(2) $f=t(x_1^2+x_2^2+x_3^2)+2x_1x_2-2x_2x_3+2x_1x_3+x_4^2$.

3. 设 $A$ 是正定矩阵，$I$ 是 $n$ 阶单位矩阵，证明 $|A+I|>1$.

4. 若 $A$ 为正定矩阵，证明：

(1) $kA(k>0)$ 是正定矩阵；

(2) $A^{-1}$是正定矩阵.

5. 设 $A$ 与 $B$ 是两个 $n$ 阶实对称正定矩阵,证明 $A+B$ 也是正定矩阵.

6. 设 $A$ 是 $m\times n$ 矩阵,且 $r(A)=n$,证明矩阵 $A^{\mathrm{T}}A$ 是正定矩阵.

## 5.4 用 MATLAB 化简二次型

使用 MATLAB 的 eig( )函数可将二次型化为标准形.

**例 12** 用正交变换化二次型

$$f(x_1,x_2,x_3)=x_1^2-2x_2^2-2x_3^2-4x_1x_2+4x_1x_3+8x_2x_3$$

为标准形,并求出所用的正交变换.

**解** 二次型的矩阵为 $A=\begin{pmatrix}1&-2&2\\-2&-2&4\\2&4&-2\end{pmatrix}$,把二次型化为标准形相当于将 $A$ 对角化.

在 MATLAB 命令窗口输入

```
A=[1 -2 2 ;-2 -2 4 ;2 4 -2];
[P,D]=eig(A)
```

运行后如图 5.1 所示.

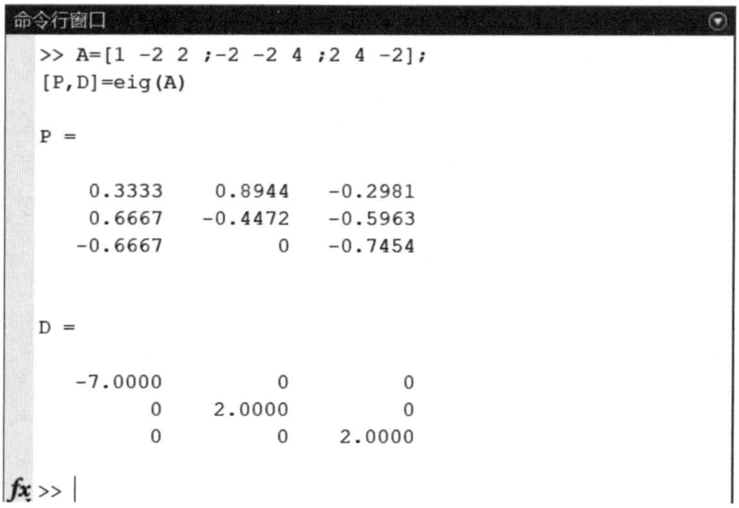

```
命令行窗口
>> A=[1 -2 2 ;-2 -2 4 ;2 4 -2];
[P,D]=eig(A)

P =

    0.3333    0.8944   -0.2981
    0.6667   -0.4472   -0.5963
   -0.6667         0   -0.7454


D =

   -7.0000         0         0
         0    2.0000         0
         0         0    2.0000

fx >>
```

图 5.1

所求正交变换为 $y=P^{-1}x$,所求标准形为

$$f=-7y_1^2+2y_2^2+2y_3^2.$$

# 历年考研试题选讲 5

**试题 1**(2024 年,数二) 设矩阵 $\boldsymbol{A}=\begin{pmatrix}0&1&a\\1&0&1\end{pmatrix}$,$\boldsymbol{B}=\begin{pmatrix}1&1\\1&1\\b&2\end{pmatrix}$,二次型 $f(x_1,x_2,x_3)=\boldsymbol{x}^{\mathrm{T}}\boldsymbol{BAx}$. 已知方程组 $\boldsymbol{Ax}=\boldsymbol{0}$ 的解均是 $\boldsymbol{B}^{\mathrm{T}}\boldsymbol{x}=\boldsymbol{0}$ 的解,但两个方程组不同解.

(1) 求 $a,b$ 的值;

(2) 求正交变换 $\boldsymbol{x}=\boldsymbol{Qy}$,将 $f(x_1,x_2,x_3)$ 化为标准形.

**解** (1) 由题意可知方程组 $\boldsymbol{Ax}=\boldsymbol{0}$ 与 $\begin{pmatrix}\boldsymbol{A}\\\boldsymbol{B}^{\mathrm{T}}\end{pmatrix}\boldsymbol{x}=\boldsymbol{0}$ 同解,故

$$r\begin{pmatrix}\boldsymbol{A}\\\boldsymbol{B}^{\mathrm{T}}\end{pmatrix}=r(\boldsymbol{A})=2,\quad r(\boldsymbol{B})=1.$$

对 $\begin{pmatrix}\boldsymbol{A}\\\boldsymbol{B}^{\mathrm{T}}\end{pmatrix}$ 施以初等行变换,可得

$$\begin{pmatrix}\boldsymbol{A}\\\boldsymbol{B}^{\mathrm{T}}\end{pmatrix}=\begin{pmatrix}0&1&a\\1&0&1\\1&1&b\\1&1&2\end{pmatrix}\to\begin{pmatrix}1&1&2\\0&1&1\\0&0&a-1\\0&0&b-2\end{pmatrix},$$

故 $a=1,b=2$.

(2) 由 $\boldsymbol{BA}=\begin{pmatrix}1&1\\1&1\\2&2\end{pmatrix}\begin{pmatrix}0&1&1\\1&0&1\end{pmatrix}=\begin{pmatrix}1&1&2\\1&1&2\\2&2&4\end{pmatrix}$,可知二次型的矩阵 $\boldsymbol{C}=\begin{pmatrix}1&1&2\\1&1&2\\2&2&4\end{pmatrix}$.

由

$$|\lambda\boldsymbol{I}-\boldsymbol{C}|=\begin{vmatrix}\lambda-1&-1&-2\\-1&\lambda-1&-2\\-2&-2&\lambda-4\end{vmatrix}=\lambda^2(\lambda-6),$$

得 $\boldsymbol{C}$ 的特征值为 $\lambda_1=\lambda_2=0,\lambda_3=6$.

对 $\lambda_1=\lambda_2=0$,解方程组 $(0\boldsymbol{I}-\boldsymbol{C})\boldsymbol{x}=\boldsymbol{0}$,得两个线性无关的特征向量

$$\boldsymbol{\alpha}_1=(-1,1,0)^{\mathrm{T}},\quad \boldsymbol{\alpha}_2=(-2,0,1)^{\mathrm{T}},$$

将其正交化,得

$$\boldsymbol{\beta}_1=\boldsymbol{\alpha}_1=(-1,1,0)^{\mathrm{T}},\quad \boldsymbol{\beta}_2=\boldsymbol{\alpha}_2-\frac{(\boldsymbol{\alpha}_1,\boldsymbol{\alpha}_2)}{(\boldsymbol{\alpha}_1,\boldsymbol{\alpha}_1)}\boldsymbol{\alpha}_1=(-1,-1,1)^{\mathrm{T}}.$$

将其单位化,得

$$\boldsymbol{\xi}_1=\frac{\boldsymbol{\beta}_1}{\|\boldsymbol{\beta}_1\|}=\frac{1}{\sqrt{2}}(-1,1,0)^{\mathrm{T}},\quad \boldsymbol{\xi}_2=\frac{\boldsymbol{\beta}_2}{\|\boldsymbol{\beta}_2\|}=\frac{1}{\sqrt{3}}(-1,-1,1)^{\mathrm{T}}.$$

对 $\lambda_3=6$，解方程组 $(6\boldsymbol{I}-\boldsymbol{C})\boldsymbol{x}=\boldsymbol{0}$，得单位化的特征向量为 $\boldsymbol{\xi}_3=\frac{1}{\sqrt{6}}(1,1,2)^{\mathrm{T}}$.

令

$$\boldsymbol{Q}=(\boldsymbol{\xi}_1,\boldsymbol{\xi}_2,\boldsymbol{\xi}_3)=\begin{pmatrix}\frac{-1}{\sqrt{2}} & \frac{-1}{\sqrt{3}} & \frac{1}{\sqrt{6}}\\ \frac{1}{\sqrt{2}} & \frac{-1}{\sqrt{3}} & \frac{1}{\sqrt{6}}\\ 0 & \frac{1}{\sqrt{3}} & \frac{2}{\sqrt{6}}\end{pmatrix},$$

则 $\boldsymbol{Q}$ 为正交矩阵，且 $\boldsymbol{Q}^{\mathrm{T}}\boldsymbol{C}\boldsymbol{Q}=\begin{pmatrix}0&0&0\\0&0&0\\0&0&6\end{pmatrix}$.

作正交变换 $\boldsymbol{x}=\boldsymbol{Q}\boldsymbol{y}$，则二次型 $f(x_1,x_2,x_3)$ 化为标准形，得

$$f=6y_3^2.$$

**试题 2**(2022 年，数一)　设二次型 $f(x_1,x_2,x_3)=\sum_{i=1}^{3}\sum_{j=1}^{3}ijx_ix_j$.

(1) 求二次型 $f(x_1,x_2,x_3)$ 的矩阵；

(2) 求正交变换 $\boldsymbol{x}=\boldsymbol{Q}\boldsymbol{y}$，将 $f(x_1,x_2,x_3)$ 化为标准形；

(3) 求 $f(x_1,x_2,x_3)=0$ 的解.

**解**　(1) 展开二次型表达式，有

$$f(x_1,x_2,x_3)=\sum_{i=1}^{3}\sum_{j=1}^{3}ijx_ix_j=x_1^2+4x_2^2+9x_3^2+4x_1x_2+6x_1x_3+12x_2x_3,$$

故二次型的矩阵为

$$\boldsymbol{A}=\begin{pmatrix}1&2&3\\2&4&6\\3&6&9\end{pmatrix}.$$

(2) 解矩阵 $\boldsymbol{A}$ 的特征多项式方程，易得 $\boldsymbol{A}$ 的特征值为 $\lambda_1=14$，$\lambda_2=\lambda_3=0$.

当 $\lambda_1=14$ 时，解 $(\boldsymbol{A}-14\boldsymbol{I})\boldsymbol{x}=\boldsymbol{0}$，由

$$\boldsymbol{A}-14\boldsymbol{I}=\begin{pmatrix}-13&2&3\\2&-10&6\\3&6&-5\end{pmatrix}\to\begin{pmatrix}1&-5&3\\0&-63&42\\0&21&-14\end{pmatrix}\to\begin{pmatrix}1&-5&3\\0&3&-2\\0&0&0\end{pmatrix},$$

得 $\lambda_1=14$ 对应的特征值为 $\boldsymbol{\alpha}_1=(1,2,3)^{\mathrm{T}}$.

当 $\lambda_2=\lambda_3=0$ 时，解 $\boldsymbol{A}\boldsymbol{x}=\boldsymbol{0}$，得特征值 $\lambda_2=\lambda_3=0$ 对应的特征向量为 $\boldsymbol{\alpha}_2=(-2,1,0)^{\mathrm{T}}$ 和 $\boldsymbol{\alpha}_3=(-3,0,1)^{\mathrm{T}}$.

实对称矩阵的不同特征值所对应的特征向量正交，故只需将 $\boldsymbol{\alpha}_2,\boldsymbol{\alpha}_3$ 正交化，得

$$\boldsymbol{\xi}_2=(-2,1,0)^{\mathrm{T}},\quad \boldsymbol{\xi}_3=\frac{1}{5}(-3,-6,5)^{\mathrm{T}}.$$

将 $\boldsymbol{\alpha}_1,\boldsymbol{\xi}_2,\boldsymbol{\xi}_3$ 单位化，得

$$\boldsymbol{\gamma}_1=\frac{1}{\sqrt{14}}(1,2,3)^{\mathrm{T}},\quad \boldsymbol{\gamma}_2=\frac{1}{\sqrt{5}}(-2,1,0)^{\mathrm{T}},\quad \boldsymbol{\gamma}_3=\frac{1}{\sqrt{70}}(-3,-6,5)^{\mathrm{T}}.$$

令 $\boldsymbol{Q}=(\boldsymbol{\gamma}_1,\boldsymbol{\gamma}_2,\boldsymbol{\gamma}_3)$，经正交变换 $\boldsymbol{x}=\boldsymbol{Q}\boldsymbol{y}$，将 $f$ 化为标准形 $f=14y_1^2$.

(3) 在正交变换 $\boldsymbol{x}=\boldsymbol{Q}\boldsymbol{y}$ 下，$f(x_1,x_2,x_3)$ 化为 $14y_1^2$. 由 $f(x_1,x_2,x_3)=0$，得 $y_1=0$，则

$$\boldsymbol{x}=(\boldsymbol{\gamma}_1,\boldsymbol{\gamma}_2,\boldsymbol{\gamma}_3)\begin{pmatrix}0\\y_2\\y_3\end{pmatrix}=y_2\boldsymbol{\gamma}_2+y_3\boldsymbol{\gamma}_3=k_1(-2,1,0)^{\mathrm{T}}+k_2(-3,-6,5)^{\mathrm{T}},$$

其中 $k_1,k_2$ 为任意常数.

**试题 3**(2022 年，数二，数三) 已知二次型 $f(x_1,x_2,x_3)=3x_1^2+4x_2^2+3x_3^2+2x_1x_3$.

(1) 求正交变换 $\boldsymbol{x}=\boldsymbol{Q}\boldsymbol{y}$，将 $f(x_1,x_2,x_3)$ 化为标准形；

(2) 证明：$\min\limits_{\boldsymbol{x}\neq\boldsymbol{0}}\dfrac{f(\boldsymbol{x})}{\boldsymbol{x}^{\mathrm{T}}\boldsymbol{x}}=2$.

**解** (1) 据题意，二次型 $f$ 对应的矩阵 $\boldsymbol{A}=\begin{pmatrix}3&0&1\\0&4&0\\1&0&3\end{pmatrix}$.

由

$$|\boldsymbol{A}-\lambda\boldsymbol{I}|=\begin{vmatrix}3-\lambda&0&1\\0&4-\lambda&0\\1&0&3-\lambda\end{vmatrix}=-(\lambda-2)(\lambda-4)^2=0,$$

得 $\boldsymbol{A}$ 的特征值为 $\lambda_1=2,\lambda_2=\lambda_3=4$.

当 $\lambda_1=2$ 时，得 $(\boldsymbol{A}-2\boldsymbol{I})\boldsymbol{x}=\boldsymbol{0}$.

由

$$\boldsymbol{A}-2\boldsymbol{I}=\begin{pmatrix}1&0&1\\0&2&0\\1&0&1\end{pmatrix}\to\begin{pmatrix}1&0&1\\0&1&0\\0&0&0\end{pmatrix},$$

得 $\lambda_1=2$ 对应的特征向量为 $\boldsymbol{\alpha}_1=(1,0,-1)^{\mathrm{T}}$.

当 $\lambda_2=\lambda_3=4$ 时，得 $(\boldsymbol{A}-4\boldsymbol{I})\boldsymbol{x}=\boldsymbol{0}$.

由

$$\boldsymbol{A}-4\boldsymbol{I}=\begin{pmatrix}-1&0&1\\0&0&0\\1&0&-1\end{pmatrix}\to\begin{pmatrix}1&0&-1\\0&0&0\\0&0&0\end{pmatrix},$$

得 $\lambda_2=\lambda_3=4$ 对应的特征向量 $\boldsymbol{\alpha}_2=(1,0,1)^{\mathrm{T}}$ 和 $\boldsymbol{\alpha}_3=(0,1,0)^{\mathrm{T}}$.

$\boldsymbol{\alpha}_1,\boldsymbol{\alpha}_2,\boldsymbol{\alpha}_3$ 已互相正交，故只需将其单位化，得

$$\boldsymbol{\gamma}_1=\frac{1}{\sqrt{2}}(1,0,-1)^{\mathrm{T}},\quad \boldsymbol{\gamma}_2=\frac{1}{\sqrt{2}}(1,0,1)^{\mathrm{T}},\quad \boldsymbol{\gamma}_3=(0,1,0)^{\mathrm{T}}.$$

令 $\boldsymbol{Q}=(\boldsymbol{\gamma}_1,\boldsymbol{\gamma}_2,\boldsymbol{\gamma}_3)$，经正交变换 $\boldsymbol{x}=\boldsymbol{Q}\boldsymbol{y}$，将 $f$ 化为标准形

$$f=2y_1^2+4y_2^2+4y_3^2.$$

(2) 由(1)得，$f(x_1,x_2,x_3)\xlongequal{\boldsymbol{x}=\boldsymbol{Q}\boldsymbol{y}}f(y_1,y_2,y_3)=2y_1^2+4y_2^2+4y_3^2$，而

$$2(y_1^2+y_2^2+y_3^2)\leqslant 2y_1^2+4y_2^2+4y_3^2\leqslant 4(y_1^2+y_2^2+y_3^2),$$

故

$$2\leqslant\frac{2y_1^2+4y_2^2+4y_3^2}{y_1^2+y_2^2+y_3^2}\leqslant 4(y_1,y_2,y_3\neq 0).$$

因此

$$\min_{\boldsymbol{x}\neq\boldsymbol{0}}\frac{f(\boldsymbol{x})}{\boldsymbol{x}^{\mathrm{T}}\boldsymbol{x}}\xlongequal{\boldsymbol{x}=\boldsymbol{Q}\boldsymbol{y}}\min_{\boldsymbol{y}\neq\boldsymbol{0}}\frac{f(\boldsymbol{y})}{(\boldsymbol{Q}\boldsymbol{y})^{\mathrm{T}}\boldsymbol{Q}\boldsymbol{y}}=\min_{\boldsymbol{y}\neq\boldsymbol{0}}\frac{f(\boldsymbol{y})}{\boldsymbol{y}^{\mathrm{T}}\boldsymbol{Q}^{\mathrm{T}}\boldsymbol{Q}\boldsymbol{y}}=\min_{\boldsymbol{y}\neq\boldsymbol{0}}\frac{f(\boldsymbol{y})}{\boldsymbol{y}^{\mathrm{T}}\boldsymbol{y}}=2.$$

**试题 4**(2023 年，数一)　已知二次型 $f(x_1,x_2,x_3)=x_1^2+2x_2^2+2x_3^2+2x_1x_2-2x_1x_3$，$g(y_1,y_2,y_3)=y_1^2+y_2^2+y_3^2+2y_2y_3$.

(1) 求可逆变换 $\boldsymbol{x}=\boldsymbol{P}\boldsymbol{y}$，将 $f(x_1,x_2,x_3)$ 化为 $g(y_1,y_2,y_3)$；

(2) 是否存在正交变换 $\boldsymbol{x}=\boldsymbol{Q}\boldsymbol{y}$，将 $f(x_1,x_2,x_3)$ 化为 $g(y_1,y_2,y_3)$.

**解**　(1) 利用配方法将 $f(x_1,x_2,x_3)$ 和 $g(y_1,y_2,y_3)$ 化为规范形，从而建立两者的关系.

先将 $f(x_1,x_2,x_3)$ 化为规范形，得

$$f(x_1,x_2,x_3)=x_1^2+2x_2^2+2x_3^2+2x_1x_2-2x_1x_3=(x_1+x_2-x_3)^2+(x_2+x_3)^2.$$

令

$$\begin{cases}z_1=x_1+x_2-x_3,\\z_2=x_2+x_3,\\z_3=x_3,\end{cases}$$

则

$$f=z_1^2+z_2^2,$$

即

$$\begin{pmatrix}z_1\\z_2\\z_3\end{pmatrix}=\begin{pmatrix}1&1&-1\\0&1&1\\0&0&1\end{pmatrix}\begin{pmatrix}x_1\\x_2\\x_3\end{pmatrix},$$

使得

$$f=z_1^2+z_2^2.$$

再将 $g(y_1,y_2,y_3)$ 化为规范形，得

$$g(y_1,y_2,y_3)=y_1^2+y_2^2+y_3^2+2y_2y_3=y_1^2+(y_2+y_3)^2.$$

令

$$\begin{cases}z_1=y_1,\\z_2=y_2+y_3,\\z_3=y_3,\end{cases}$$

则
$$g=z_1^2+z_2^2,$$
即
$$\begin{pmatrix}z_1\\z_2\\z_3\end{pmatrix}=\begin{pmatrix}1&0&0\\0&1&1\\0&0&1\end{pmatrix}\begin{pmatrix}y_1\\y_2\\y_3\end{pmatrix},$$
使得
$$g=z_1^2+z_2^2.$$
从而有
$$\begin{pmatrix}z_1\\z_2\\z_3\end{pmatrix}=\begin{pmatrix}1&1&-1\\0&1&1\\0&0&1\end{pmatrix}\begin{pmatrix}x_1\\x_2\\x_3\end{pmatrix}=\begin{pmatrix}1&0&0\\0&1&1\\0&0&1\end{pmatrix}\begin{pmatrix}y_1\\y_2\\y_3\end{pmatrix},$$
于是
$$\begin{pmatrix}x_1\\x_2\\x_3\end{pmatrix}=\boldsymbol{P}\begin{pmatrix}y_1\\y_2\\y_3\end{pmatrix},$$
其中 $\boldsymbol{P}=\begin{pmatrix}1&1&-1\\0&1&1\\0&0&1\end{pmatrix}^{-1}\begin{pmatrix}1&0&0\\0&1&1\\0&0&1\end{pmatrix}=\begin{pmatrix}1&-1&1\\0&1&0\\0&0&1\end{pmatrix}$ 为所求矩阵，可将 $f(x_1,x_2,x_3)$ 化为 $g(y_1,y_2,y_3)$.

(2) 二次型 $f(x_1,x_2,x_3)$ 和 $g(y_1,y_2,y_3)$ 的矩阵分别为
$$\boldsymbol{A}=\begin{pmatrix}1&1&-1\\1&2&0\\-1&0&2\end{pmatrix},\quad \boldsymbol{B}=\begin{pmatrix}1&0&0\\0&1&1\\0&1&1\end{pmatrix}.$$

由题意知，若存在正交变换 $\boldsymbol{x}=\boldsymbol{Q}\boldsymbol{y}$，则 $\boldsymbol{Q}^{\mathrm{T}}\boldsymbol{A}\boldsymbol{Q}=\boldsymbol{Q}^{-1}\boldsymbol{A}\boldsymbol{Q}=\boldsymbol{B}$，可得 $\boldsymbol{A}$ 和 $\boldsymbol{B}$ 相似. 易知 $\mathrm{tr}(\boldsymbol{A})=5$，$\mathrm{tr}(\boldsymbol{B})=3$，从而 $\boldsymbol{A}$ 和 $\boldsymbol{B}$ 不相似，于是不存在使得 $f(x_1,x_2,x_3)$ 化为 $g(y_1,y_2,y_3)$ 的正交变换 $\boldsymbol{x}=\boldsymbol{Q}\boldsymbol{y}$.

**试题 5**(2021 年，数一)　已知 $\boldsymbol{A}=\begin{pmatrix}a&1&-1\\1&a&-1\\-1&-1&a\end{pmatrix}$，求：(1) 正交矩阵 $\boldsymbol{P}$，使得 $\boldsymbol{P}^{\mathrm{T}}\boldsymbol{A}\boldsymbol{P}$ 为对角矩阵；(2) 正定矩阵 $\boldsymbol{C}$，使得 $\boldsymbol{C}^2=(a+3)\boldsymbol{I}-\boldsymbol{A}$.

**解**　(1) 由矩阵 $\boldsymbol{A}$ 的特征多项式
$$|\lambda\boldsymbol{I}-\boldsymbol{A}|=\begin{vmatrix}\lambda-a&-1&1\\-1&\lambda-a&1\\1&1&\lambda-a\end{vmatrix}=(\lambda-a+1)^2(\lambda-a-2),$$
解得特征值为 $\lambda_1=a+2$，$\lambda_2=\lambda_3=a-1$.

对 $\lambda_1=a+2$,对方程组的矩阵实施初等行变换,有

$$(a+2)\boldsymbol{I}-\boldsymbol{A}=\begin{pmatrix}2&-1&1\\-1&2&1\\1&1&2\end{pmatrix}\to\begin{pmatrix}1&0&1\\0&1&1\\0&0&0\end{pmatrix},$$

故得特征向量为

$$\boldsymbol{\xi}_1=\begin{pmatrix}1\\1\\-1\end{pmatrix}.$$

对 $\lambda_2=\lambda_3=a-1$,则有

$$(a-1)\boldsymbol{I}-\boldsymbol{A}=\begin{pmatrix}-1&-1&1\\-1&-1&1\\1&1&-1\end{pmatrix}\to\begin{pmatrix}1&1&-1\\0&0&0\\0&0&0\end{pmatrix},$$

故得特征向量为

$$\boldsymbol{\xi}_2=\begin{pmatrix}1\\0\\1\end{pmatrix},\quad \boldsymbol{\xi}_3=\begin{pmatrix}-1\\1\\0\end{pmatrix}.$$

将其正交化,取

$$\boldsymbol{\eta}_1=\begin{pmatrix}1\\1\\-1\end{pmatrix},\quad \boldsymbol{\eta}_2=\begin{pmatrix}1\\0\\1\end{pmatrix},\quad \boldsymbol{\eta}_3=\boldsymbol{\xi}_3-\frac{(\boldsymbol{\xi}_3,\boldsymbol{\eta}_2)}{(\boldsymbol{\eta}_2,\boldsymbol{\eta}_2)}\boldsymbol{\eta}_2=\begin{pmatrix}-\frac{1}{2}\\1\\\frac{1}{2}\end{pmatrix},$$

$$\boldsymbol{P}=\left(\frac{\boldsymbol{\eta}_1}{\|\boldsymbol{\eta}_1\|},\frac{\boldsymbol{\eta}_2}{\|\boldsymbol{\eta}_2\|},\frac{\boldsymbol{\eta}_3}{\|\boldsymbol{\eta}_3\|}\right)=\begin{pmatrix}\frac{1}{\sqrt{3}}&\frac{1}{\sqrt{2}}&-\frac{1}{\sqrt{6}}\\\frac{1}{\sqrt{3}}&0&\sqrt{\frac{2}{3}}\\-\frac{1}{\sqrt{3}}&\frac{1}{\sqrt{2}}&\frac{1}{\sqrt{6}}\end{pmatrix},$$

可得

$$\boldsymbol{P}^{\mathrm{T}}\boldsymbol{A}\boldsymbol{P}=\boldsymbol{\Lambda}=\begin{pmatrix}a+2&&\\&a-1&\\&&a-1\end{pmatrix}.$$

(2) 由 $(a+3)\boldsymbol{I}-\boldsymbol{A}=\begin{pmatrix}3&-1&1\\-1&3&1\\1&1&3\end{pmatrix}$,且

$$P^{\mathrm{T}}C^2P=P^{\mathrm{T}}[(a+3)I-A]P=(a+3)I-\Lambda=\begin{pmatrix}1&&\\&4&\\&&4\end{pmatrix}.$$

可得

$$P^{\mathrm{T}}CPP^{\mathrm{T}}CP=\begin{pmatrix}1&&\\&4&\\&&4\end{pmatrix},$$

即

$$P^{\mathrm{T}}CP=\begin{pmatrix}1&&\\&2&\\&&2\end{pmatrix}.$$

可得

$$C=P\begin{pmatrix}1&&\\&2&\\&&2\end{pmatrix}P^{\mathrm{T}}=\begin{pmatrix}\frac{5}{3}&-\frac{1}{3}&\frac{1}{3}\\-\frac{1}{3}&\frac{5}{3}&\frac{1}{3}\\\frac{1}{3}&\frac{1}{3}&\frac{5}{3}\end{pmatrix}.$$

**试题 6**（2020 年，数一，数三） 设二次型 $f(x_1,x_2)=x_1^2-4x_1x_2+4x_2^2$，经正交变换 $\begin{pmatrix}x_1\\x_2\end{pmatrix}=Q\begin{pmatrix}y_1\\y_2\end{pmatrix}$ 化为二次型 $g(y_1,y_2)=ay_1^2+4y_1y_2+by_2^2$，其中 $a\geqslant b$. 求：(1) $a,b$ 的值；(2) 正交矩阵 $Q$.

**解** (1) 设 $f=x^{\mathrm{T}}Ax$，其中 $A=\begin{pmatrix}1&-2\\-2&4\end{pmatrix}$，经过正交变换 $x=Qy$，则

$$f=y^{\mathrm{T}}Q^{\mathrm{T}}AQy=y^{\mathrm{T}}By,$$

其中 $B=\begin{pmatrix}a&2\\2&b\end{pmatrix}$，可知其中 $Q^{\mathrm{T}}AQ=Q^{-1}AQ=B$，即 $A$ 相似于 $B$，则

$$\mathrm{tr}(A)=\mathrm{tr}(B),\quad |A|=|B|,$$

即 $1+4=a+b,ab=4$，得出 $\begin{cases}a=4,\\b=1.\end{cases}$

(2) 设

$$P_1^{-1}AP_1=\Lambda,\quad P_2^{-1}BP_2=\Lambda,$$

则

$$(P_1P_2^{-1})^{-1}A(P_1P_2^{-1})=B,$$

所以 $Q=P_1P_2^{-1}$.

由

$$|\lambda \boldsymbol{I}-\boldsymbol{A}|=\begin{vmatrix}\lambda-1 & 2\\ 2 & \lambda-4\end{vmatrix}=0,$$

解得 $\lambda_1=0,\lambda_2=5$.

于是

$$(0\boldsymbol{I}-\boldsymbol{A})=\begin{pmatrix}-1 & 2\\ 2 & -4\end{pmatrix}\to\begin{pmatrix}1 & -2\\ 0 & 0\end{pmatrix},$$

得

$$\boldsymbol{\xi}_1=(2,1)^{\mathrm{T}}.$$

$$(5\boldsymbol{I}-\boldsymbol{A})=\begin{pmatrix}4 & 2\\ 2 & 1\end{pmatrix}\to\begin{pmatrix}2 & 1\\ 0 & 0\end{pmatrix},$$

故

$$\boldsymbol{\xi}_2=(1,-2)^{\mathrm{T}},$$

即

$$\boldsymbol{P}_1=\begin{pmatrix}2 & 1\\ 1 & -2\end{pmatrix},$$

$$(0\boldsymbol{I}-\boldsymbol{B})=\begin{pmatrix}-4 & -2\\ -2 & -1\end{pmatrix}\to\begin{pmatrix}2 & 1\\ 0 & 0\end{pmatrix},$$

得

$$\boldsymbol{\eta}_1=(1,-2)^{\mathrm{T}},(5\boldsymbol{I}-\boldsymbol{B})=\begin{pmatrix}1 & -2\\ -2 & 4\end{pmatrix}\to\begin{pmatrix}1 & -2\\ 0 & 0\end{pmatrix},$$

得

$$\boldsymbol{\eta}_2=(2,1)^{\mathrm{T}},$$

即

$$\boldsymbol{P}_2=\begin{pmatrix}1 & 2\\ -2 & 1\end{pmatrix},$$

其中

$$\boldsymbol{P}_2^{-1}=\begin{pmatrix}\frac{1}{5} & -\frac{2}{5}\\ \frac{2}{5} & \frac{1}{5}\end{pmatrix},$$

所以

$$\boldsymbol{Q}=\boldsymbol{P}_1\boldsymbol{P}_2^{-1}=\begin{pmatrix}\frac{4}{5} & -\frac{3}{5}\\ -\frac{3}{5} & -\frac{4}{5}\end{pmatrix}.$$

## 总习题 5

1. 填空题.

(1) 二次型 $f(x_1,x_2,x_3)=2x_1^2+x_2^2+x_3^2-2x_1x_2+4x_2x_3$ 的矩阵 $\boldsymbol{A}=$______.

(2) 二次型 $f=-x_1^2+x_2^2+x_3^2-x_4^2$ 的正惯性指数为______, $f$ 的秩为______.

(3) $n$ 元二次型 $f=x_1^2+x_2^2+\cdots+x_r^2$,当 $r=$______时, $f$ 为正定二次型.

(4) 矩阵 $\boldsymbol{A}=\begin{pmatrix}1 & 1 & 0\\ 1 & k & 0\\ 0 & 0 & k^2\end{pmatrix}$ 是正定矩阵,则 $k=$______.

(5) 设 $n$ 阶矩阵 $\boldsymbol{A},\boldsymbol{B}$ 合同,且 $r(\boldsymbol{A})=r$,则 $r(\boldsymbol{B})=$______.

2. 选择题.

(1) 设二次型 $f(x_1,x_2,x_3)=\boldsymbol{x}^{\mathrm{T}}\boldsymbol{A}\boldsymbol{x}$ 在正交变换下可化成 $y_1^2-2y_2^2+3y_3^2$,则二次型 $f(x_1,x_2,x_3)$ 的矩阵 $\boldsymbol{A}$ 的行列式与迹分别为(　　).

A. $-6,-2$　　　　B. $6,-2$

C. $-6,2$　　　　D. $6,2$

(2) $f(x_1,x_2,x_3)=(x_1+x_2)^2+(x_1+x_3)^2-4(x_2-x_3)^2$ 的规范形为(　　).

A. $y_1^2+y_2^2$　　　　B. $y_1^2-y_2^2$

C. $y_1^2+y_2^2-4y_3^2$　　　　D. $y_1^2+y_2^2-y_3^2$

(3) 设二次型 $f=(\lambda-1)x_1^2+\lambda x_2^2+(\lambda+1)x_3^2$,当(　　)时, $f$ 为正定二次型.

A. $\lambda>1$　　　　B. $\lambda>0$

C. $\lambda>-1$　　　　D. $\lambda\geqslant 1$

(4) 二次型 $f(x_1,x_2,x_3)=(x_1+x_2)^2+(x_2+x_3)^2-(x_3-x_1)^2$ 的正惯性指数与负惯性指数分别为(　　).

A. 2,0　　　　B. 1,1

C. 2,1　　　　D. 1,2

(5) 设 $\boldsymbol{A}$ 是三阶实对称矩阵, $\boldsymbol{I}$ 是三阶单位矩阵,若 $\boldsymbol{A}^2+\boldsymbol{A}=2\boldsymbol{I}$,且 $|\boldsymbol{A}|=4$,则二次型 $\boldsymbol{x}^{\mathrm{T}}\boldsymbol{A}\boldsymbol{x}$ 的规范形是(　　).

A. $y_1^2+y_2^2+y_3^2$　　　　B. $y_1^2+y_2^2-y_3^2$

C. $y_1^2-y_2^2-y_3^2$　　　　D. $-y_1^2-y_2^2-y_3^2$

3. 用初等变换法化下列二次型为标准形,并求所作的可逆线性变换.

(1) $4x_1^2+5x_2^2-x_3^2-4x_1x_2-4x_1x_3+6x_2x_3$;

(2) $2x_1x_2-6x_2x_3+2x_1x_3$.

4. 用正交变换法化下列二次型为标准形,并求所作的正交变换.

(1) $2x_1^2+5x_2^2+2x_3^2-2x_1x_2+4x_1x_3-2x_2x_3$;

(2) $x_1x_2+x_1x_3+x_2x_3$.

5. $k$ 取何值时,二次型

$$f(x_1,x_2,x_3)=x_1^2+x_2^2+x_3^2+k(x_1x_2+x_1x_3+x_2x_3)$$

为正定二次型?

6. 设二次型 $f(x_1,x_2,x_3)=\boldsymbol{x}^{\mathrm{T}}\boldsymbol{A}\boldsymbol{x}$ 在正交变换 $\boldsymbol{x}=\boldsymbol{Q}\boldsymbol{y}$ 下的标准形为 $y_1^2+y_2^2$,且 $\boldsymbol{Q}$ 的第 3 列为 $\left(\frac{\sqrt{2}}{2},0,\frac{\sqrt{2}}{2}\right)^{\mathrm{T}}$.

(1) 求 $\boldsymbol{A}$;

(2) 证明 $\boldsymbol{A}+\boldsymbol{I}$ 为正定矩阵.

7. 设二次型

$$f(x_1,x_2,x_3)=ax_1^2+ax_2^2+(a-1)x_3^2+2x_1x_3-2x_2x_3.$$

(1) 求二次型 $f(x_1,x_2,x_3)$ 的矩阵的所有特征值;

(2) 若二次型 $f(x_1,x_2,x_3)$ 的规范形为 $y_1^2+y_2^2$,求 $a$ 的值.

8. 设 $\boldsymbol{A}$ 为三阶实对称矩阵,且满足 $\boldsymbol{A}^2+2\boldsymbol{A}=\boldsymbol{O}$,已知 $r(\boldsymbol{A})=2$.

(1) 求 $\boldsymbol{A}$ 的全部特征值;

(2) 当 $k$ 为何值时,矩阵 $\boldsymbol{A}+k\boldsymbol{I}$ 为正定矩阵,其中 $\boldsymbol{I}$ 为三阶单位矩阵.

9. 设 $\boldsymbol{C}$ 是 $n$ 阶可逆矩阵,$\boldsymbol{A}$ 是 $n$ 阶正定矩阵,证明:

(1) $\boldsymbol{A}$ 的伴随矩阵 $\boldsymbol{A}^*$ 是正定矩阵;

(2) $\boldsymbol{B}=\boldsymbol{C}^{\mathrm{T}}\boldsymbol{A}\boldsymbol{C}$ 是正定矩阵.

10. 设 $\boldsymbol{A}$ 是 $m$ 阶实对称矩阵且正定,$\boldsymbol{B}$ 为 $m\times n$ 实矩阵,$\boldsymbol{B}^{\mathrm{T}}$ 为 $\boldsymbol{B}$ 的转置矩阵. 试证:$\boldsymbol{B}^{\mathrm{T}}\boldsymbol{A}\boldsymbol{B}$ 为正定矩阵$\Leftrightarrow r(\boldsymbol{B})=n$.

11. 设二次型

$$f(x_1,x_2,x_3)=(x_1-x_2+x_3)^2+(x_2+x_3)^2+(x_1+ax_3)^2,$$

其中 $a$ 是参数.

(1) 求 $f(x_1,x_2,x_3)=0$ 的解;

(2) 求 $f(x_1,x_2,x_3)$ 的规范形.

12. 设二次型

$$f(x_1,x_2,x_3)=2x_1^2-x_2^2+ax_3^2+2x_1x_2-8x_1x_3+2x_2x_3$$

在正交变换 $\boldsymbol{x}=\boldsymbol{Q}\boldsymbol{y}$ 下的标准形为 $\lambda_1y_1^2+\lambda_2y_2^2$,求 $a$ 的值及一个正交矩阵 $\boldsymbol{Q}$.

## 拓展阅读

### 二 次 型

二次型的系统研究是从18世纪开始的，它起源于对二次曲线和二次曲面的分类问题的讨论. 将二次曲线和二次曲面的方程变形，选有主轴方向的轴作为坐标轴以简化方程的形状，这个问题是在18世纪引进的. 柯西在其著作中给出结论：当方程是标准形时，二次曲面用二次项的符号来进行分类. 然而，那时并不太清楚，在化简成标准形时，为何总是得到同样数目的正项和负项. 西尔维斯特回答了这个问题，他给出了 $n$ 个变数的二次型的惯性定律，但没有证明. 这个定律后被雅可比重新发现和证明. 1801年，高斯在《算术研究》中引进了二次型的正定、负定、半正定和半负定等术语.

二次型化简的进一步研究涉及二次型或行列式的特征方程的概念. 特征方程的概念隐含地出现在欧拉的著作中，拉格朗日在其关于线性微分方程组的著作中首先明确地给出了这个概念. 柯西在别人著作的基础上，着手研究化简变数的二次型问题，并证明了特征方程在直角坐标系的任何变换下不变性. 后来，他又证明了 $n$ 个变数的两个二次型能用同一个线性变换同时化成平方和.

1851年，西尔维斯特在研究二次曲线和二次曲面的切触和相交时需要考虑这种二次曲线和二次曲面束的分类. 在他的分类方法中他引进了初等因子和不变因子的概念，但他没有证明“不变因子组成两个二次型的不变量的完全集”这一结论.

1858年，魏尔斯特拉斯对同时化两个二次型成平方和给出了一个一般的方法，并证明，如果二次型之一是正定的，那么即使某些特征根相等，这个化简也是可能的. 魏尔斯特拉斯比较系统地完成了二次型的理论并将其推广到双线性型.

# 部分习题参考答案

部分习题参考答案请扫二维码查看.

部分习题参考答案

# 参考文献


[1] 刘建亚,吴臻.线性代数[M]. 3 版.北京:高等教育出版社,2018.

[2] 王玺.线性代数[M]. 北京:高等教育出版社,2018.

[3] 翟文娟.线性代数[M]. 3 版. 北京:机械工业出版社,2019.

[4] 张军好,余启港,欧阳露莎,等. 线性代数[M]. 3 版.北京:科学出版社,2016.

[5] 张宇.线性代数 9 讲[M]. 北京:高等教育出版社,2019.

[6] 张天德.线性代数辅导及习题精解(同济·第六版)[M]. 浙江:浙江教育出版社,2018.

[7] 黄莉,晏丽霞.线性代数[M]. 2 版.武汉:华中科技大学出版社,2021.